In
the
Realm
of
Hungry
Ghosts

Close Encounters
with
Addiction

空洞的心

成瘾的
真相与疗愈

［加］加博尔·马泰（Gabor Maté）著

庄晓丹 林钗华 译

机械工业出版社
CHINA MACHINE PRESS

图书在版编目（CIP）数据

空洞的心：成瘾的真相与疗愈 /（加）加博尔·马泰著；庄晓丹，林钗华译 . 一北京：机械工业出版社，2023.3（2024.8 重印）

书名原文：In the Realm of Hungry Ghosts: Close Encounters with Addiction

ISBN 978-7-111-72692-0

I. ①空… II. ①加… ②庄… ③林… III. ①病态心理学 – 研究 IV. ① B846

中国国家版本馆 CIP 数据核字（2023）第 033984 号

北京市版权局著作权合同登记　图字：01-2022-4553 号。

空洞的心：成瘾的真相与疗愈

出版发行：机械工业出版社（北京市西城区百万庄大街 22 号　邮政编码：100037）			
策划编辑：向睿洋		责任编辑：向睿洋	
责任校对：丁梦卓　　陈　越		责任印制：郜　敏	
印　　刷：三河市国英印务有限公司		版　　次：2024 年 8 月第 1 版第 6 次印刷	
开　　本：170mm×230mm　1/16		印　　张：25.75	
书　　号：ISBN 978-7-111-72692-0		定　　价：89.00 元	

客服电话：（010）88361066　　　　　　　　版权所有·侵权必究
　　　　　（010）68326294　　　　　　　　封底无防伪标均为盗版

In the Realm of
Hungry Ghosts

目　录

第五部分 成瘾过程与成瘾性人格

第六部分 成瘾的现实

第七部分 疗愈生态学

译者序

成瘾：一个普遍的问题

在美国，成瘾治疗是心理咨询与治疗的一个重要分支，重要到它甚至可以独立于心理执照之外，拥有自己的证照体系，即认证成瘾咨询师（Certified Addiction Counselor，CAC）。认证成瘾咨询师有可能本身就是能与广泛人群工作的心理咨询师，但也可能不是。有许多认证成瘾咨询师仅学习如何治疗成瘾，最终也只与成瘾者工作。

有这样一群仅服务于成瘾人群的专业人员，也就意味着有更庞大的成瘾人群需要专业服务——这曾是我在美国百思不得其解的事情。作为一个日常浸泡在华夏酒文化中，根本没有条件和兴趣接触成瘾药物，且对成瘾的理解仅限于酒精和药物成瘾的人来说，当时的我实在不明白，多喝点酒怎么就算上瘾了？美国人哪来这么大的瘾头？以及，怎么可能有那么多人都成瘾呢？当时我觉得，要么就是物质享受太丰富导致人们忘乎所以，要么就是成瘾药物太泛滥导致人们太随便，才会有这么多人染上成瘾这种"疾病"——毕竟在诊断手册里确实是有"某某依赖""某某滥用"这样一套病名的。

然而，在过去十年的临床工作中，我逐渐意识到，事情远没有自己想得那么简单。成瘾确实是一个在现代社会中高度普遍的现象和问题。它在所有社会、人群中都可能出现。可以说，只要有心灵痛苦的地方，就会有成瘾，唯一不同的只是成瘾的方式以及该种方式的社会接纳程度而已。

成瘾是人们在体验到难以耐受的内心痛苦时，不计代价地采用当时对他们来说最快速便捷的方式止痛，并因为重复相同的止痛方式而逐渐深陷其中、难以自拔的过程。人们最初体验到的可能是各种痛苦：学习生活的重压带来的巨大焦虑、家人的忽视和暴力所造成的创伤、孩童时期面对变故时体验到的强烈无助感、与所爱之人分离的悲伤，还有身处社会底层或边缘的艰辛，等等。所有这些痛苦对当事人来说都是难以忍受且持久的，而人能做的，无非是想尽办法逃离它们。

在缺少心理支持和引导、缺少改善根本问题的资源的情况下，人们只能"因地制宜"，发挥他们的创造性。如果刷手机能够让他们感觉好一些，他们就去刷手机；如果打游戏能让他们暂时忘却痛苦，他们就去打游戏；如果运动能在短时间内增加多巴胺的分泌，那就去运动；如果工作能让他们转移注意力，能让他们得到别人的夸奖而自满一会儿，那就去工作。吃甜食、减肥、抽烟、喝酒、谈恋爱、性行为、购物、整容、追星、刷剧、看小说、赚钱、追求名誉和权力……这些活动的社会评价褒贬不一，但都可以成为成瘾的对象。重点不是做什么，而是怎么做。

不论一项活动多么光鲜、合情合理，只要一个人在其中逐渐失控、难以自制，并需要依赖这项活动来获取内心短暂的愉悦和安宁，甚至仅仅是为了在这个过程中忘记自己就反复进行该活动，他就已经是一位十足的瘾君子了。这种情况，在临床上我们称为"行为成瘾"，也是我在国内见到的最普遍的问题心理现象之一。

之所以称之为"问题心理现象"，是因为极少有人以此为主诉。行为成瘾者通常抱怨自己太拖延、太焦虑，或者在"进行成瘾活动"的过程中不顺利，导致获得的欣快感不足（比如恋爱变得无趣，或者下属跟不上自己的工作步调），甚至其中有些人已经由于持久的行为成瘾，遇到了更进一步的现实问题，比如身体病痛、破产、家庭关系疏远等。但是，他们几乎都不会意识到自己"正在成瘾"这件事。对他们而言一切都是问题，只有他们的成瘾行为本身是没有问题的——甚至，还可能是他们的目的、他们的救赎。

遗憾的是，他们的出路与他们目前的行动方向刚好相反。无论成瘾的活动多有创造性、多受外界认可，一切成瘾都只能暂时地掩盖痛苦。痛苦还会不断冒出来，只是在一次次的掩盖中，变得越来越令人陌生。最后成瘾者可能会忘记他痛苦的缘由，彻底丧失"解决真正问题"的机会，而将整个生命奉献给"痛苦－掩盖痛苦－更大的痛苦－更卖力地掩盖痛苦"的循环，并成为成瘾行为的奴隶。

人生本就有无数可能性，也许我们无法评判一个甘愿以成瘾的方式度过一生的人，尤其是在我们知道这一切最初来自内心的痛苦，且当时缺少治愈这种痛苦的机会这一点后。但其中确有遗憾：也许摆脱了成瘾，他们可以拥有更自由、宽广的人生。所以我还是会在咨询中告诉对方：你似乎成瘾了。他们多数人会否认，但也有少数人会接纳和反思，并通过自己的努力，开启了不同的人生方向。

如果有更多的人能够了解成瘾这件事，了解它的普遍性，正视它的因由和表征，并尝试用科学的方式解决它，而不是妖魔化或否认它，那一定是一件非常好的事情。对我的来访者如此，我相信对社会上更多深陷成瘾而不自知的人也是如此。出于这个原因，我选择成为这本书的译者。

作为成瘾治疗界当之无愧的权威巨作，本书包含大量药物成瘾方面的讨论，而这些讨论的核心指向了所有成瘾的本质。正如作者所言，存在一个统一的成瘾过程，一切物质和行为成瘾彼此间只有形式上的不同，在根本成因和发展过程上则高度一致，且无一例外会带来负面后果。只有正视成瘾的本质，发掘隐藏仕成瘾背后的根本痛苦，并切实地缓解、疗愈这些痛苦，药物和行为成瘾才能真正消失。而预防成瘾，则需要从改善人们的生存环境，并给予他们健康成长所需的心理和社会支持开始。原书中有三章内容与国内现况差异较大，因此未在中文版中呈现，除此之外，本书全面翔实地展示了成瘾从发生到发展、从个体到社群等各个层面的真实情况，及其背后的种种因由和解决之道。

以翻译的方式阅读本书，并在字斟句酌的过程中反复回味书中的精华，给我带来了无尽的乐趣，也让我赞叹于作者对成瘾全面的理解和深邃的洞见。同时也不得不承认，翻译是个苦差事，并且本书具有的专业论著少有的文学性，也使翻译的难度呈几何级数上升。加卜合译者的贡献与帮助，我也只能说是勉强交出了一份看得过去的终稿。

在此请允许我为文中翻译不当或错漏的地方道歉，并企盼这些错误没有妨碍读者理解作者的真知灼见。同时我也要感谢合译者林钗华老师，她在百忙之中抽出时间，提供了本书第五部分及之后内容的翻译初稿，我们彼此在翻译上的交流对本书译稿的最终完成功不可没。最后我期待这本书能够尽早出版，并呈现到你手上，这样你就可以和我一起分享加博尔·马泰博士对成瘾的深刻见解，以及他为我们指出的希望之路。

庄晓丹（清流）

2022 年 12 月

作者说明

本书中出现的人物、引述、案例和人生经历都是真实的，我没有增添、美化细节，也没有制造"合成"的人物。为了保护隐私，除了两位自己直接要求使用真名的患者以外，我的所有患者都使用了假名。还有两个个案的外貌描述是假的，这同样是为了保护患者的隐私。

所有本书中叙述了其生活的人都给了我使用许可，也都读过书中有关他们的部分。同样，我也从照片页上的人那里获得了照片使用的事先许可和最终批准。

所有引用的科研文献都在注释中列出，但注释中没有足够空间列出在准备这份手稿时我所查阅的其他全部文献。我欢迎专业人士与我联系，事实上，任何读者都可以联系我询问进一步的信息。你可以通过我的网站找到我：www.drgabormate.com。我欢迎所有评论，但无法提供任何有针对性的医学建议。

最后，我想提一下书中所配的照片。对于一名作家来说，承认"一图胜千言"似乎过于谦卑了，但罗德·普雷斯顿（Rod Preston）所提供的精彩照片无疑是这句话的最好证明。罗德曾在温哥华市区东部工作过，并且很了解我写到的这些人，他的照相机准确而又充满感情地记录了这些人的经历。

In the Realm of
Hungry Ghosts

前　言

那是 2018 年 2 月，本书首次出版 10 年后，我走出旧金山一家酒店的电梯。酒店大堂里，一个陌生人走过来，对我张开了双臂。"我的儿子死于吸毒过量，之前我根本无法理解这件事。但读了你的书之后，我明白它为什么会发生了。"

仅仅一个与悲痛父亲的含泪拥抱，就足以证实本书以及它背后所有工作的价值。在过去 10 年中，世界各地的人们写来邮件，告诉我这本书如何影响了他们自己和他们所爱的人的生活，也影响了他们对成瘾者、成瘾的看法，并帮助他们敞开心扉，正视这个问题的严重性。本书成为一些加拿大和美国的歌与诗、西班牙的画作、罗马尼亚和匈牙利的戏剧的灵感来源，并且被许多学习机构、成瘾咨询项目和住院治疗机构使用。考虑到成瘾危机的扩大化，最令我欣慰的是，我从年轻学生那里得知，他们在本书的鼓舞下，立志成为咨询师，或从事医药和精神医学工作，以帮助书中描述和阐释的那些人。一个洛杉矶的社工写道："我们的警察为我铺平了道路，他们给我疲惫的心灵注入了希望。其中有一个警察尤其将本书中的**减害**（harm reduction）模式当成了自己的行动纲领——当他识别出可能的成瘾者时，他会以尊重和充满创造性的同情心来接触他们。"本书还在监狱里找到了它的位置。咨询师们告诉我，有些囚犯在书中看到与自己类似的故事，或听到我与本书相关的演讲时，流下了眼泪。"你的书使我能够准确描述自己成瘾的原因。"一个被监禁在爱达荷州的人写道："现在我可以回答我的家人和朋友数十年来一直在问我的问题——'为什么'。"

回答"为什么"这个问题从没有像现在这样紧迫。

在我撰写这篇前言的同时，一场阿片类物质使用过量的危机正在肆虐。在美国，每三周就有和"9·11"事件受害者一样数量的人死于吸毒过量。英国是全欧洲海洛因成瘾比例最高的国家，该国 2017 年与成瘾药物相关的死亡人数创下新高：在英格兰和威尔士就有 3700 人死亡，多数都是由于使用海洛因和相关的阿片类物质。加拿大的数据也同样令人痛心。根据加拿大公共卫生局 2018 年 3 月的报告，2017 年加拿大全境有超过 4000 人死于使用阿片类物质，比前一年增加了近 50%，"影响遍及全国的每个角落……给家庭和社区带来了破坏性的影响"。根据省卫生官员邦妮·亨利（Bonnie Henry）博士的数据，我的家乡不列颠哥伦比亚在刚过去的一个月里就出现了 125 例吸食过量导致的死亡。亨利博士告诉我："我过去以为吸食过量只会发生在'别的地方'的人身上。"她指的是贫民窟，比如我书中写到的温哥华市区东部——它因成瘾药物而臭名昭著，有大量人口吸毒。2016 年，不列颠哥伦比亚宣布了一次突发公共事件，亨利博士说，这样做部分是为了将讨论从地区性的危机转向它实际上所代表的更广泛的社会问题。"他们不是'那些人'。他们是我们的同胞，我们的兄弟姐妹，我们的家庭；所有街区都有吸毒过量造成的死亡，从最富有的到最穷的"。

尽管我们对这场屠杀的震惊和悲痛是真诚的，但我们还是很容易拿"个人偏好""个人习惯"来解释这些死亡，安慰自己。在社会和政治层面上，这些死亡代表了人类的牺牲。这些人成了我们社会长期不愿正视成瘾（尤其是物质滥用）的真相和问题根源的牺牲品。在过去几十年中，面对证据，我们一直在拒绝实施那些能够预防和解决成瘾问题的政策。正如当时的安大略省公共卫生主管在一封给《环球邮报》（*Globe and Mail*）的信中恰当而尖锐地指出的："2003 年，一种骇人的新流行病袭击了加拿大，主要是多伦多；44 个人死于 SARS……省政府和联邦政府做出了强力的反应……15 年后，另一种骇人的新流行病——阿片类物质成瘾，袭击了加拿大。令人好奇的是，为什么相对而言，我们的集体反应是如此沉默。是因为我们认为那些死去的人不那么有价值吗？我们正在变成这样'有同情心'的社会吗？"

就像人类社会的许多其他问题，流行病的逐步升级也有一些所谓的"近因"，也就是那些直接引发这些悲剧的因素。任何最近阅读或收看过新闻的人都能注意到，最显著的近因是，近期加拿大广泛流通着大量廉价的阿片类芬太尼（fentanyl）和卡芬太尼（carfentanil）。（这些药物相比它们源自植物的近亲，如海洛因和吗啡，更加不安全——也就是说，它们使人死亡的剂量，只比产生欣快感、摆脱戒断反应的剂量多一点点，这个剂量差距相比海洛因和吗啡要小得多。因此，它们更致命。）

潜在的自杀式习惯虽然看起来危险，但只是冰山的一角。当人们越来越不顾一切地企图逃离孤独感和对日常生活的沮丧时，我们的社会就成了各种成瘾行为的温床，并且它们还会随着时间越来越多。"网络成瘾似乎是值得被收录进《精神障碍诊断与统计手册》（第 5 版）的一种常见障碍。"在该手册出版那年，《美国精神病学杂志》上的一篇社论这样写道。不用说，跟那时相比，现在人们对这种精神障碍的认知度又高了不少。

最近，《今日心理学》（*Psychology Today*）上的一篇文章讨论了"网游成瘾障碍"。智能手机是又一个主要的新成瘾对象。纽约心理治疗师南希·科利耶（Nancy Colier）报告称，"大多数人一天会看 150 次手机，每 6 分钟一次。青年人平均每天会发 110 条短信……现在，46% 的智能手机用户表示离开手机设备，他们就'没法生存'"——这是成瘾依赖的经典标志。

我们必须谨慎避免将树木和树林混淆，即将外在表现和其背后的过程、症状与原因混淆。这里没有什么新的障碍，有的只不过是由来已久、普遍存在的成瘾过程的新目标物，新的逃避形式。所有成瘾的大脑和心智过程都是一样的，不论其外在形式为何，核心都是精神的空虚。

"数据显示的，是在一个被绝望紧紧抓住的社会中，不健康的行为和流行性的药物成瘾现象飙升。"诺贝尔经济学奖获得者保罗·克鲁格曼（Paul Krugman）在《纽约时报》上写道。如果不去理解绝望本身，我们该如何处理它的症状呢？

导致绝望，并因此潜在导致成瘾的，是随着时代发展越发深陷工业化的整个世界：越来越深的隔离和孤独，越来越少的公共交流，越来越多的紧张和经济不安全感，越来越多的不平等和恐惧，以及最终，对年轻父母们更多的压力和更少的支持。在这个技术的时代里，虚假联结增多，人与人之间的真实联结反而减少。正如《广告克星》（Adbusters）杂志在最近的一期中挖苦的："你有 2672 个朋友，平均每个帖子有 30 个人点赞，却没有一个人可以和你在周六共进晚餐。"

令人震惊的是，在市区东部的一些机构里，使用者完全可以在注射之前对成瘾药物进行检测，但很多人还是选择了直接注射，即使他们知道所注射的物质可能含有致命成分。要理解这些现象，必须寻找其背后的根本原因——那些最初驱使人们使用成瘾物质，并对各种各样的事物上瘾的原因。

"我们需要讨论什么驱使人们使用成瘾药物。"著名创伤研究者巴塞尔·范德考克（Bessel van der Kolk）曾说："对自己感觉好的人不会去做威胁自己身体的事情……有创伤的人会感觉烦躁、不安、胸闷。你讨厌自己感觉到的东西，就会用药物来稳定自己的身体状态。"这种不顾一切地企图通过控制自己的身心来逃离难以忍受的苦恼和不安的需求，就是原因。正如本书展示的，这种需求会激发成瘾行为，不论其是否与物质使用相关。

"我不会问你过去对什么成瘾。"我经常跟别人这么说，"也不会问你何时成瘾，又成瘾了多久。不论你成瘾的对象是什么，我只在乎它为你提供了什么，你喜欢它的哪一点，它在短时间里给了你什么，使你如此渴求喜爱它？"我得到的答案永远都是："它帮我逃离情绪痛苦，帮我应对压力，让我心情平静，感觉与他人有联结感，有控制感。"

这些反馈显示了成瘾既不是一种选择，也不是一种疾病。它源自一个人不顾一切地想解决问题的企图——解决情绪痛苦、压力过大、失去联结感和控制感的问题，以及对自己深刻的不满。简而言之，这是一种人类为了消解痛苦而做的孤注一掷的尝试。所有成瘾药物和成瘾行为，不论是赌博、性、互联网还是可卡因，都能直接缓解痛苦，或至少能转移当事人的注意力。因此，我的口头禅是：第一个问题不是"为什么要上瘾"，而是"为什么会痛苦"。

"即使是最具伤害性的成瘾，对错位的人来说也具有至关重要的适应性作用。"我的朋友和同事布鲁斯·亚历山大（Bruce Alexander）博士在他开创性的作品《成瘾的全球化：精神贫困的研究》（*The Globalization of Addiction: A Study in the Poverty of the Spirit*）中写道："只有长期严重**错位**（dislocation）的人才容易成瘾。"亚历山大博士将内心和社会性联结感的丧失称为"错位"，我则称之为"创伤"。

"应该在成瘾药物问题所处的社会和经济环境下看待和处理它，根深蒂固的成瘾药物问题似乎与不平等和社会排斥紧密相连。"英国毒品政策委员会 2012 年呼吁道。毫不令人意外的是，在英国，成瘾问题最流行的地区，是像赫尔市这样由于捕鱼业消亡而具有全英最高失业率的地区。《纽约时报》最近从赫尔市发来报道："芬太尼成了新宠，它是一种混有海洛因的，比吗啡强 50～100 倍的阿片类止痛剂。这种成瘾药物已经杀死了数千美国人，包括摇滚明星'王子'和汤姆·佩蒂，但它的致命风险对赫尔河畔金斯敦（也就是大众熟知的赫尔市）的瘾君子们几乎毫无震慑效果。事实上，他们中的很多人简直吸不够。'它能让所有痛苦都消失'——赫尔市 32 岁的无家可归者克里斯这样说，他已经海洛因上瘾超过 8 年了。"

"看到原本可以被拯救的生命每天都在不断逝去是令人心碎的。"亨利博士坦言，"作为应对，我们做出了很多努力来提高大众的意识。我们看到公共舆论已经有了很大的变化。"根据我在北美和国际上的旅行经验，我知道情况确实如此。我相信这本书会进一步为这样的转变做出贡献。尽管在加拿大和国际上已有不少令人鼓舞的迹象，也有了地区性和加拿大全国范围的卫生政策倡议，但是，如果我们希望成瘾治疗和预防能够尽量理性、循证、有同情心并且有科学性，我们还有很长的路要走。吸食过量的危机把我们的社会推向悬崖。现状并不稳定。我们可以迈向新的可能性，也可以听之任之，滑向更糟的状况和更深的悲剧。

不可避免的是，历史上曾遭受最长久的创伤和错位的人群，具有最高的成瘾率和死亡率。就在我写作这篇文章的几周前，2018 年 3 月早些时候，我受邀返回血族部落保留地（Blood Tribe Reserve），在当地的一个青年会议上讲话。这是阿尔伯塔省莱斯布里奇市的一个黑脚印第安人的社群，用当地医生艾斯特·尾羽（Esther Tailfeathers）博士的话说，两周前的 2 月 23 日，这个社群刚经历了一场"完美风暴"。福利金发放意味着有金钱可流转，于是，毒贩们降临了保留地——在这里，大部分毒贩就是保留地的年轻人。他们深陷贫困的沼泽，当地的失业率达到 80%，并且住房匮乏。有时，三个家庭将近二十人会挤在只有一个卫生间的房子里，一个卧室要住六七个人。这些毒贩是为了支撑他们自己的成瘾习惯而交易。当晚，来了一场暴风雪，导致急救人员很难在路上行进。仅一个晚上，就有 19 人吸毒过量，还有 1 人被刺死。在那些吸毒过量的人中，只有两人死亡——这个社群的人已经可以理所当然（虽然可能并不愉快）地将这样的悲剧当作是胜利了。他们已经建立了减害机制，随时都有纳洛酮（Naloxone，一种能够通过注射逆转阿片吸食过量的药物）可供使用。

召开会议的原因是许多黑脚青年人都成了成瘾的受害者，或有了其他创伤表现。就像美国的印第安保留地和澳大利亚的原住民社区一样，加拿大原住民社区里的自杀、自残、暴力、焦虑和抑郁比例也很高。普通公民对许多年轻原住民在进入青春期之前经历过的各种逆境毫不知情，也难以想象他们亲眼看过了多少所爱之人离世，承受了多少虐待，感到有多绝望，被自我厌恶困扰到什么程度，以及在追寻生命的自由与意义时，面对着多少阻碍。

在所有有过殖民历史的国家中，我们要问的问题都很直接：社会应如何疗愈让许多原住民社区遭受苦难的代际创伤？我们要怎么做才能消除我们的过去加诸他们身上的模式？有些人在这样的质询面前可能会退缩，畏惧于愧疚感带来的不适。事实上，这并不是共同愧疚的问题，而是共同责任的问题。它并非关于过去，而是关于现在，并且跟我们所有人都有关：如果我们之中有人在痛苦，最终我们都会痛苦。

"你的书把成瘾者人性化了。"许多读者这么告诉我。这反映了人们对成瘾者的一个普遍而本质的误解。成瘾者就是人。到底是什么让我们中的这么多人看不到这一点？只不过是我们习惯了自我中心的头脑，将这个世界分成了"我们"和"他们"。更确切地说，是我们没有能力或拒绝看到"他们"之中的我们，以及"我们"之中的他们。

这种想象力的匮乏在每个领域都会出现，从个人关系到国际政治。简单来说，它反映了我们对身份的执着，而这是我们寻求团体归属感的方式。如果我们认同任何一个比整个人类狭小的团体，就一定会出现从定义上来说"不属于我们"的"其他人"，并且我们很可能相信或至少无意识地相信，"其他人"比我们低等。这种优越感让我们觉得自己有权去评判他人和保持冷漠。

预防和治疗创伤是一个普遍的问题，它并不局限于任何一个阶层或种族。事实上，当我更多地了解原住民的生活方式时，我常常震惊于在现代社会对其他文化的核心教诲和价值观进行贬低的同时，我们失去了多少疗愈这个世界的机会，又给自己造成了多少伤害。

但是，只要我们的系统还没有认清问题的根源是创伤和社会问题，只要治疗机构仍然聚焦于改变成瘾者的行为，而不是疗愈驱动他们行为的痛苦，我们就很难真正遏制成瘾的浪潮。

40年前，我从不列颠哥伦比亚大学医学院毕业，在整整四年的医学学习中，一次也没有听人提及过心理创伤以及它对人类健康和发育的影响。几十年后，我的同事亨利博士在加拿大另一侧的达尔豪斯大学学习药学，并且之后又在圣迭戈和多伦多求学。她在多年的学习生涯中，也从没听到过关于创伤的事情。虽然这看起来令人震惊，但即使到了今天，尽管已经有无数证据将创伤与精神和生理疾病、成瘾联系起来，不论哪里的医学院学生，大多数也都没听说过这方面的事。如果医生没有接受过任何教育以理解病人表现出的问题的根本原因，他们要怎么帮助病人？整个系统要如何应对一个被误解的流行病？

当谈到理解成瘾时，我们总是在面对人们对其"视而不见"的深刻困境。我们的防御机制不会允许我们觉察到自己内心的痛苦和障碍，因为我们也在想方设法逃离它们。自我认知的缺失造成了社会与被社会驱逐的成瘾者之间（并且常常是医疗工作者和他们的来访者之间）看不见的高墙。

正是出于这个原因，我相信对有些读者来说，本书中最困难的章节是我描述自己的强迫性消费和工作成瘾的章节——这只是两种常见的成瘾形式。虽然很多人发现那部分很有启发性，但也有少数人对它有负面反应。有一个人在我的网站上发帖称："这本书……很好，直到作者开始谈到他在音乐上花费了数千加元……对我来说，他完全失去了可信度。"另一名评论者是这样表达的："简短提及这些小缺点就足够了……马泰作为从业者过于关注自己的冲动与他治疗的成瘾者之间的相同之处。虽然他确实把那些人放在了连续谱系的远端，但我认为这种做法，是在给那些被成瘾危及健康的人帮倒忙。"

虽然初看之下，将"轻度"的成瘾与致命的成瘾药物使用习惯进行类比很奇怪，但在过去10年中，"成瘾能以多种伪装的形式出现"的观点已经获得了更广泛的认可。从物质成瘾到表面看起来"值得尊敬"的冲动，所有成瘾都会对人类的健康和幸福产生负面影响。没有"好的成瘾"，也不存在所谓的"小缺点"。所有成瘾都导致伤害；任何不导致伤害的习惯，从定义上就不能被称为成瘾。我个人对古典音乐唱片的强迫性消费成瘾——热衷购买音乐而不是热爱音乐本身，导致了时间和金钱的浪费。我对妻子撒谎，我的孩子受到忽视，这也妨碍了我尽职尽责地对待病人。而我从中得到了什么呢？是多巴胺带来的兴奋、激动和动力——与赌博者、性瘾者、可卡因依赖者所渴求的相同。这种脑化学水平和大脑状态的暂时改变在所有成瘾中都是标志性的存在，在药物成瘾、暴食、自残这些范德考克博士谈到的控制身心的企图中都可以看到。（很明显，当可卡因、冰毒或海洛因依赖的病人听到我在面对自己购物习惯时的无助感时，他们都摇着头大笑，"嘿，医生，我懂，你跟我们这些人一样"。事实是，我们都"跟这些人一样"。）

只有一种普遍的成瘾过程，但它可以表现为多种形式，从温和的到致命的。所有成瘾都使用同样的止痛、奖赏和动机的大脑回路，并造成心理上同样的羞愧和否认，以及同样的找借口和撒谎行为。在所有情况下，它都以损害关系和减少自我价值感为代价来换取内在的平静感。对物质成瘾者而言，不论是迷恋尼古丁、酒精还是非法药物，都会损害身体健康。只有从更广泛的角度理解成瘾，正视它的根源并非基因或选择，而是人类的苦难，能够真正治疗成瘾的疗法才会出现。

"我们的精神卫生系统破烂不堪。"亨利博士谈到一个不幸我也非常支持的观点，"（如果说）精神卫生系统是公共卫生系统的穷姐姐，成瘾治疗大概就是它们住在贫民窟里的远房表哥。"

接受人们的本来面目，并采取多层次的方法，是治疗所必需的。对那些还没准备好戒断的人采取减害模式，对其他人则可以采用十二步戒瘾项目，但不能从法律和道德上强迫参加。迈克尔·庞德（Michael Pond）在他的杰作《浪费：一名酒瘾治疗师在充满缺陷的治疗系统中的康复之战》（*Wasted: An Alcoholic Therapist's Fight for Recovery in a Flawed Treatment System*）中指出："对物质使用者的轻蔑渗透在我们的文化中。"庞德甚至在匿名戒酒协会（Alcoholics Anonymous，AA）中体验到了这种轻蔑，他相信这就是十二步戒瘾法对他从来没有起过作用的原因，尽管组织中的人们给予了他陪伴、无私的支持和充满爱的友善。AA的初衷并非治疗，而是为寻求摆脱物质依赖的人提供一种生活方式。没有人应该被强迫参加AA，或被迫加入任何其他模式的康复治疗。

受限于十二步戒瘾项目本身的价值观，它只能帮助一小部分人，但如果十二步戒瘾项目不能帮助所有人，那什么能呢？在成瘾的挑战面前，不存在适合所有人的答案。对许多阿片类物质成瘾者而言，使用如舒倍生（Suboxone）这样的药物替代疗法能挽救生命。（在不列颠哥伦比亚，医生在开舒倍生处方方面有很大的自由度，因为该药风险很小。）药物对其中一些成瘾者有帮助，各种类型的咨询对另一些成瘾者有帮助，但没有一种单一方法可以保证成功。每个成瘾者的需求都需要根据具体情况有针对性地被满足。

虽然成瘾给人们的精神健康、寿命、生产力和家庭生活都造成了破坏性的影响，但多数医生却几乎没有接受过以成瘾为主题的培训。少数接受过训练的医生也仅局限于了解成瘾的生理方面。如果今天有人邀请我为物质成瘾，以及更具破坏性的"过程成瘾"（process addiction，如赌博、性强迫症）设计一套全面的治疗系统，它会包含以下要素：

- 医生、咨询师、心理学家、教育者、律师、法官以及所有执法人员都要接受创伤知情法（trauma-informed approaches）培训。
- 纳洛酮和其他减害方法需获得广泛应用，每个规模化的社区都要建立减害机构，任何有资格的人都应能接受替代性的阿片疗法。

- 很多社区都需要开放低门槛并能快速入住的戒毒机构。

- 需要有能让成瘾者可以从戒毒转向创伤治疗、深度咨询及个人和社会技能训练的分级机构。

- 人们需要学习自我照顾的方式，包括营养健康、锻炼方法（如瑜伽或武术）和正念练习这样的冥想方法。

- 必须停止目前许多研究所和治疗机构对精神卫生问题和成瘾的错误分割，它们是不可分割的：通常后者是对前者的自我治疗。两者都来自创伤，并需要被同时、共同处理。

- 鉴于成瘾大脑的损伤从童年期就开始了，并且成瘾药物对大脑还有进一步的损害，康复应被视为一个长期努力的过程，需要耐心的投入和慈爱的引导。

- 相比将被识别出的成瘾者看作问题，应该鼓励整个家庭将成瘾看作代际创伤的问题，因此应对成瘾是全家共同疗愈的机会，而不仅仅是一个人的治疗。

- 从预防的角度出发，有风险的年轻家庭应该被识别出来，并获得情绪和必要的财务支持。正如我在本书的附录 C 中指出的，预防从第一次产检就要开始。

- 老师和学校员工需要学习如何识别儿童早期创伤的迹象，学校还须为有风险的儿童和青少年提供矫正性的干预项目；所有接触年轻孩子的人员都应学习和理解人类的发展和心理需求。

- 需要建立能够协助青年人满足联结需要的社会项目，帮助他们获得成人的引导，并参与有意义的活动。

通过尊重那些经受了最多创伤、错位、成瘾的原住民，以及尊重他们心理上的韧性和古老的教诲，我们可以学到很多。他们的价值观总是强调社区而不是无情的个人主义；让犯错的人在社区中恢复，而非惩罚他们；他们彼此包容而不相互隔离，并且最重要的是，持有一种人应平衡身体需求与精神、情绪、精神需求的观点。我越吸收人类发展、大脑、健康以及个人与社会环境联系方面的最新科研成果，就越尊敬曾被我们殖民、文化遭到破坏的原住民和他们的传统习俗。在被殖民之前，他们根本没有成瘾问题。

自本书首次出版十年以来，我也学到了通过源自南美和非洲的传统萨满植物和实践来疗愈成瘾的方法，比如使用死藤水（ayahuasca）和伊玻加（iboga）。我用前者来进行治疗的工作成了加拿大广播公司放映的系列纪录片《事物的本质》（*Nature of Things*）的主题之一。最近有不少文章、著作讨论了这种方法，我也会在我正在写作的下一本书中更多地讨论这个主题，书名是《正常的神话：在疯狂的文化中保持健康》（*The Myth of Normal: Being Healthy in an Insane Culture*）。这些方法不是万灵药，但如果我们全盘忽视它们，就显得太愚蠢了。正如我在《环球邮报》的一篇短文中所写："许多土著智慧传统都有一种整体观念。与全球所有以植物为基础的土著方法相同，死藤水的使用来自一个不将身心分割看待的传统……我已经见证了人们用它克服对物质、性强迫症和其他自我伤害行为的成瘾……在适当的仪式安排下……死藤水可以在几次干预中达成心理治疗数年都难以企及的效果。"

正如我在一开始提到的，对我个人而言，与悲痛的父母相见总是最令人动容的，并且我曾遇见过许多这样的人。不论是药物还是任何行为成瘾（如赌博、性强迫症、暴食），真的，任何成瘾，多数都根植于童年时期的苦难；因此很多子女成年后死于成瘾的家长能够认识到问题并表达理解，而不是感觉受伤或愤怒，或认为自己受到了责备，这可能会让人感到意外。我写本书的目的并不是责备什么人，而是拥抱受苦的人，并呈现成瘾是痛苦最常见的症状这一事实。没有指控，只有关于世代苦难的基本现实，而我们会在无意间将苦难传给下一代，直到我们理解并打断家庭、社区和社会中传递它的链条。指责父母是不友善的，并且科学上也不正确。所有父母都尽力做到了最好，只不过这个"最好"受限于我们自己未能解决和意识到的创伤。这就是我们不经意间传给自己孩子的事物，比如我就这样做过。来自本书和许多其他地方的好消息是，创伤和家庭断联都能疗愈。我们现在知道，只要条件适当，大脑就能疗愈它自己。

我相信本书会继续抵达人们身边，传达基于情绪、心理、社会和科学真相的疗愈信息。正如我们所知，真相可能引起痛苦，但最终会带来自由。

成瘾来自受挫的爱，起因于我们无法以孩子需要的方式爱他们，起因于我们无法以我们需要的方式爱自己和彼此。敞开心扉正是疗愈成瘾的道路——对我们内在的痛苦以及我们周围的痛苦敞开慈爱之心。

加博尔·马泰

多伦多

2018 年 4 月

PS：在市区东部，悲剧和奇迹仍在继续。第 4 章中所写的"塞丽娜"在本书出版不久后死于艾滋病引发的脑脓肿。第 6 章中怀孕的"西莉亚"奇迹般地与她多年前交给领养机构的女儿重聚了。毫不意外的是，这个女儿也有成瘾的困扰。她在最初读到本书时并没有意识到她母亲就在书里。她生活在渥太华，并在努力康复的过程中一直跟我保持联系。我希望她能避免重蹈母亲的覆辙。

————

真的，什么是成瘾？它是一个标志、一个信号、
痛苦的一个症状。它是一种语言，告知我们一个
必须被理解的困境。

——爱丽丝·米勒（Alice Miller）
《打破沉默之墙》
（*Breaking Down the Wall of Silence*）

在寻求真理时，人总是进两步，退一步。生命中
的苦难、错误和疲惫把他们推回来，但对真理的
渴求和坚定的意志会驱使他们向前。谁知道呢，
也许他们最终会找到真正的真理。

——安东·契诃夫（Anton Chekhov）
《决斗》
（*The Duel*）

引　言

饿鬼道：成瘾的世界

———

那个卡西乌斯看起来又瘦又饿。

——威廉·莎士比亚
《恺撒大帝》(*Julius Caesar*)

佛教的"轮回图"以曼陀罗的形态，呈现着六道轮回、生死流转。每一道中的生物都代表了人类的一种特质，显示出我们的某种存在方式。在畜生道中，我们被基本的生存本能和食欲（弗洛伊德说的"本我"，比如生理饥饿和性欲）驱使。地狱道中困着处于难以忍受的暴怒和焦虑中的居民。在天道，我们通过美好的感官享受和宗教体验来超越自身的问题和自我，但这仅仅是暂时和忽视真相的——即使是这个令人妒忌的状态，也带有些许丧失与痛苦。

饿鬼道的居民被描绘为脖子细瘦、嘴小、四肢孱弱、肚子肿大空虚的生物。这是成瘾的领域，在这里我们通过持续寻求外部的某些事物，来抑制我们难以满足的对安慰和圆满的渴求。然而，痛苦的空虚感永远不会消逝，因为我们希望能够用来疏解这种空虚感的物质、事物或追求，并不是我们真正需要的。我们不知道我们需要什么，并且只要我们持续处于饿鬼道中，就永远也不会知道。我们在自己的生命中如鬼魂般游荡，从未全身心地活过。

有些人的一生都生活在某个特定的领域里，但我们大多数人会在各个领域间来回穿梭，可能一天就能经历全部。

我与药物成瘾者在温哥华市区东部的医疗工作给了我独特的机会，让我得以了解那些绝大多数时候都像饿鬼般生活的人。我相信，这是他们企图逃离地狱里淹没式的恐惧、愤怒和绝望的方式。他们内心的痛苦和渴望，反映出即使生活相对快乐的人也会体验到的本质的空虚。那些我们眼中的"瘾君子"并不是来自另一个世界的生物，而只是身陷某个连续谱系末端的人，我们所有人时不时都会发现自己也在这个谱系上。我个人可以证实这一点。"你在生活中常常一副饥饿的样子晃来晃去。"一个跟我很亲近的人曾这么说过我。在面对患者伤害性的强迫行为的同时，我也不得不面对我自己的这类行为。

没有社会能够在不正视自己的阴暗面的情况下了解自己。我相信只有一种成瘾过程，不论它是以对致命药物依赖的形式表现在我那些市区东部的患者身上，还是表现为以自我安抚为目的的疯狂暴食和购物，又或是对赌博、性瘾或网瘾的执念，甚至是社会可以接受甚至钦佩的工作狂行为。药物成瘾者常被贬低和轻视为不值得同情和尊重的对象。在讲述他们的故事时，我有两个意图：一是帮助大众倾听他们的声音，二是帮助我们理解他们的苦难挣扎的根源和本质是利用成瘾药物来克服痛苦。他们与驱逐他们的社会有许多共同点。即使他们似乎已经选择了一条绝路，他们的经历也仍然能够教育我们。在他们生命的黑暗历程中，我们也能描绘出自身的轮廓。

以下是一些值得思考的问题，包括：

- 哪些原因导致了成瘾？
- 倾向于成瘾的人格的本质是什么？
- 成瘾者大脑的生理层面发生了什么？
- 成瘾者究竟有多少选择余地？
- 为什么"禁毒战争"失败了？有什么方式可以人道主义地、循证地治疗重度药物成瘾？
- 有哪些方式可以挽回成瘾的大脑，使它不再依赖强大的成瘾物质，或者说如何疗愈这些我们的文化培养出来的成瘾行为？

本书中的叙事性段落基于我在温哥华成瘾药物泛滥的贫民区做医生的经验和大量的病人访谈——比我能引述的还要多得多。他们中的很多人是自愿参与的，并慷慨地希望他们的人生经历能帮助那些因成瘾问题而挣扎的人，或者为社会对成瘾经验的理解提供启示。我也呈现了提取自其他来源的信息、反思和洞见，包括我个人的成瘾模式。最后，我会综述我从成瘾及人类大脑发育和人格发展的研究文献中学到的内容。

虽然最后的几个章节对成瘾的疗愈提供了想法和建议，但这本书并非处方。我只能讨论我个人学习过的内容，以及描述我作为医生看到和理解的事情。正如读者将发现的，并不是每个故事都有快乐的结局，但科学的发现、心灵的指引和灵魂的启示都向我们保证，没有人是无法被挽救的。只要生命还在，重生的可能性就存在。而如何去支持他人和我们自身的可能性，是我们的终极问题。

我将这本书献给我的饿鬼同伴们，不论他们是游荡在城市街道上的艾滋病病毒（HIV）携带者、监狱里的囚犯，还是拥有房子、家庭、工作和成功事业的幸运者们。希望他们都能获得平静。

In the Realm of
Hungry Ghosts

第一部分

成瘾：通向地狱的列车

———

怎样的现实使我变成了一个鸦片吸食者？

是苦难、荒寂和永暗。

——托马斯·德·昆西
（Thomas De Quincey）

《一个鸦片吸食者的忏悔录》
（*Confessions of an English Opium Eater*）

第 1 章

他有过的唯一的家

————

我穿过栅栏铁门来到阳光下，看到如费里尼[⊖]电影中的一幕——一个既熟悉又奇异，既梦幻又真实的场景。

伊娃站在黑斯廷斯街[⊜]边。她有深色的头发和橄榄色的皮肤，已经三十几岁了，但仍像个流浪儿般，跳着怪异的可卡因式弗拉明戈舞。她乱扭着自己的臀部、上身和胯骨，然后弯着腰将单臂或双臂甩向空中，以一种笨拙但又协调的方式转着脚尖，同时用她又黑又大的眼睛追踪着我。

在市区东部，这种由嗑药导致的即兴芭蕾被称为"黑斯廷斯鬼步舞"，而且很常见。当我在这个街区进行住院医师轮转的时候，有一次，我曾看见一个年轻女人在黑斯廷斯的车流上方进行这种"表演"。她在二楼窗外的霓虹灯

———————————

⊖ 意大利著名导演。——译者注
⊜ 温哥华的一条街道。——译者注

的狭窄顶沿上保持着平衡，下面聚集了一群看客，其中的那些瘾君子与其说被吓到，不如说还挺乐在其中。这名"舞者"会转过身，像走钢索的人般双臂平伸，或者如高空的哥萨克舞者般深屈膝盖，一条腿踢向前方。而在消防云梯能达到她游弋的高度之前，这名吸高了的"杂技演员"就缩回了她的窗户里。

伊娃的同伴围绕着我，她则在他们之中迂回前进。有时候她消失在兰德尔身后——他是一名思维方式离经叛道却又极度聪明的壮汉，正一脸严肃地坐在轮椅上。兰德尔对自己不可或缺的"机动战车"吟咏着自说自话的赞叹："这太棒了，医生，不是吗？拿破仑的大炮当年是用牛马在俄罗斯的泥雪中拖行的，而我现在有了这个！"带着一抹天真诚恳的微笑，兰德尔倒出了一堆听来近乎真实，实则颠三倒四的事实、历史事件、回忆、解释、松散的关联、想象和妄想。"这就是拿破仑的密码，医生，它改变了低层次排列和文件的传输媒介，你知道，那时候这样宜人的瑞典自助领域还能得到很好的测量。"⊖此刻，伊娃从兰德尔的左肩探出头，玩着躲猫猫。

兰德尔的身边站着的是阿琳。她双手叉腰，带着责备的表情，穿着紧身牛仔短裤和衬衫——这是正赚着吸毒钱，并且很有可能在早年被男性恶徒性剥削过的表现。盖过兰德尔持续的低声演说，阿琳抱怨道："你不应该给我减药。"阿琳的胳膊上横着十几条伤疤，像铁轨枕木一样平行排列，旧的已经发白，新近的则泛着红，每一条都是她自己用剃须刀片划出的纪念。自残的痛感可以抹去心底更大的痛苦，即使只是暂时地抹去。阿琳吃的药中，有一种是控制这种冲动性自伤的。她总是怕我给她减药量，而事实上我从来没减过。

在离我们不远的波特兰酒店的阴影里，两个警察铐住了詹金斯。詹金斯是个瘦高的原住民，他披散着过肩的黑色长发，正安静驯顺地等着其中一名警察掏空他的口袋。他弓着背靠在墙上，脸上没有一点抗议的神情。"他们应该随

⊖　此处为精神障碍造成的词语杂拌。——译者注

他去。"阿琳大声说，"那家伙不贩毒。他们老是抓他，但从没找到过问题。"
至少在黑斯廷斯街的光天化日下，这些警察以模范式的礼貌进行着他们的搜查——但据我的病人说，他们并不总是这样。一两分钟后，詹金斯就自由了，他无声地大步跑进了酒店。

与此同时，就在几分钟之内，长驻于此的"著名荒诞诗人"兰德尔已经回顾完了从百年战争到波黑战争的欧洲史，并开始大谈从摩西到穆罕默德的宗教议题。"医生，"兰德尔接着说，"第一次世界大战本该终结所有战争。如果真是这样，为什么我们仍然需要与癌症和成瘾药物战斗？德国人用大贝莎[⊖]跟协约国谈话，但显然法国人和英国人并不喜欢这种语言。枪的节奏、名声和操守都很差，医生，但它能推动历史，如果我们讨论历史发展或者任何历史变化。你觉得历史在发展吗，医生？"

秃头的马修微笑着拄着拐杖，他大腹便便，却只有一条腿。他以一种难以自抑的快活口气打断了兰德尔的演说："可怜的马泰博士只想回家。"他以一种风格独特、充满讽刺，却又无比真诚的甜美口吻说。然后，他就对着我们咧嘴笑开了，就好像这个玩笑不是他说的一样。他左耳上的一排耳环在傍晚前金铜色的阳光下微微泛着光。

伊娃从兰德尔背后大步跃出来。我则转过身。我已经受够了这些街边闹剧，只想赶快逃离，我这个"好医生"已经好不下去了。

这些费里尼式的人物和我聚在一起，或者可能这里应该说"我们"，我们这群费里尼式的人物，在波特兰酒店外相聚——他们在这里生活，而我在这里工作。我工作的诊所在这个由加拿大建筑师亚瑟·埃里克森（Arthur Erickson）设计的、水泥和玻璃铸成的酒店建筑的第一层，空间宽敞，现代又实用。这座令人印象深刻的建筑代替了于19和20世纪之交建造的奢华的初版波特兰酒

⊖　第一次世界大战期间德国使用的一种超重型榴弹炮。——译者注

店，很好地服务着它的居住者。旧酒店的木制栏杆、宽大的旋转楼梯、陈腐的楼台和向着海湾的窗户，带来一种新式建筑所不具备的独特风格和历史感。虽然我想念它带来的怀旧气氛，那种逝去的富饶和衰败的气息，以及晕着优雅记忆色彩的斑驳窗台，但居住者们对那里拥挤的房间、腐蚀的下水道和成群结队的蟑螂，恐怕是不会有任何怀念的。1994 年，旧酒店的屋顶着火了。一家本地报纸进行了报道，以"英雄警察拯救萌猫"为标题，刊登了一名女性居住者和她的猫的特写照片。结果有人给波特兰酒店打电话投诉，说不应该允许动物生活在这么糟的环境下。

于是，我就职的非营利性组织波特兰酒店协会（Portland Hotel Society, PHS），就把这座建筑改为了无家可归者收容所。我的病人绝大多数都是瘾君子，虽然也有少数是兰德尔这种脑化学水平过于错乱，以至于即使不嗑药也还是完全脱离现实的人。他们中有很多人和阿琳一样，同时有精神障碍和药物成瘾。波特兰酒店协会在几个街区中管理着数个类似的设施，包括斯坦利酒店、华盛顿酒店、富豪酒店和曙光酒店，而我在波特兰酒店协会担任住院医生。

新的波特兰酒店马路正对面有家陆海百货，我父母和很多 50 年代的新移民都在那家百货公司买衣服。那时候，陆海百货是个工薪阶层很热衷的购物点，中产阶层的孩子们也喜欢在那里搜索酷炫的军服和水兵夹克。在外面的人行道上，大学生则会和一群酗酒者、小偷、购物者和周五晚的圣经传教士混在一起，在这个贫民区找乐子。

现在这一切已经变了。大众人流多年之前就销声匿迹了。现在这些街道和后巷已经成了加拿大成瘾药物之都的中心。离这里一个街区的地方，矗立着已经废弃的伍德沃德百货，它外形巨大，屋顶点亮的"W"一直是温哥华的地标。抗议者和反贫困运动者一度占领了这座建筑，但它最近已被拆毁，地皮将用于建造时髦的公寓和社区住宅。冬奥会将于 2010 年在温哥华举行[⊖]，这个

⊖　本书英文版于 2008 年首次出版。——译者注

街区可能会因此而整改。现在这个过程已经开始，而人们担心为了取悦国际各界，政客们将会急着想要驱逐本地的成瘾者。

伊娃在背后伸展着交叉的双臂，并低着头研究自己在人行道上的影子。马修看着她瘾君子式的瑜伽动作，咯咯笑着。我急切地扫视着高峰时段来来往往的车流。终于，我得救了，我的儿子丹尼尔开车来了，他打开了车门。"有些时候，我对自己的生活简直难以置信。"我坐进后座跟他说，"这边有时真够呛。"我们开走了。在后视镜里，渐行渐远的伊娃摆了个姿势，她双腿张开，头歪向一边。

波特兰酒店和波特兰酒店协会的其他建筑代表了一种开创性的社会模式。波特兰酒店协会的目标是为那些被边缘化和污名化（用陀思妥耶夫斯基的话说"被侮辱和被损害的"）的人群，提供一个安全、支持性的系统。波特兰酒店协会企图从这些被本地诗人称为"被移除的街道和被驱逐的建筑"中，拯救这些人。

"人们只是需要个地方待。"丽兹·伊万斯（Liz Evans）这么说过。她过去是一名社区护士，她上流社会的背景，与她现在波特兰酒店协会创始人和主管的角色可能显得并不相称。"他们需要一个他们可以存在的地方，在那里他们不会被批判、纠缠和骚扰。他们常常被视为包袱，被谴责是犯罪者和社会渣滓……被看作浪费时间和资源的人。甚至以慈爱作为职业的人对他们都很苛刻。"

波特兰酒店协会以一种平凡的方式成立于1991年。但如今，它已经发展出了各种各样的活动和服务，其中包括社区银行、市区东部艺术家的艺术展、北美第一个监管注射中心、可以通过静脉注射抗生素处理深层组织感染的社区病房、免费牙医诊所，以及我工作了八年的波特兰诊所。波特兰酒店协会的核心使命就是为无家可归的人提供住所。

统计数据相当残酷——波特兰初建不久时的一份回顾显示，这些居住者在住进波特兰之前的一年里，有过五个不同的地址；其中 90% 的人曾多次被起诉或实际犯罪，罪名多数都是小偷小摸。至本书写作时，36% 的居民是 HIV 阳性，或者就是艾滋病患者，并且大多数人都对酒精或其他物质成瘾（从米酒、漱口水到可卡因和海洛因），其中超过一半人患有精神障碍。波特兰居民中加拿大原住民的比例是一般人群中的五倍。

对于丽兹和其他波特兰酒店协会的缔造者而言，看着人们在持续不断的危机中挣扎，缺乏可靠的支持，令人感到无尽沮丧。"社会系统抛弃了他们。"她说，"所以我们才尝试把酒店作为其他服务项目的基地。八年的募款，四个省政府部门和四个私人基金会的共同努力，才使新的波特兰酒店成为现实。现在人们终于有了他们自己的卫生间、洗衣房和一个能好好吃饭的地方。"

令波特兰模式在成瘾服务方面独特而又广受争议的，是它接纳人们本来面目这一核心意图——不论这些人多么不正常，不论他们有多少麻烦或者给他人造成多少麻烦。我们的来访者并不是那些"值得被帮助的穷苦人"，他们就是纯粹的穷，不论在社会眼中还是他们自己眼中都不配获得帮助。在波特兰酒店，没有奇美拉[⊖]的赎罪，也没有任何对达到体面社会目标的期待。这里只有对处于（由普遍的悲惨过去造成的）灰暗现实中的真实人类的真实需求的客观承认。我们可能（并且也确实）希望人们可以从缠住他们的魔鬼手中解放，并努力鼓励他们向着这个方向前进。但我们对强迫任何人实现"心理驱魔"不抱幻想。一个令人不快的事实是，我们的大多数来访者会一直上瘾，并永远像现在这样，站在法律的对立面上。拥有两个文理学位的前护士克斯汀·斯提茨伯赫（Kerstin Stuerzbecher）是波特兰酒店协会的另一名主管，她曾说："我们没有答案，而且我们也无法提供能够让人产生剧变的照顾——说到底，改变永远

　　⊖　希腊神话中的喷火女怪。——译者注

不取决于我们，而取决于他们自己。"

在波特兰紧张的财务资源允许的情况下，居住者们可以获得尽可能大范围内的支持。居家支持员工为最无助的人清理房间，并协助他们处理个人卫生；会有人准备并分发食物；在可能的情况下，病人们会在陪伴下去见专科医生、照 X 光，或者做其他医学检查；美沙酮、精神类药物和艾滋病药物由工作人员进行分发；每过几个月，会有检验科的人员来波特兰筛查 HIV 和肝炎，并进行进一步的血检；波特兰还有写作和诗歌小组，一个艺术小组（我办公室的墙上就挂着用居住者画的画缝成的挂被）；针灸医生、理发师会来探访，还有电影放映。我们过去有资金的时候，每年会带着居民们离开肮脏狭窄的市区东部，出去野营一次。我儿子丹尼尔作为波特兰的临时员工，也带领了一个每月一次的音乐小组。

"几年前我们组织艺术小组和诗歌小组，举办了一个达人秀之夜。"克斯汀说，"当时有歌舞表演，墙上挂满了画，人们可以读自己的诗。一个长期居民走到麦克风前，说他没有可读的诗，也没有别的什么创新节目……他只是说，波特兰是他的第一个家，至今为止他有过的唯一的家。他表达了他是多么感激自己能够成为这个社群的一员，又多么为此骄傲。他希望他的父母能看到现在的他。"

"他有过的唯一的家"——这个短语总结了许多住在"全球最宜居城市"[⊖]的市区东部的人的经历。

⁓

我们的工作可能极度令人满意，也可能深深令人沮丧，这完全取决于我们

⊖ 温哥华在国际上经常被这样称呼，最近一次是在 2007 年 7 月 8 日的《纽约时报》上。

的心态。我经常得面对人执拗的本质——这些人认为相比于立刻满足他们对成瘾药物的需求，他们的健康和安宁并不重要。我也必须面对我自己对这些人的抵触。虽然我很想接纳他们，至少原则上接纳，但有些日子我会发现自己充满反对和批判，我拒绝他们，想让他们变得不像他们自己。这种矛盾是我自己造成的，而不是我的病人的问题。这是我自己的问题，虽然由于我们之间明显的权力不对等，把问题都推给他们对我来说实在过于容易。

我的病人的毒瘾使所有医学治疗都举步维艰。你到哪去找一群健康状况这么差，同时又这么不愿意照顾自己，甚至可能都不允许别人照顾他们的人？有时候，我真得把他们哄骗到医院去。比如说凯吧，他臀部有一种可能致残的感染，又或者赫伯，他胸骨的骨髓炎很可能会渗透到他的肺。但这两个人却都只关注他们的下一剂可卡因、海洛因或者冰毒从哪来，相比之下他们的自我存续则显得完全不重要。他们中的很多人也有一种深植内心的对权威的恐惧和对机构的不信任，而在这里，这是有完全合理的理由的。

"我嗑药是为了不去感受那些，我不嗑药时会感受到的该死的感觉。"尼克，一个四十岁的海洛因和冰毒成瘾者曾这样边哭边告诉我，"当我感觉不到毒品的时候，我就感觉抑郁。"他的父亲使自己的双胞胎儿子深信他们不过是"一坨屎"。尼克的兄弟在青少年时期就自杀身亡了，而尼克则成了一个终身成瘾者。

我们大多数人都害怕痛苦情绪带来的地狱体验，而成瘾者们害怕如果没有成瘾药物，他们就会被永远困在地狱里。这种逃避痛苦的渴望让人付出了恐怖的代价。

波特兰酒店的水泥走廊和电梯经常需要清理，有时候一天就要打扫好几次。由于持续的针刺，一些居住者的伤口总在慢性流血。血也会从他们被打伤或者割伤的伤口流出来，这些伤口可能是其他成瘾者造成的，也可能是他们自己在可卡因造成的妄想中抓伤的——那时他们会不停地挠自己，以摆脱幻觉里的虫子。

在市区东部，我们并不缺少真正的侵扰。在酒店的围墙间和扔满垃圾的后巷里，啮齿动物猖獗。我们许多病人的床上、衣服上和身上都住满了害虫，比如臭虫、虱子和疥螨。偶尔，晃动的衬衫和裤子里还能掉出蟑螂，它们会疾速爬到我的桌子下面躲藏起来。"我喜欢周围有一两只老鼠。"一个年轻人告诉我，"它们会吃蟑螂和臭虫。但它们要是在我的床垫里做窝，我就受不了了。"

害虫、疱疮、血和死亡，都属于埃及的十灾⊖。

在市区东部，死亡天使以惊人的速度杀戮。玛西娅，一名三十五岁的海洛因成瘾者，才从她在波特兰酒店协会的住所搬出，住进了半个街区以外的出租屋里。一天早上，我接到一个慌乱的电话，对方报告了一起可疑的吸食过量案件。我在床上发现了玛西娅，她仰躺着，双眼圆睁，身体已经僵硬了。她的双臂张开，手掌向外伸成一个惊恐、抗议的姿势，就像在说："不，你来得太早了，太早了！"当我接近她的身体时，踩碎了脚下的塑料注射器。玛西娅放大的瞳孔和其他一些身体线索告诉我，她并非死于吸食过量，而是死于海洛因的戒断反应。我在她的床边站了一会儿，企图在她身上搜寻我认识的那个常常心不在焉却充满魅力的人。当我转身离开时，我听到了门外救护车到来的凄厉警报。

玛西娅上周还在我的办公室里，欢快地请我协助她填写一些医疗表格，以便申请福利。那是我六个月来第一次见她，而她若无其事地跟我解释说，在那段时间里，她在许多其他瘾君子和奉迎者的"帮助"下，花光了他男友凯欧的13万加元遗产。尽管如此交际广泛，当死亡抓走她的时候，她却孤身一人。

另一名死者是弗兰克，一名隐居的海洛因成瘾者。只有在他病重的时候，

⊖　圣经中上帝为了说服法老给以色列人自由，曾经降临在埃及人身上的灾祸。——译者注

他才会勉强允许你进入他在富豪酒店的狭小房间。"我绝不死在医院里。"一发现严酷的死神艾滋病已经在敲他的门，他就声明。没有人跟弗兰克争执这事，也没有人说别的。2002 年，他死在了他脏乱褴褛的床上，但是，确实是在他自己的床上。

弗兰克粗糙小气的个性并不能掩盖他亲切的灵魂。虽然他从没跟我谈过他的人生经历，但他确实通过死前几个月写的一首名为"通向地狱的市区列车"的诗，把他一生经历的核心传达了出来。那是一首他献给自己的挽歌，也是一首他献给那些据说被杀害在温哥华外臭名昭著的皮克顿养猪场⊖的女性（都是成瘾者和性工作者）的挽歌。

> 去市区——黑斯廷斯街和主街
> 寻找痛苦的解药
> 我全部找到的
> 只有一张通向地狱的单程车票
>
> 在不远处的农场
> 几位朋友已被带走
> 摆脱了痛苦，灵魂获得安宁
> 结束了她们通向地狱的旅程
>
> 在死前给我平静
> 轨道已彻底铺好
> 我们都活在各自的地狱中
> 只不过多几张通向地狱的车票

⊖ 养猪场主罗伯特·皮克顿是加拿大历史上恶名昭彰的连环杀手。——译者注

通向地狱的列车

通向地狱的列车

通向地狱的单程车票

我做过安宁疗护工作，照顾过身患绝症的病人，也经常面对死亡。实话说，成瘾治疗药物对于成瘾者来说，也是一种安宁疗护。我们不指望治愈任何人，只希望能够缓解成瘾药物的影响和吸食者的病痛，并缓和我们的文化折磨、惩罚他们所造成的负面影响。除了极少数能够幸运逃离市区东部的成瘾者聚居区的人以外，我的病人中只有很少一部分可以活到老年。绝大多数病人会死于艾滋病相关的并发症、丙肝、脑膜炎，或由于长期可卡因注射造成的严重败血症。有些在相对年轻的时候就死于癌症，他们在重压下衰弱到无法抑制恶性肿瘤的发展，史黛维就是这么死的。她死于肝癌，曾经甜美却又充满嘲讽的脸上布满黄疸。也有些时候，他们会猛吸一晚，第二天就死于吸食过量——曙光酒店的安吉拉，和住在她楼上总是笑得无忧无虑的特雷弗，就是这么死的。

在一个阴郁的二月的晚上，住在附近酒店的一名病人里昂娜在她屋里的吊床上醒来，发现她十八岁的儿子乔伊僵硬地躺在她床上，已经死了。她把他从街上拉了回来，一直看着他，防止他自残。警觉了一个晚上之后，她在上午昏睡了过去，而到下午他就吸食过量了。"当我醒过来，"她回忆说，"乔伊一动不动地躺在那儿。不用谁说我也明白。救护车和消防员都来了，但是谁也做不了任何事。我的宝贝已经死了。"她的哀痛排山倒海，她的愧疚无以复加。

波特兰诊所最常遇见的问题之一就是疼痛。医学院教过炎症的三个征兆，在拉丁文里分别是 calor、rubror 和 dolor，也就是发热、泛红和疼痛。我的病人的皮肤、四肢和器官常常在发炎，对此我倒是可以提供暂时足效的服务。但我们如何缓解他们灵魂上的痛苦——这些首先由于可悲得令人难以置信的童年经历，接着又由于他们自己的机械化重复造成的痛苦折磨所带来的炎症？当他们的苦难由于艾略特·雷敦（Elliot Leyton）[⊖]描述的那种"深植于加拿大社会中的，对种族、性和阶级的冷酷偏见，对贫穷者、性工作者、成瘾者和酗酒者以及原住民的制度化的蔑视"[1]所造成的社会排斥而与日俱增，我们又如何为他们提供慰藉？市区东部的痛苦从讨药钱的手里伸出来，从冷漠坚硬、耻辱屈服的眼神中流出来，从花言巧语的口吻和充满攻击性的尖叫中表达出来。在每一个眼神、每一个词、每一次暴力行为和幻灭背后，都有一段凄苦潦倒的历史，一个每天都在增添新篇章的自传故事——并且它鲜少会有美好的结局。

当丹尼尔开车带我回家的时候，我们听了车上的收音机，下午加拿大广播公司正随机播放着一系列轻快的谈话节目、文学作品朗读和爵士乐。我为城市广播的内容与我才离开的混乱世界的不协调感到震惊，并想起了我当天的第一个病人。

玛德琳蹲坐着，手肘架在大腿上，她消瘦结实的身体因哭泣而抽搐。她双手抱头，每过一段时间就会攥紧拳头，有节奏地敲打自己的太阳穴。直直的棕色长发披散在她面前，遮住了眼睛和脸颊。她的下唇肿着，还带着瘀青，血从一个小伤口里滴下来。她男生般低沉的嗓音因暴怒和疼痛而嘶哑。"我又被糟蹋了。"她哭道，"我总是被他们的鬼话欺骗。他们怎么敢每次都这么对我？"当泪水流过她的气管时，她咳嗽了起来，像个孩子一样讲着她的故事，乞求别人的同情和帮助。

她所讲述的，只是市区东部常见主题的某个版本：成瘾者互相剥削。三个

⊖　加拿大著名社会人类学家和作家。——译者注

玛德琳很熟的女人给了她一张百元钞票，让她去找一个叫"斯皮克"（Spic）[⊖]的人，从他那儿买十二支可卡因。她可以留一支，她们会自己留一部分，然后卖掉剩下的。"我们不能让警察看见我们买那么多"，这是她们的说辞。十分钟后，那名"斯皮克"抓住了玛德琳。"他抓住我的头发，把我扔在地上，然后一拳打中了我的脸。"那张百元钞票是假的。"她们坑我。'哦，玛德琳，你是我的姐妹，我的朋友。'我根本想不到那张钱是假的。"

我的来访者经常谈到"斯皮克"，但我从没见过他，他对我来说是位传说中的神秘人物。在波特兰酒店的街边，有着橄榄色肌肤的年轻中美洲人会戴着黑色的棒球帽，聚在一起。当我经过的时候，他们会对我低语，"上、下"或者"好摇滚"，即使是在我脖子上戴着听诊器的时候。（上和下是交易的黑话，上是兴奋剂，而海洛因则是下，是镇静剂。摇滚是可卡因的意思。）"嘿，你看不出来那是个医生吗？"偶尔有人会说。"斯皮克"很可能就在这群人之中，或者也可能是这群人的泛用绰号。

我不知道他是谁，也不知道是什么把他引向了温哥华的贫民窟，他卖给那些憔悴的女人可卡因，打她们，而她们则为了付他钱去偷窃、贩毒、诈骗，或者随便为他口交。他生在哪里？怎样的战争或丧失迫使他的父母离开他们的贫民区或山上的镇子，到赤道以北这么远的地方来讨生活？是洪都拉斯的贫困、危地马拉的准军事活动，还是萨尔瓦多的敢死队？他是怎么变成"斯皮克"这样一个我办公室里骨瘦如柴、心慌意乱的女人口中的恶棍的？而玛德琳则哽咽着，解释着她的瘀青，求我不要因为她上周没来做美沙酮检查而责怪她。

"我已经七天没喝果汁了。"玛德琳说。（"果汁"是美沙酮的黑话：美沙酮

粉末经常被溶在橘子味的果珍里。）"我也不会跟街上的任何人寻求帮助，因为如果她们帮了你，你就欠了她们一辈子。即使你还给她们，她们也仍然觉得你欠她们的。她们会说，'玛蒂在哪'⊖，'我们可以从她那儿弄，她会给我们的。'她们知道我不打架。因为如果我动手，我就会直接杀掉这帮娘们儿中的一个。我可不想在监狱里结束我的余生，因为我本来从一开始就不会跟她们搭上半毛钱关系。到此为止了，我已经受够了。"

我递给她新的美沙酮处方，并邀请她去药房吃完药后，回来跟我聊聊。虽然她答应了，我却知道我今天不会再看见她了。就像往常一样，嗑药已经在召唤她了。

那个早上的另一名访客是斯坦，一名刚出狱的 45 岁原住民，他也是来拿美沙酮处方的。在监狱中的 18 个月里，他变胖了，这使他高大粗壮的身形、炯炯有神的暗色眼睛、披散的长发和两撇细长的胡子，看起来不再那么吓人。也可能是他确实变柔和了，毕竟这段时间他都没吸可卡因。他望向窗外对街的人行道，陆海百货前面站着几个成瘾者。他们摆出很多姿势，明显毫无目的地走来走去。"看看他们。"他说，"他们卡在那儿了。你知道，医生，他们的人生大概也就从这儿往左延伸到维克多广场，向右延伸到弗雷泽大街。他们从来没出过这个范围。我想搬走，我不想在这儿继续浪费自己的生命了。"

"啊，有什么用呢。看看我，连袜子也没有。"斯坦指指他穿旧了的跑鞋和宽松的红色棉长裤，松紧带在他脚踝上几寸的地方突出来。"当我穿着这身上公车的时候，大家都能看出来。他们会躲开。有些人盯着我，更多人甚至不往我这边看。你知道那是什么感觉吗？就像我是个外星人。我觉得浑身不对，直到我回到这里。怪不得没人能离开这里。"

十天后当斯坦再来拿他的美沙酮处方的时候，他还住在街上。现在是温

⊖　玛蒂是玛德琳的昵称。——译者注

哥华的三月，灰暗、潮湿、冷得不行。"你不会想知道我昨晚睡在了哪儿，医生。"他说。

对温哥华的许多长期、骨灰级的成瘾者来说，从主街到黑斯廷斯街延伸开的几个街区就像被无形的铁丝网围绕着一样。在这之外还有一个世界，但对他们来说它遥不可及。那个世界恐惧他们、拒绝他们，而他们也不了解那个世界的规则，无法在那里生存。

我记得一名劳改营的逃犯在外面忍饥挨饿之后，自愿回到了劳改营。"自由不属于我们。"他告诉他的狱友，"我们余下的一生都会被锁在这里，即使我们身上没有铁链。我们可以逃跑，可以流浪，但最后我们总会回来。"[2]

像斯坦这样的人是所有人中病得最重、最需要帮助，也最被忽视的。他们一生都在被忽视、被抛弃，反过来，他们也常常自我抛弃。为这样的社群服务的决心从何而来呢？于我而言，我知道这根源于我的犹太人身份，并且我还出生在1944年被纳粹占领的布达佩斯。在我的成长经历里，我一直能觉察到生活对某些人来说非常困难和糟糕，而且这并不是他们自己的错。

但如果说我对病人的同理心可以追溯到我的童年，那么我内心时而翻滚而出的对同一群人的反射性的强烈轻蔑、鄙视和批判也是如此。在本书之后的章节中，我会探讨我自己的成瘾倾向是如何来源于早年经历。在心底深处，我和我的病人并没有太大差别，有些时候我简直难以面对，是多么小的心理差别，多么少的上天的恩典，使我与他们区别开来了。

我的第一份全职临床工作是在市区东部的一个诊所，它短到只有六个月的任期，却在我身上留下了痕迹。我知道有一天我会回来的。二十年后，当我面对成为老波特兰诊所医生的机会时，我抓住了它，因为我觉得这是对的：它包含着我那时一直在生命中寻找的挑战与意义。我连想都没想，就离开了我的家庭医生执业生涯，来到了这个满是蟑螂的市区酒店。

这里有什么在吸引我？我们所有被召来做这份工作的人，都是在对一种内在的引力做出反应，这种引力与我们照料的那些受困的、耗竭的、功能不良的人的频率共振。不过当然，我们每天都会回到自己的家，有外界的兴趣和关系，而我们的成瘾来访者则被困在他们的"市区劳改营"中。

有些人被痛苦的地方吸引，是因为他们希望在那里解决自己的痛苦。另一些人愿意付出，是因为他们慈爱的心知道这是最需要爱的地方。还有一些人则是由于职业兴趣来到这里：这份工作极具挑战性。那些自尊心低的人可能会被吸引来，因为与这些无力的人工作令他们自满。有些人被成瘾的"磁性"吸引过来，因为他们还没有解决甚至还没有认识到自己的成瘾倾向。我猜在市区东部工作的绝大多数医生、护士和其他职业助人者都受到某些复杂的动机驱使。

作为波特兰酒店协会的创始人，丽兹·伊万斯从 26 岁开始在这个区域工作。"我完全被淹没了。"她回忆说，"作为一名护士，我觉得我应该有一些可以贡献的专长。虽然事实确实如此，但我很快就发现，事实上，我根本没有什么能给予的，我无法把这些人从痛苦和悲伤中拯救出来。我全部能做的只有作为一个人类同伴，一个慷慨的灵魂，与他们同行。"

"一个我叫她朱莉娅的女人从 7 岁起就被收养她的家庭锁在房间里，被强制喂流食，并被毒打。她有一条穿过脖子的伤疤，才 16 岁就把自己割成那样。从那时开始，她就把止疼片、酒精、可卡因和海洛因混在一起食用，并在街上工作。一天晚上，她在被强暴后回到家，趴在我腿上哭泣。她不停地告诉我那是她的错，那是因为她是个坏人，她什么都不值。她哭得几乎上不来气。当我坐在那儿轻摇着她的时候，我真想给她点什么，随便什么能够减轻她的痛苦的，因为我无法忍受那种强烈的痛苦。"正如丽兹发现的，朱莉娅的痛苦中的某些东西，触发了她自己的痛苦："那个经历告诉我，我们必须不让自己的问题成为障碍。"

"什么使我留在那儿？"克斯汀·斯提茨伯赫沉思道，"一开始我想要帮忙。现在……我仍然想帮忙，但有了变化。现在我知道我的局限，知道我能做什么、不能做什么。我能做的是在这里，为处在不同阶段的人们呼吁，并允许他们做自己。作为一个社会，我们有义务去……支持人们做他们自己，并且尊重他们。这就是使我留在这里的原因。"

还有一个因素。很多曾在市区东部工作过的人注意到了它——一种真诚。这里的人们放弃常见的社交游戏，放下伪装，面对着现实——人们无法成为他们自己之外的任何人这一现实。

是的，他们撒谎、欺骗和操纵，但我们不都是这样的吗？只不过是以我们自己的方式。不像我们，他们不能假装自己不是欺骗者和操纵者。他们直率地拒绝担负责任、抵制社会期待、接受自己因为成瘾丧失的一切。在直率世界的标准里，这算不了什么；但同时，在这个每位成瘾者用诚实包裹的惯性欺骗中，又有一个核心悖论。"你期待什么，医生？毕竟，我不过是个瘾君子。"一个瘦小的47岁男人从我这里骗取吗啡处方失败后，曾带着讽刺却又坦诚的微笑对我说。可能从某种角度来说，这种令人惊异的、毫无悔过的"真诚"，也很令人着迷。毕竟在我们的秘密幻想中，谁不想在自己的错误面前像这样厚颜无耻一番呢？

"在这里，你和人们之间会诚实交流。"波特兰诊所的金姆·马克尔（Kim Markel）护士说，"我可以来这里，做真实的我自己。我觉得这很值得。在医院或者其他社区机构工作时，总有一种要求你服从的压力。因为我们在这里的工作是如此多样，而且我们在服务需求如此纯粹、无可遮掩的人群，我能够对我所做的保持诚实。工作时的我和工作外的我之间，没有太大不同。"

在急躁的成瘾者们为了获得下一次快感而进行的无止境的欺诈和哄骗之中，也有很多人性闪耀和相互支持的瞬间。"这里永远充满了令人惊异的温暖。"金姆说。"虽然有很多暴力，但我还是看到很多人照顾彼此。"贝萨妮·基尔（Bethany Jeal）护士附和道，她来自里站（Insite，受监管的麻醉剂注射点），这个中心就在黑斯廷斯街上，离波特兰只有两个街区。"他们分享食物、衣物和化妆品——任何他们有的东西。"人们在生病时照顾彼此，在谈起他们朋友的情况时充满担忧和爱心，并且经常对他人表现出超乎对自身的友善。"在我住的地方，"克斯汀说，"我连两个房子之外的人都不认识。我模糊地知道他们长什么样子，但我肯定不知道他们的名字。在这里不一样。这里人们知道彼此，当然这既有好处，也有坏处。这意味着人们抱怨彼此，对彼此发火，但这也意味着人们会把他们的最后五分钱分享给彼此。"

"这里的人很纯粹，不加掩饰，所以这里经常会发生媒体关注的暴力和恶行。但这种纯粹也带来纯粹的快乐和喜悦的泪水——比如看到一朵我之前从未注意到的花，而它也被住在华盛顿酒店的某人注意到了，只因他每天都来这里，因为这里就是他的世界，而他和我关注的细节不同……"

这里也不缺幽默。当我在黑斯廷斯街上，从一个酒店巡视到另一个酒店时，我能看到很多人互相欢快地打趣，听到沙哑的笑声。"医生，医生，给我消息……"华盛顿酒店的拱门下传来一声爵士歌咏，"嘿，你需要一剂蓝调节奏。"我回头以歌唱回应。不用到处找，跟我完美地日常搭唱的正是韦恩。他晒得黝黑，满头肮脏的金色长卷发，整条手臂像施瓦辛格般强壮，还文着身。

我和劳拉一起等着过路口，她是一名四十多岁的女性原住民。令人畏惧的人生经历、药物成瘾、酒瘾和艾滋病都没能吓退她鬼精灵般的聪明才智。当信号灯从红色的停止手势变成走路的小人时，劳拉说话了，口气里带着些微讽刺："白人说可以走了。"我们在接下来的半个街区里同路，整个过程中劳拉都在为自己的玩笑大笑不止，我也一样。

俏皮话常常是一种无畏的自嘲。"我过去能举起 90 公斤，医生。"因艾滋病而形容枯槁的托尼在他最后几次来诊所时，曾有一次打趣说，"现在我连自己的鸡鸡都举不起来。"

当我的成瘾病人看着我的时候，他们在寻求真正的我。就像孩子们一样，他们对头衔、成就、世俗意义上的资格证明毫无兴趣。他们在乎的事情太即时、太紧迫了。如果他们想表示喜欢我或者欣赏我为他们做的工作，就会自动自发地表达，说自己因为有个偶尔能上电视而且还写书的医生而感觉自豪。当然，也仅此而已。他们真正在乎的，是我作为一个"人"在不在这里。他们精确地评估我在某一天里是否稳定到能与他们共处，能把他们作为和我自己一样的人那样去倾听他们的感觉、希望、启迪。他们能马上知道我是真的全心全意为他们的福祉着想，还是只想把他们赶快弄开，以免挡了我的路。由于长期无法为自己提供这样的照顾，他们反而对那些负责照顾他们的人是否用心更加敏感了。

在这种远离日常工作世界、强调真诚的氛围里工作，令人神清气爽。不论我们是否明白，我们大多数人都渴望真诚，渴望真正的现实，渴望能超越角色、标签和小心维持的面具。虽然泛滥着功能不良、疾病、犯罪这些问题，市区东部却能提供真相的新鲜空气，即使它是赤裸破损的绝望真相。它为我们竖起一面镜子，使每个人以及整个社会可以认识自身。我们在这里看到的恐惧、痛苦和渴望，正是我们自己的恐惧、痛苦和渴望；而我们在这里见证的美好与慈爱、超越困难的勇气与坚定的决心，也存在于我们身上。

第 2 章

成瘾药物的致命支配

———

没有什么比人的身体更能形象地记录悲惨生活的影响了。

——纳吉布·马哈福兹（Naguib Mahfouz）

《思宫街》（*Palace of Desire*）

在东黑斯廷斯葬礼小教堂的讲经台前，年老的牧师宣告了莎伦与这个世界的离别。"她是多么活泼欢乐啊。'我在这儿，莎——啦——啦——'她进屋之前会这样说。看到她，谁会不觉得活着是一件好事呢？"

在她的家人身后，哀悼者们稀疏地散坐在会堂里，其中包括波特兰的一组工作人员、另外五六个居住者，和几个我不认识的人。

别人告诉我，莎伦曾经像模特一样漂亮。那种美丽在我六年前见到她时仍然有迹可循，但这些痕迹逐渐被她越发苍白的脸色、深凹的双颊和腐蚀的牙齿抹去了。在最后几年里，莎伦深陷疼痛。由于注射造成的细菌感染，她左腿上有两大块皮肤剥落了。重复注射又造成多次的植皮脱落，使血肉直接裸露在外。圣保罗医院的整形外科医生被惹恼了，并认为进一步的干预也不会有什么效果。她慢性肿胀的左膝上潜伏着一个脓疮，总是突然爆发，然后又恢复。她的骨髓炎从没获得过完整的治疗，因为她忍受不了长达六到八周的抗生素静脉注射住院治疗——即便她如果不这样做就只能截肢。由于发炎的膝关节承受不了她的重量，莎伦才30出头就成了轮椅的俘虏。她会以令人惊异的速度在黑斯廷斯的人行道上驾驶它，用她强有力的双臂和右腿推着自己前进。

牧师巧妙地避免谈及那个被疼痛困扰、被药瘾带回市区东部的莎伦，转而对她的精神致敬。

"宽恕我们，主，因我们不知如何珍惜……生命永恒，真爱不朽……在每一个快乐的瞬间，都有美被创造……"牧师这样吟诵着。一开始，我听到的全都是葬礼上冗长枯燥的陈词滥调，并被烦得要死。但是很快，我发现自己受到了安慰。我意识到，在过早的死亡面前，不存在陈词滥调。"永远为了莎伦，她的声音，她的灵魂……为了永恒的宁静和不朽的安宁……"

女人们低声的啜泣在牧师慰藉的话语边回响。牧师合上讲经台上的书，庄重地环视房间。当他从讲台上走下来的时候，音乐响了起来：安德烈·波切利（Andrea Bocelli）低唱着伤感的意大利咏叹调。哀悼者们被请上来，向躺在敞开的棺椁中的莎伦致以他们最后的敬意。他们一个一个走上来，低头鞠躬，然后退后向她的家人致意。贝弗莉被可卡因诱发的抓痕破坏了脸，她走近棺椁，同时扶着屈身在助行器上的佩妮。她们是莎伦的好朋友。汤姆晚上喝多后总是在黑斯廷斯街上来回嘶吼，但今天他穿上了最好的衣服。他极度清醒和庄重，穿着白衬衫，还打了领带。他在花朵装饰的棺椁前静静地低头祈祷，然后在身前划了个十字。

莎伦扑着白粉的脸上带着天真调皮的表情，擦了口红的嘴唇紧闭着，微微弯曲。我意识到，相比在我办公室里表现出的粗糙个性，这个微醉的、孩子气的表情很可能更准确地反映了莎伦的内心世界。

莎伦的尸体是在一个四月的早上，在她床上被发现的。她侧身躺着，就像在睡梦中一般，没有一丝苦痛。我们只能猜测死亡的原因，但吸食过量应该是最有可能的。虽然她已经感染了 HIV 很久，免疫系统很糟糕，但她并没有生病。不过我们知道她自从离开康复之家后，就大量吸食海洛因。她的屋里没有任何吸食工具，看起来她是在回到自己家之前，在邻居家注射了杀死她的成瘾药物。

她康复失败的事实令所有关心她的人悲伤。所有人都觉得她看起来恢复得不错。"我又有四周没有注射了，马泰。"她在当月的电话回访中骄傲地向我报告，"给我发一下我的美沙酮处方，好吗？我不想去你那儿取，我到那儿又会复吸的。"视察康复之家的工作人员报告说她很精神，气色不错，欢快又乐观。虽然她复吸了海洛因，但她的死亡仍然令人震惊，即使到了她的遗体已躺在教堂的现在，也仍然让人难以接受。她满溢的欢快能量曾是我们生活中重要的一部分。在牧师说完他仁慈的仪式词后，莎伦本应该站起来，和我们一起走出去的。

仪式结束了，哀悼者们在停车场聚了一会儿，就各自离开了。那是一个晴朗得令人炫目的日子，也是今年春天太阳第一次在温哥华的天空露脸。我跟盖尔打了个招呼，她是一名原住民女性，刚坚持了将近三个月不吸可卡因。"87天，"她开心地说，"我简直难以置信。"这不仅仅是意志的力量。两年前，她因为突发腹部感染入院，并且为了处理发炎的内脏做了结肠造口术。她肠道中割开的部分早就应该被手术缝合了，但缝合手术只能一拖再拖，因为静脉注射可卡因破坏了盖尔伤口复原的机会。她原来的外科医生拒绝再见她。"我已经白安排了三回手术了。"他告诉我，"我不会再来一次了。"他的逻辑无可反驳。

另一名医生勉强答应继续这个手术，但只有在确定盖尔绝对不会再吸可卡因的时候才肯。如果再失去这次机会，她可能就要终其一生用封在她肚子上的塑料容器来排便了。她很讨厌去换袋子，而且有时候一天要换好几次。

"你咋样了，医生，"总是很热情的汤姆边问边轻轻揉了一下我的肩膀说，"很高兴看见你呀。你是个好人。""谢谢。"我说，"你也是。"瘦小的佩妮在她健壮的朋友贝弗莉的搀扶下挪了过来。她右手拄着助行器，左手挡着眼前午间的阳光。佩妮最近才刚结束了六个月的静脉抗生素注射，以治疗导致她驼背和腿软的脊椎感染。"我从没想过莎伦会死在我前面。"她说，"去年夏天在医院的时候，我真的以为我才是会走的那个。""你那会儿严重到把我都吓着了。"我回应道。然后我们都笑了起来。

我看着这群为一名三十多岁就死去的伙伴聚集起来的人，想起成瘾是多么强大。所有生理疾病、痛苦和心理折磨都无法动摇成瘾对他们灵魂的致命支配。"1944 年的时候，在纳粹集中营里，只要有一个人被抓到抽烟，整个营房的人都得死。"我的一个病人劳尔夫曾告诉我，"就一根烟！即便如此，那些人也没放弃他们的梦想。他们决意生存，并且享受他们能从特定物质中获得的生命体验，比如酒精、烟草，或者任何他们能拿到的。"我不知道他说的在历史上到底有多真，但作为他自己的毒瘾和黑斯廷斯街上的成瘾者们的记录者，劳尔夫说出了一个赤裸裸的事实：为了拥有充满活力的瞬间，人们可以伤害自己的生活和生命。没有什么能动摇他们的习惯，不论是疾病、爱和关系上的牺牲、任何世间物品的丧失、尊严的破坏，还是对死亡的恐惧。这种驱动力就是这么无情。

如何理解药物成瘾的致命支配呢？是什么使佩妮在脊椎化脓到差点截瘫后，还持续注射？为什么贝弗莉不能放弃吸食可卡因，即使她已经感染了HIV，有需要我重复排脓的脓疮，膝盖还频繁感染而需要不停住院？是什么使莎伦在离开了六个月之后，又回到市区东部，重拾这种自杀式的习惯？她怎能够无视 HIV、肝炎、致残的骨感染和由于神经末梢暴露造成的慢性、强烈、穿透性的疼痛的威慑力？

　　只要有负面后果，人类就能学到教训——如果这样简单的想法是真的，世界简直就太美好了。那样的话，随便什么快餐连锁店都会濒临破产，家里的电视房会被废弃，而波特兰酒店就可以被改装成更有利可图的东西，比如给市区的雅痞们盖个地中海式的豪华公寓，就像街角那些还没盖好就已经被销售一空的"佛罗伦萨"或者"西班牙"楼盘一样。

⸺

　　在生理层面上，药物成瘾主要与受物质影响的脑化学平衡失调有关，而且我们可以看到，这种改变甚至在还没使用改变精神的物质时就已经开始了。但我们不能把人类简化为神经化学，即使我们可以，人的脑生理发展也与他们生活中的事件和情绪息息相关。成瘾者觉察到了这一点。虽然把自毁式的习惯都推到化学现象上是如此简单，他们却很少这么做。他们中很少有人把成瘾当作一种狭隘的医学上的疾病，即便这种模型确实有价值。

　　在嗑药经验中，什么是真正致命的吸引力呢？我曾经问过许多我在波特兰诊所的来访者。"你有一双疼痛、浮肿、溃烂的腿脚，又红又热，还疼。"我跟海尔说。他是一个友好、轻快的 40 岁男人，也是我的男性病人中少数没有犯罪记录的人之一。"你得每天把自己拖到急诊室去注射抗生素，你携带 HIV，但还是不愿意放弃冰毒。你觉得你为什么要这么做？"

　　"我不知道。"海尔咕哝道，没有牙使他说的话含混不清，"你去随便问谁……随便谁，包括我自己，为什么你要往身体里弄些东西，让你在接下来的五分钟里流口水、看起来像个傻瓜，你知道，使你的脑波模式扭曲到都没法正常思考、说话的地步，然后，你还想再来一次。""而且它还让你腿上长疮。"

我附和道。"对，长了一腿疮。为什么？我真不知道。"

在 2005 年 3 月，我和艾伦也有一次类似的讨论。他也四十多岁了，也携带 HIV，几天前才因为剧烈胸痛进了温哥华医院。他被告知很可能得了突发心内膜炎，这是心脏瓣膜感染造成的。他拒绝住院，而是去了圣保罗医院的急诊室，想听听那边医生的说法。在那里，医生说他没什么事。现在他又来我的办公室进行第三次检查了。

在检查中，我发现他并没有什么急症，但状况却非常糟糕。"我该做什么，医生？"他耸起肩膀，惊慌无助地伸开双臂问我。"好吧。"我一边看着他的图表一边说，"你父亲死于心脏病，你兄弟也死于心脏病，你抽烟很厉害，还有注射成瘾药物造成心内膜炎的病史。我正在给你治疗心脏问题，而且由于心脏无法有效供血，你的腿到现在还是肿的。你的 HIV 在强力药物的控制下，而由于丙肝，你的肝脏只是勉强在坚持工作。但你还是接着注射，然后你来问我你应该做什么。你觉得这里面有什么问题？"

"我一直期待你这么说。"艾伦回答道，"你需要告诉我，我就是个弱智。这是我唯一能够吸取教训的方式。"

"好的。"我答应说，"你就是个弱智。"

"谢谢，医生。"

"问题是，你并不是个弱智，你是个瘾君子。我们怎么理解这件事？"

艾伦四个月后就死了，在午夜冰冷苍白地躺在附近酒店他自己房间里的地板上。有传言说他冲进一家本地药店，抢了好多美沙酮，然后把它们和冰毒以及别的鬼知道是什么玩意儿的东西混在一起，注射给了自己。根据验尸官的报告，这种黑市上出售的小混合物药品已经造成了八例死亡。"我不怕死。"一个来访者告诉我，"有些时候我更怕活着。"

我的病人基于自身经历产生的对生活的恐惧，是他们嗑药的根本原因。曾有人说："当快感来的时候，我什么都不怕。我的生活没有任何压力。"这种观点在成瘾者中间很常见。"它令我遗忘。"积习已深的可卡因成瘾者朵拉说，"我忘记我的问题，什么看起来都没那么糟了，直到第二天早上你醒来，然后它们就更糟了……"在 2006 年夏天，朵拉离开了波特兰，住回了街上，为了大麻奔波。1 月，她在圣保罗医院的重症监护室里，死于多发脑囊肿。^㊀

55 岁的艾尔文是一名身材魁梧、臂膀结实的前长途卡车司机，他正在服用美沙酮，以控制海洛因药瘾，并且最近提高了冰毒用量。"每天开始的时候，我都感觉自己要吐了。"他说，"但从管里吸了八九口后……它给我什么感觉呢？就像我整个是个白痴，但我不知道，我猜这就是个习惯。"

"我听起来是这样。"我回答道，"为了能够享有恶心以及感觉自己是个白痴的特权，你一个月花了 1000 块。这就是你想跟我说的？"艾尔文笑了："但我只在每天第一次吸的时候吐。我会有点兴奋，这会持续三到五分钟，然后……你对自己说，我刚才干吗要这么干？但那时候已经晚了。有什么使你不断地去做，这就叫成瘾。我不知道怎么控制它。我对上帝发誓，我恨死这事了，我真的恨死这事了。""但你还是从中获得了什么。""呃，对，要不我就不会那么干了。很显然，我猜那就像获得高潮一样。"

除了即时的高潮体验，成瘾药物还有让痛苦变得可以忍受，让无聊变得值得体验的力量。"有这么一个记忆是如此稳固、如此完美，使我在有些日子里根本想不到任何其他事。"作家史蒂芬·瑞德（Stephen Reid），同时也是银行抢劫犯和自我坦白的瘾君子，曾经这样描述他 11 岁第一次吸毒的经验，"我沉浸在对平凡事物的深刻敬畏之中——苍白的天空、蓝叶云杉、生锈的铁丝网、濒死的黄叶。我兴奋了。我 11 岁，而且与世界共融了。以全然的天真进入了未知之心。"¹莱昂纳德·科恩（Leonard Cohen）也写过类似的内容，关于"一个承诺、一种美、一个烟草带来的拯救……"

㊀ 注射药物时被注入组织的细菌造成的感染，会被血液循环带到肺、肝、心脏、脊椎和大脑这些内部器官。

就像挂毯上的图案，在我与成瘾者的对谈中，总有一些重复性的主题：成瘾药物被作为情绪麻醉剂，作为令人恐惧的空虚感的解药，作为对抗疲劳、无聊、疏远和个人不足感的补品，作为解压器和社交润滑剂。并且，就像史蒂芬·瑞德描述的，成瘾药物可能打开通向精神超越的大门，即使只是短暂的一瞬。在世界各地，这些主题吸干了饿鬼们的生命——它们对市区东部的可卡因、海洛因和冰毒成瘾者具有致命的力量。我们下·章还会再回到这些主题。

⟳

在一张波特兰的照片上，莎伦穿着一件黑色的泳衣，坐在阳光斑驳的甲板上。她的双腿浸在蓝瓷砖泳池闪着光泽的清水里。她面对摄影师的镜头微笑着，显得放松又沉静。这是牧师记住的那名充满快乐与可能性的年轻女性在死前几个月，在她的十二步戒瘾法互助对象家中，在秋日午后的暖阳下嬉戏时，被照相机记录到的一幕。

莎伦在市区东部度过的 12 年里，始终没能完成那十二步。她的功能是如此差，可卡因瘾又如此严重，以至于在成为波特兰居住者之前，她甚至被禁止拜访这个酒店。"这事就是这样的。"波特兰协会主管克斯汀·斯提茨伯赫在莎伦的葬礼后，在教堂门厅对我说，"只有两个选择：要么你就是太糟糕以至于没法住在这里，要么你就是如此糟糕以至于只能住在这里。"

"然后死在这里。"克斯汀在走到室外的阳光下前又加了一句。

第 3 章

天堂之钥：逃离痛苦的成瘾

———

把成瘾仅仅当成"坏习惯"或"自毁行为"，

轻松地隐藏了它在成瘾者生命中的功能。[1]

——文森特·费利蒂（Vincent Felitti），医学博士，医生和研究者

如果不探索成瘾者从成瘾药物或者成瘾行为中究竟得到怎样的安慰，或者希望得到怎样的安慰，我们就无法理解成瘾。

19 世纪早期的著名文学家托马斯·德·昆西就是一名鸦片吸食者，他曾狂热地说："寄宿在这强大药物中的奇妙力量，平复神经系统的一切不快……让易于消沉的精力全天候旺盛……汝仅将这些恩典赠予人类，汝握有天堂之钥。"德·昆西的话概括了成瘾者在使用成瘾药物时所体验到的全部美妙——我们接

下来会看到，它存在于所有成瘾式迷恋中，不论是否与药物使用有关。

慢性物质滥用不仅是成瘾者对快乐的追求，更是他们对逃离痛苦的尝试。从医学角度来说，成瘾者是在自己用药治疗抑郁、焦虑、创伤后应激压力甚至是注意缺陷多动障碍（ADHD）等问题。

成瘾总是源于痛苦，不论痛苦来自直接体验，还是隐藏在潜意识中。成瘾是情绪麻醉剂。海洛因和可卡因都是强效的生理止痛剂，并且也能缓解心理痛苦。与母亲分离的动物幼仔只需要低量的麻醉剂就能安抚，就好像它们是在忍受生理疼痛一般。⊖ 2

人类的疼痛神经通路与动物的没有不同。解码和"感受"生理痛苦的大脑中枢在经历情感拒绝的时候也会被激活：在大脑扫描仪上，这些中枢会因社会排斥而被"点亮"，就像它们会被伤害性的生理刺激激活一样。[3] 当人们说他们感觉"受伤"，或者感到情绪"痛苦"，他们并不是在进行抽象或诗意的描述，反而说得很科学、精确。

重度药物成瘾者的生活都以过度的痛苦为标志，而他们当然会拼命寻求解脱。"我能在很短的时间里，从全然痛苦无助变成刀枪不入。"36岁的海洛因和可卡因成瘾者朱迪说，她现在正企图改掉她持续了20年的习惯，"我有很多问题。我使用成瘾药物的主要目的，是摆脱那些想法和情绪，或者把它们盖住。"

问题永远不是"为什么会上瘾"，而是"为什么会痛苦"。

科研文献的发现很清晰：多数"硬核"物质滥用者来自充满虐待的家庭。[4] 我多数的贫民区患者在生命早期经历了严重的忽视和虐待。几乎所有住在市区东部的成瘾女性在童年时期都被性侵过，还有很多男性也如此。波特兰居住者

⊖ 通俗来讲，"麻醉品"（narcotic）可以泛指任何非法药物。在本书里，作为医学用语，麻醉剂（narcotics）仅指阿片类药物。它们或者来自亚洲罂粟，比如海洛因和吗啡，或者是合成的，比如羟考酮。

的自述和档案诉说着一个又一个痛苦不断叠加的故事：强暴、殴打、羞辱、拒绝、抛弃、对人格无情的扼杀。他们在童年时期就不得不目睹暴力的关系、自伤的生活模式、他们父母自杀式的成瘾，并且还得照顾父母。虽然他们自己的身体和灵魂每天都承受着戕害，但他们还要照顾年幼的弟妹，保护他们不受虐待。有一个男人在一个酒店房间里长大，每晚当他在地板上的小床里睡觉时，做妓女的母亲却在房间里接待排着队的男人。

36 岁的原住民卡尔在成长过程中曾被一个又一个寄养家庭驱逐，五岁的时候就因说粗话被人将洗涤剂灌进了喉咙，并因为过度活跃被捆在黑暗房间里的椅子上。当他生自己气的时候，就像有一次他用了可卡因之后，他凿穿了自己的脚作为惩罚。他就像一个刚刚打碎了传家宝，因恐惧最糟的报应而被吓傻的顽童一样，对我忏悔着自己的"罪过"。

另一个人曾经向我描述他三岁时，他的母亲用过的"机械保姆"。"她去酒吧喝酒，然后随便找个男人。她认为保护我安全并让我不找麻烦的方法，就是把我塞进烘干机。她会在机器上放一个很重的箱子，这样我就出不来。"而通风口可以保证这个小男孩不会在里面被憋死。

我的文字根本无法描述这些令人难以想象的创伤。"我们在理解他人经验方面的困难和无能……在那些经验离我们在时间、空间和质地上太过遥远时尤其突出。"奥斯维辛集中营的幸存者普里莫·莱维（Primo Levi）曾写道。[5] 我们可以被遥远大陆上的大规模饥荒惨剧打动，毕竟，我们都知道生理饥饿是什么样的，即使只是暂时的。但要对成瘾者抱有同理心，却需要更多情绪想象的努力。我们很容易同情一个受苦的孩子，却看不到我们工作或购物的地方几个街区之外，忙于求生的成人外壳下的那个孩子，以及他孤独、碎裂的灵魂。

莱维引用曾落入盖世太保手中的奥地利犹太哲学家和反抗战士让·阿梅利（Jean Améry）的话："任何曾受折磨的人将永远受折磨……任何曾受折磨的人永远无法再轻松地活在世间……对于人性的信仰，早在第一记耳光中崩裂了，然后在折磨中轰然毁灭，永远无法恢复。"[6]阿梅利受创伤的时候已经是一个完全成年的人，他是一个在解放战争中被敌人抓住的有成就的知识分子。我们也许可以借此想象，当一个孩子不是被仇敌而是被所爱的人创伤时，他的震惊、丧失的信心以及无可估量的绝望。

不是所有成瘾都根植于虐待或创伤，但我确实相信它们都可以追溯到某些痛苦的经验上。所有成瘾行为的核心，都是某个伤口，它在赌博里、在网络成瘾里、在购物狂和工作狂里都有。那个伤口可能未必那么深、那么痛、那么难忍，而且它可能被完全掩藏起来了，但它确实在那里。就像我们将看到的，早期的压力和逆境的影响直接在大脑中塑造了成瘾的心理以及神经生理基础。

～

57岁的理查德从青少年时期就开始成瘾，我问他为什么一直吸毒。"我不知道，我只是在企图填补空虚。"他回复道，"填补我生命中的空虚、无聊和迷茫。"我太明白他是什么意思了。"我现在已经快60了，"他说，"我没有妻子，没有孩子。我看起来就是个失败者。社会说你应该结婚、生孩子、有工作，那类事情。但有了可卡因，我可以坐在那儿，做些像修理坏掉的烤面包机那样的小事情，而不觉得我已经失去了整个人生。"他在我们会面后几个月就过世了，死于肺部疾病、肾脏癌变和吸食过量。

"我六年没吸了。"42岁的海洛因和可卡因使用者凯西说，经过漫长的时间，她又回到了肮脏的市区东部酒店，还染上了艾滋病。"在那整整六年里，我都在渴望。那是一种生活方式。我觉得我缺了什么。而现在，我看着自己想，我到底缺了啥？"凯西表示当不吸食的时候，她不仅怀念成瘾药物的作用，也怀念寻找药物时的兴奋感，和与吸食习惯相关的仪式。"我只是不知道拿自己怎么办。我觉得空虚。"

一种贫乏空虚的感觉充斥着我们的文化。药物成瘾者会比大多数人更加痛苦地意识到这种空虚，而且缺乏逃离它的手段。我们大多数人会找到其他方式来压制我们对空虚感的恐惧，或者让自己转移注意力逃开。当我们没什么可以占用自己的头脑时，糟糕的回忆、麻烦的焦虑、我们称之为"无聊"的不适，或者烦人的精神恍惚就会出现。药物成瘾者不惜一切代价地想要逃离与他们的头脑"独处"的机会。行为成瘾也是由恐惧空虚感导致的，只是程度稍轻。

德·昆西曾写过，鸦片是一种强大的"对抗乏味生活的可怕诅咒的药剂"。

人类不仅想要存活，还想生活。我们渴望以完全自由的情感，体验全然鲜活的生命。成年人妒忌孩子敞开心扉、头脑开放的探索；看到他们的欢乐与好奇心，我们为自己失去睁大眼睛探索的能力而沮丧。而无聊根植于一种对自我的根本的不安，是一种最难忍受的精神状态。

对于成瘾者来说，成瘾药物提供了一个重新感觉活着的途径，即使只是暂时的。"我沉浸在对平凡事物的深刻敬畏之中。"作家和银行抢劫犯史蒂芬·瑞德在回忆他的第一次吗啡经历时这样说；托马斯·德·昆西也曾称赞鸦片"激发愉悦能力"的力量。

23 岁的卡萝尔是波特兰酒店协会斯坦利酒店的居住者。她的鼻子和嘴唇上穿着环，脖子上戴着挂有黑色金属十字架的链子。她顶着染粉的莫霍克发型，金色的发尾稀疏地披在肩后。作为一个聪明伶俐的年轻女性，卡萝尔从她15 岁离家出走时，就开始注射冰毒和吸食海洛因。斯坦利酒店是她在五年街头生涯后的第一个稳定居所。她刚参加了国际会议，文章被多位成瘾治疗专家引用。

在美沙酮会谈时，她解释说她很珍视自己的冰毒经验。她说的时候语速又快又紧张，还持续坐立不安——这些都是她长期吸毒导致的结果，并且她在开始吸毒之前很可能就有早发的多动症。就像许多她这一代在街上长大的孩子一样，卡萝尔总是说"就像""随便什么"这样的词。

"当你吸，就像，吸了口好的，或者你弄到的随便什么，就像咳嗽糖浆或者随便什么。"她说，"这有点像一次很棒的高潮，如果你是个更喜欢性的人——我从没真的这么想过，但我的身体仍然体验到同样的生理感觉。我只是不把它和性扯上关系。"

"我整个人都兴奋了，不论随便做什么……我喜欢和衣服玩，或者晚上没什么人的时候去西区，走在巷道里，对自己唱歌。人们会把东西留在外面，我就在里面看能找到什么，拾拾荒，那都很有趣。"

成瘾者依赖成瘾药物来激活他们麻木的感觉，这并不是青少年的任性。这种麻木本身也并非由她自己造成，而是情绪失调的后果：由脆弱感导致的内心情绪关闭。

从拉丁词"vulnerare"（意为"使受伤"）开始，脆弱性就指向我们对伤痛的易感性。这种脆弱作为我们本性中的一部分，是无法逃避的。大脑能做的，最多也就是在痛苦变得过于强大或难以忍受，以至于威胁到我们的功能时，关闭我们对痛苦的意识觉察。对痛苦情绪的自主压抑是一个无助的孩子主要的防御机制，并可以使那个孩子耐受会造成毁灭感的创伤——而这种机制的不幸后果，就是情绪觉察的全盘麻木。"所有人都知道压抑是不可能精确的。"美国小说家索尔·贝娄在他的《奥吉·马奇历险记》中写道，"如果你压住一件事，你就得把它周围的全都压住。"[7]

我们在直觉上都知道有感觉比没感觉好。除了激活主观能动性以外，情绪还具有至关重要的求生价值。它们给我们指明方向，为我们解释世界，并向我们发出重要的信号。它们告诉我们什么是危险的，什么是良性的，什么威胁我们的存在，什么会滋养我们成长。想象一下，如果我们不能看、听、尝、感觉冷热或觉察肢体疼痛，我们会残疾到什么程度。情绪关闭与之类似。情绪是我们的感知设备中不可或缺的一环，同时也是我们自身的一个核心组成部分。它们使生活有价值感、令人兴奋、有挑战性、美好且有意义。

当我们逃离自己的脆弱性，我们就失去了感觉情绪的能力。我们甚至可能变得情绪麻木，不记得什么时候曾感觉到真正的开心或者伤心。一个令人烦扰的空洞就这样打开了，我们将之体验为一种疏离感，一种深刻的厌倦，也就是我们上面描述的那种匮乏空虚的感觉。

成瘾药物的神奇力量保护成瘾者远离痛苦，并使他们能够带着兴奋和意义感融入世界。"我的知觉并没有麻木，没有。它们反而打开了，还扩展了。"一个使用可卡因和大麻的女性曾跟我解释，"但焦虑感被清空了，还有恼人的负罪感，还有……耶！"成瘾药物恢复了她压抑已久的童年时代的活力。

正如任何经历过抑郁的人所知，情绪耗竭的人通常也缺乏生理能量，而这也是成瘾者身体疲乏的主要原因。当然，还有很多别的原因：营养匮乏，令人衰弱的生活方式，艾滋病、丙肝，和它们的并发症，以及很多时候可以追溯至儿童时期的睡眠问题——虐待和忽视的另一个后果。"我只是从来不睡觉，从来不。"莫琳说，她是个性工作者，并有海洛因成瘾，"我直到 29 岁才知道，还有'睡个好觉'这回事。"就像用鸦片"让易于消沉的精力全天候旺盛"的德·昆西，今天的成瘾者把他们的成瘾药物当作可靠的能量提升剂。

"我不能放弃可卡因。"一个名叫西莉亚的怀孕病人有一次告诉我，"因为艾滋病，我什么能量也没有。这东西给我力量。"她的描述听着就像对圣经诗篇的病态重演："唯独祂是我的磐石，我的拯救；祂是我的高台，我必不动摇。"

"我喜欢劲上来的感觉，那个气味和味道。"长期的可卡因、海洛因和大麻重度使用者夏洛特说，"我猜我可能是吸食成瘾药物太久了，我不知道……我想，如果我停下来呢？那要怎么办？这是我获得能量的地方。"

"哥们儿，不吸一口我简直没法面对这一天。"四十多岁的多重成瘾药物使用者葛瑞格说，"我现在就想吸想得要死了。"

"你不会为它死的。"我冒险说，"你是因它而死。"葛瑞格笑了："不，不会轮到我的。我是爱尔兰人，还有一半原住民血统。"

"对。这附近没有爱尔兰人或者原住民死去。"

葛瑞格显得更轻快了："每个人都得死。等你气数尽了，你就死了。"

这四个人并不知道，除了疾病、情绪惰性、生理耗竭以外，他们还要对抗成瘾导致的大脑生理机能问题。

正如我们将看到的，可卡因通过提高大脑关键通路中与奖赏有关的化学物质多巴胺的可用性，来发挥欣快效果，这种提高对动机以及生理和心理能量来说是必需的。由于被外部物质造成的虚假高剂量多巴胺淹没，人脑自身的多巴胺分泌机制会产生惰性。它们几乎完全停止工作，仅靠人造的促进剂来维持。只有长达数月的戒断可以使内生的多巴胺制造机制再生，而这段时间内，成瘾者会经历极端的生理和心理耗竭感。

⟿

奥布里是一名年近中年的高瘦独行侠，他也吸食可卡因。他的脸上总挂着悲伤，而他惯用的口吻里总是充满懊悔与听天由命。他觉得如果没有成瘾药物，自己作为一个人就不完整、没能力——但这其实是一种和他的真实能力、和其他一切都没什么关系的自我信念。根据他个人的评估，在他开始嗑药之前，不足感和作为一个失败的人的感觉就已经是他人格中的一部分了。

"八年级以后，我与成瘾药物一起成长。"奥布里说，"当我用了药物，我发现我就能融入其他孩子了……对，这是件很重要的事——融入。你看，作为孩子，当踢足球选队友的时候，我总是最后一个被选到。"

"你看，"他接着说，"我经常光顾收容所，我在单人牢房里待过很久。所以我跟自己相处过很久。当然在此之前也是。你看，我的童年很艰难，辗转于不同的寄养家庭。我总是被到处送，嗯。"

"你是几岁被送到寄养家庭的？"我问。

"大概 11 岁吧。我父亲被杀了，被卡车撞死了。我母亲没法照顾所有孩子，所以儿童救助机构就出手了。我是最大的，他们就把我带走了。我有两个弟弟，他们小一些，可以留在家里。"

奥布里相信他是因为"太淘气"，他母亲觉得对付不了，而被选出来寄养的。

"我在那待了五年。当然，不止一个地方。不。我被送来送去。他们会留我一年，然后就不行了……我就得去另一家。"

"来回辗转对你来说是怎样的感觉？"

"我觉得受伤。我觉得没人想要我。我只是个孩子……那就像，我是个孩子，而且没人想要我。即使在学校，有修女教育我，我却从来没学会读写，我什么都没学会。他们只是把我在不同班级间推来推去……我总是因为各种原因被训，然后我就被调出那个班，放到一个都是四五岁孩子的班里……我感觉太难受了。那对我来说太难了。我觉得自己蠢透了。我和周围其他所有小孩坐在那里，他们都看着我。老师在讲拼写……结果他们都会，就我不会……我一直自己忍着。我不想多说话……我甚至无法跟人说话。我口吃了，根本解释不清楚自己。我把所有这些放在心里太久了。我一兴奋就没法正常说话……"

"奇怪的是，可卡因可以让我平静下来。○还有大麻。我一天吸五六次。它

○　如果病人报告可卡因和冰毒这类兴奋剂有镇静效果，基本可以确定该病人有 ADHD，详见附录 B。

可以让我放松下来，不那么紧张。当一天结束时，我就和它一起躺下。事情就是这样，这就是我的人生。然后我再吸一口，就睡觉了。"

四十多岁的雪莉对阿片类药物和兴奋剂上瘾，并被一系列常见病困扰。她也表达了缺乏成瘾药物会令她感到不足，以及她将可卡因看成生活必需品的想法。"我第一次用的时候13岁。它带走了我的绝大多数困扰，不适感、不足感——我想更好的说法可能是'我对自己的感觉'。"

"当你说到困扰的时候，你指的是什么？"我问。

"困扰……就像一个男人和女人第一次见面时的那种尴尬，你不知道是不是应该亲彼此，只不过我总是有这种感觉。成瘾药物使所有事情都变简单了……你的动作更放松，你就不再难堪了。"

连年轻的西格蒙德·弗洛伊德博士都曾被可卡因迷住过一段时间，依靠它来"控制阵发的抑郁情绪，提升整体健康感，帮助他在紧张的社交会面中放松，以及让他觉得'更像个男人'"。[8] 弗洛伊德花了很久才接受可卡因会造成依赖问题的事实。

不仅能强化人格，成瘾药物还能使人在社交中放松，就像奥布里和雪莉说的那样。"我常常情绪消沉。"奥布里说，"我会用可卡因，然后我就完全变了个人。如果我现在正吸可卡因，我就可以跟你更好地交流。我不会说不清楚话。可卡因让我清醒，让我更容易看到别人。我会想要和别人说话。我通常对跟人说话并不是太感兴趣……这也是为什么大多数时间我都不想和别人在一起。我没有那个动机。我就待在自己屋里。"

很多成瘾者都报告过类似的在药物作用下的社交能力提升，而这刚好和他们清醒时体验到的难以忍受的孤独感相反。"它让我说话，让我开放。我可以很友善。"一个吸冰毒的年轻人说，"我正常的时候完全不是那样"。我们不应该小看一个长期孤独的人拼命想要逃离"孤独"这座监狱时的那种绝望。我们在这里谈的不是一般的害羞，而是一种从童年早期就感到的、被从他们的照顾者开始的所有人都拒绝的感觉，一种深刻的、心理意义上的孤立感。

妮可刚 50 岁出头，在做了五年我的病人之后，她吐露说，她在青少年期曾经不断被自己的父亲强暴。她也有艾滋病，臀部感染的旧伤还导致她只能拄着拐杖跛行。"我用成瘾药物时社交情况会好些。"她说，"我会变得比较健谈和自信。通常我都很害羞、很退缩，不怎么引人注意。我会让别人随便从我身上踩过去。"

不论灾难性的后果有多严重，另一个驱使成瘾者的永久强大的动力是，成瘾者看不到自己有任何其他存在的可能性。他对未来的展望被自己"成瘾者"的自我形象困住了。不论他如何承认毒瘾的代价，他都害怕在失去毒瘾的同时失去自我——在他的心中，他所知的"自我"将不再存在。

当卡萝尔被问到她是否为过去八年的安非他明成瘾感到后悔时，她很快就说："并没有，因为它帮我成为今天的自己。"这听起来很奇怪，但卡萝尔的角度是，成瘾药物帮助她逃离了充满虐待的家庭，成功在街头存活了多年，并将她与有同样经验的社群连接在了一起。

克里斯是一名拥有调皮幽默感的英俊年轻人，充满肌肉的手臂上有一个万花筒文身。他几个月前刚蹲完了一年监狱，现在回到了美沙酮项目里。在市区东部，他有个奇怪的绰号，叫"切脚趾的"。据传说，他把一片锋利沉重的工业刀片掉在了某人的脚上，因而得了这个名号。他持续执着地注射冰毒。"它帮我集中注意力。"他说。毫无疑问，他一直有 ADHD，也接受这个诊断，但他拒绝治疗。"有个聪明的医生有一次跟我说，我在自我治疗。"他回想起多年前的对话，嘲笑道。

克里斯最近来诊所的时候面骨裂开了，这是他在一次抢海洛因的街头斗殴中弄的。如果那一根钢管打得再高一英寸[⊖]，他的左眼就毁了。当我问他这是否值得的时候，他说："我不想放弃成瘾。我知道这听起来烂透了，但我喜欢这样的自己。"

"你坐在这儿，脸都被钢管打碎了，然后你跟我说你喜欢自己？"

"是的，我喜欢自己。我是切脚趾的，我是个成瘾者，而且我是个好家伙。"

⌒

三十多岁的杰克正因阿片成瘾接受美沙酮治疗，同时还是可卡因的重度使用者。他纤细的金色胡茬、灵活的身体动作和压低到眼睛的俏皮黑色棒球帽，使他看起来比实际年龄小了十岁。"你最近注射了好多可卡因。"有天我评论道。

"我很难离开它。"他龇着牙笑着说。

"你把可卡因说得好像是什么跟踪着你的野生动物。但其实你才是追着它的那个。它能为你做什么？"

"它使我在这里的每一天都很舒适，帮我应付所有事情。"

"什么是所有事情？"

"责任。我猜我可以叫它'责任'。只要我一直用，我就不在乎责任……等我再老些的时候，我会担心养老金计划这类的事情。但现在，我什么都不在乎，除了我的老女人。"

"你的老女人……"

"对，我把可卡因当成我的老女人，我的家人。它就是我的伴侣。我已经很多年没见到自己真正的家人了，而且我也不在乎，因为我已经有伴侣了。"

⊖ 1 英寸 = 2.54 厘米

"所以可卡因就是你的生命。"

"对，可卡因就是我的生命……我对它比对任何其他我爱的人和东西都在乎。在过去的 15 年里……它已经是我的一部分。它是我每日生活的一部分。我不知道没了它要怎么活。我不知道没有它，每天要怎么过。你把它拿走，我就不知道要干什么了……如果你想改变我，让我过普通的生活，我不知道要怎么维持。我曾经在那儿，但我觉得我不知道怎么回去了。我没有……不是没有意愿，我只是不知道要如何回去。"

"你的愿望呢？你还想要普通的生活吗？"

"不，并不真的想要。"杰克安静而悲伤地说。

我不相信他说的是真的。我想在他心底深处，肯定存在某种愿望，希望过上完整、正直的生活，而要承认这一点可能太过痛苦——因为在他眼中，那已经是不可能的了。杰克是如此认同自己的成瘾者身份，他根本不敢想象清醒的自己。"这对我来说就是每日的生活。"他说，"这看起来跟其他人的生活没什么不同，对我来说很正常。"

这使我想起了青蛙的故事。我跟杰克说："他们说如果你拿一只青蛙，把它扔到热水里，它就会跳出来。但如果你拿同一只青蛙，把它放在室温的水里，然后慢慢加热水，它就会被煮死。因为温度是一度一度逐渐上升的，它就习惯了。它会把那当作正常。"

"如果你有普通的生活，然后有人跟你说'嘿，你可以在市区东部奔波一整天，在毒品上花掉三四百块'，你会说'什么？你疯了吗？那可不是我！'但你已经做这事做了这么久，它对你来说成为常态了。"

杰克给我看了他的双手和胳膊，红肿发炎的皮肤上布满了银色的屑片。在所有问题之外，他的银屑病也发作了。"你觉得你可以让我去见个皮肤科专家吗？"他问。

"我可以。"我回答，"但上次我这么做的时候，你在预约的时间没去。如果你这次再错过，我就再也不会为你转介了。"

"我会去的，医生。别担心，我会去的。"

我写了一张包含美沙酮和杰克需要的皮肤膏剂的处方单。我们聊了一会儿，他就走了。他是我当天最后一名病人。

几分钟后，当我在查语音信箱时，我听到了敲门声。我把门打开一点，杰克站在外面，他已经走到了波特兰的大门口，但又折回来想要告诉我什么。"你是对的，你知道。"他说着，又笑起来。

"什么是对的？"

"就是你说的那只青蛙。那就是我。"

In the Realm of
Hungry Ghosts

第 4 章

你不会相信我的人生故事

————

"马泰，你不会相信我的人生故事。我跟你说的全部都是真的。"

"你觉得我不会相信你？"

塞丽娜给了我一个既顺从又具有挑战性的眼神。她是一名留着黑色长发的原住民，脸上始终带着厌世的表情。虽然她也可以突然开心起来，但即使笑着的时候，她眼中也充满悲伤。塞丽娜才刚过 30 岁，却已经在市区东部度过了将近半生，并且一直都在吸毒。

你还能跟我说什么，我想，有什么是我在这里还没听过的？但当我听完她说的之后，我彻底谦卑了下来。

塞丽娜并没准备一开始就分享她内心世界的所有事情。她定期来进行美沙酮会谈，并且每过一段时间就会以头疼或者背疼为借口，企图诓我给她开些麻醉品处方。但当我拒绝的时候，她也从来不跟我争执。"好吧。"她耸耸肩，低声说。两年前的一天，她出现在我的办公室里，想要"外带"美沙酮——也就是说，她希望一次提前拿好几剂，而不是每天早上到药剂师面前去服药。"我祖母在基隆拿[⊖]过世了。"她说话的时候语调毫无起伏，"我得回家去参加葬礼。"

市区东部的成瘾者经常为了非法目的讨要美沙酮外带，比如把它们拿出去交易，或者一次嗑个爽。其他一些瘾君子则会去药房，但是他们不会把整剂都吞下去，而是留一些在嘴里，晚些时候把它吐在咖啡杯里。这些吐出来的美沙酮就变成了商品。尽管这样可能传染疾病，购买者却能毫不犹豫地喝下混着别人口水的药物。药剂师本应看着病人服下他们配的整剂美沙酮，但规则经常被破坏，所以街上总是有人在卖这些果汁。

"在我允许你外带之前，我必须得确认一件事情。"我回答塞丽娜，"你祖母的医生叫什么？"她面无表情地给了我那个名字。当她坐在办公室里平静等待的时候，我给基隆拿的医生打了电话。"B女士，"我的同行在话筒里说，"哦，没有啊，至少我今天早上看到她的时候，她还活得挺好的。"

"你听到了吗？"我跟塞丽娜说。她的脸上没有一点变化，甚至连一丝尴尬的表情都没有。"好吧。"她耸耸肩，站起来要走，"他们跟我说她死了。"我经常被我的成瘾病患撒谎时的那种小孩般满不在乎的态度震惊。像塞丽娜刚做的这样幼稚的操纵尝试不过是游戏的一部分，而且就像玩捉迷藏一样，他们即使被抓住也毫不感觉羞耻。

她的HIV治疗一直是我们之间斗争的根源，因为她总习惯性地拒绝进行血细胞计数。"如果我不知道你的免疫系统状态如何，"我解释说，"我就不知道你需要什么样的治疗。"有一次，出于极度的沮丧，我企图用扣下她的美沙酮的方式来逼迫她做血检。一周后我就放弃了。"我没权力逼迫你做任何事。"

⊖ 基隆拿是加拿大不列颠哥伦比亚省的一座小城。——译者注

我道歉道，"美沙酮和 HIV 毫无关系。不论你做不做血检，那都完全是你个人的决定。我只能为你提供我最好的建议。对不起。""谢谢，马泰。"塞丽娜说，"我只是不想让任何人控制我。"不久后她就自愿去做了需要的检查。而到目前为止，她的免疫指标还算高，因此还不需要任何抗病毒药物。

控制是个很敏感的问题，没有什么人比市区东部的药物成瘾者更常感到那种极端的无力了。由于文化和心理因素，即使是普通市民也很难去质疑医学权威。作为一个权威人士，医生会触发深植于我们许多人内心的、源自童年时代的无力感——甚至在我完成医学训练多年之后，当我自己需要被照顾的时候，我仍有这样的感觉。但对于药物成瘾者来说，他们被剥夺权力这件事是真实、直观并且就在眼前的。拿塞丽娜来说，她为了维持成瘾习惯而参与非法活动，不仅如此，她的成瘾习惯本身就是非法的，她彻头彻尾地被法律、规范和监管包围了。我有时候发现，在我的成瘾患者的眼里，侦探、执法者和法官的角色都被嫁接到了我作为医生的身份中。我并不仅仅是个治疗者，也是一名执法者。

由于市区东部的成瘾者几乎普遍来自社会下层，并且都不止一次经历过法院和监狱，他们都不习惯直接挑战权威。在依赖医生的美沙酮处方作为生命线的情况下，她根本无法坚持自己。如果她不喜欢她的医生，她也根本没什么条件去寻求其他帮助：市区的诊所都不愿意接收其他诊所的"问题"病人。很多成瘾者尖刻地谈论他们遇到的那些傲慢无礼的医疗工作者——他们强迫成瘾者"要么听我的，要么滚蛋"。在面对权威者的时候，不论对方是护士、医生、警官还是医院保安，成瘾者实质上都是完全无助的。没有人会接受他们的故事，更不用说为此做点什么了。

权力与领地有关，并且会腐化。在波特兰，我曾发现自己做了在其他场合绝对不会允许自己做的行为。不久之前，一名年轻的女性原住民来到我的办公室，她也依赖美沙酮，并且有艾滋病。我就叫她辛迪吧。在会面结束后，我打开门叫了金姆护士，她的办公室就在我的对面："请抽一下辛迪的血做 HIV 检查，我们还得做一下尿检。"等待区坐着好几个病人，全都能听到我说的话。辛迪带着受伤的表情，小声责备了我："你不该说得这么大声。"我惊呆了。在我来此之前的 20 年"令人尊敬"的家庭医生生涯里，如此无情破坏保密协议、厚颜无耻伤害他人的尊严的作为，是令人难以想象的。我关上门对她忏悔。"我说太大声了。"我同意道，"这太蠢了。""是的。"辛迪回击了，但似乎平静了一些。我为她的直接感谢了她。"我已经疲于被每个人摆布了。"她说完就站起来走了。

在市区东部，这种医生与病人之间夸大的权力失衡还有一个更深的来源——它并不独属于这个区域，而几乎是一种普遍现象。在曾被虐待和忽视的孩子正在生长的脑回路中，深深刻印着恐惧和对有权力的人的不信任，尤其是对照顾者的。很快，这种根深蒂固的戒心又被与权威人士（比如教授、领养父母、法务系统人员和医疗人员）打交道时的负面经验进一步强化。每当我话语尖刻、表现得冷淡无情，或者出于好心企图强迫他们的时候，我就在不知不觉间表现出了那些几十年前最初伤害和恐吓他们的权威者的特征。不论我的意图如何，最终总是导致痛苦和恐惧。

由于这些以及更多原因，塞丽娜具有防御我进入她内心世界的本能。她今天来寻求帮助与我们之间已建立的信任有关，但更多是出于她目前绝望的处境。

"你能给我点什么跟抑郁有关的药吗？"她开始说，"我在基隆拿的祖母三个月前就过世了。我一直想离开去找她。"

"你指自杀？"

"不是自杀，就是吃点药片，以便……"

"那就是自杀。"

"我不这么叫它。不过是去睡个觉……然后不再醒来而已。"塞丽娜看起来心碎又惆怅。这次她祖母是真的过世了。

"跟我说说她。"我说。

"她 65 岁了。她养育了我。我妈生下我后就离开了医院，社工只好给我祖母打电话，告诉她如果她不来签文件，我就要被送去找领养了。"在接下来的整个对话中，塞丽娜的声音都充满悲伤，她边哭边抽噎，眼泪几乎没有断过。

"然后她又从我女儿一岁大的时候开始抚养她。"塞丽娜有个孩子，现在 14 岁了，是她在 15 岁的时候生的。塞丽娜的母亲现在四十多岁了，也是我的病人，是在 16 岁的时候抛弃自己的孩子的。和塞丽娜一样，她母亲和男友也住在黑斯廷斯酒店的房间里。

"你女儿现在在哪儿？"

"跟我姑妈格拉迪斯在一起。我猜她过得还行。我祖母死后，她开始吸安非他明，还有别的各种类似的东西……祖母养育了我，她也养育了我的弟弟加勒和妹妹迪欧娜——他们其实是我的表亲，但我们是像亲兄弟姐妹一样长大的。"

"她给了你一个怎样的家？"

"她给了我一个完美的家，直到我离开去找我的母亲。这是我到这里来的原因，来找我妈妈。"在接下来的描述中，这个可怜女人口中"完美的家"变得越发清晰而可怕。

"你之前没见过你妈妈吗？"

"从没见过。"

"你之前嗑过药吗？"

"在我来这里找我妈妈之前没有过。"

除了轻擦眼泪的右手以外，塞丽娜坐着一动不动。她身后从窗外射入办公室的阳光，把她的脸笼罩在仁慈的阴影之中。

"我在 15 岁生了我的女儿。他是我姑妈的男友之类的。他侵犯了我，而如果我敢说一个字，他发誓就会去揍我姑妈。"

"我懂了。"

"马泰，你不会相信我的人生故事。我跟你说的全部都是真的。"

"你觉得我不会相信你？"

在接下来短暂的沉默中，我回想起自从两年前她谎称自己的祖母过世之后，我就一直把塞丽娜贬低为一个操纵者、嗜药者。我与所有人一样，容易根据自己对他人行为的解释来定义和分类他人，但这是不人道的。我们对于人的想法和感觉，受限于我们对他们有限的经验和我们自身的评判。在我眼中，塞丽娜已经被简化为一个会因想要更多药物而给我制造麻烦的成瘾者。我没有看到她是一个承受了难以想象的痛苦，并企图以她所知的方式去缓解这种痛苦的人。

我并不总受制于这种盲目的模式，而是时好时坏，这取决于当时我自己的生活怎么样。当我疲惫紧张的时候，尤其是当我在某些方面缺乏正直诚恳的时候，我就更容易麻木地评判，对他人进行主观的定义。在这些时候，我的成瘾病人会强烈地体验到我们之间的权力失衡。

"我是15岁来到黑斯廷斯的。"塞丽娜继续说，"我在兜里装了500块钱，以便在见到我妈之前买食物。我花了一周找到她。那时候我还有400块钱。当她发现了这一点的时候，她把一根针插到了我的胳膊上。那400块钱在四个小时里就没有了。"

"那就是你的第一次海洛因体验？"

"是的。"紧接着是漫长的沉默，偶尔可以听到塞丽娜压抑着的呜咽。

"接着，她在我睡觉的时候把我卖给了一个又高又胖的混账东西。"这些话听起来来自一个无助、悲哀、暴怒的孩子。"她是我妈妈。我爱她，但我们不亲近。我管我的祖母叫妈妈。但现在她走了。她是唯一一个在乎我死活的人。如果我今天死了，谁都不会在乎的……

"我得让她走，我不能拉着她。"

塞丽娜能看出来我听不懂她说的话。"是我不让她走。"她解释说，"在我们的传统里，我必须得让她的灵魂离开。否则他们就会跟我们在一起，卡在这里。"

我表示既然她祖母是唯一她曾经感觉爱她、接受她、支持她的人，她几乎不可能让她离开。"但如果你能发现别的什么人真的爱你、在乎你呢？"

"没有别人了。什么都没有。"

"你确定吗？"

"谁？我自己？上帝？"

"我不知道。可能两者都是。"

塞丽娜的声音在悲痛中碎裂："你知道我怎么看上帝吗？究竟是什么上帝让坏人活下来，却带走好人？"

"那你自己呢？你呢？"

"如果我足够坚强，我就可以让她走。我有成瘾问题，我很难控制自己。我试了这么多次了，马泰，一次又一次。我曾经戒断过四个月、五个月、六个月、一年，但我总是复吸。这是唯一一个我觉得安全的地方。"现实是，在加拿大，这个"我们的家、我们的故乡"里，唯一一个让塞丽娜有些许安全感的地方，却是这个饱受成瘾、疾病、暴力、贫困和性剥削困扰的市区东部。

塞丽娜一生中有过两个家：她祖母在基隆拿的家，以及一个又一个破烂不堪的黑斯廷斯东区的酒店房间。"我在基隆拿不安全。"她说，"我被我叔叔和祖父性侵了，而成瘾药物使我可以不去想在那儿发生过的事情。而且我祖父还让我祖母告诉我，让我回去，原谅和遗忘。'如果你愿意回到基隆拿，在整个家庭面前谈谈这个事，也可以。'谈什么？什么？所有事情都结束了，都已经做完了。没有回头路了。他不可能忘记，然后改变他曾经对我做过的事情。我叔叔也改变不了他对我做过的事。"

性虐待从塞丽娜七岁的时候就开始了，并且一直持续到她 15 岁生产。而在整个过程中，她还在照顾她的弟弟妹妹。

"我还得保护我的弟弟妹妹。我会把他们和四五罐婴儿食品一起藏在地下室。他们还穿着尿布。我 11 岁的时候，企图拒绝我的祖父，但是他说如果我不照着他说的做，他就要去找加莱布。加莱布那个时候才八岁。"

"我的天哪！"我情不自禁说出了口。在市区东部工作了这么多年之后，我仍然会被震惊，我把这当成一种赐福。

"你祖母没有保护你。"

"她保护不了我。她在戒酒之前一直喝得很多，每天一早就开始喝。她一直喝到我的孩子出生。"

几年后，加莱布被杀了，在与三个表兄弟醉酒后的斗殴中被打，然后被淹死了。"我至今仍然很难相信我的弟弟已经死了。"塞丽娜说，"我们小时候那么亲近。"

所以这就是塞丽娜成长的"完美的家"，她的祖母无疑深爱着自己的孙女，却完全无法保护她免受屋中男性的捕食，或避免她被自己的酒瘾伤害。而那个祖母现在过世了，她是塞丽娜在整个世界中与爱唯一的联结。

"你跟任何人说过这些吗？"在市区东部，这几乎永远只是个出于礼节的提问。

"没有。我没法信任任何人……我不能跟我妈妈说。我和我妈并没有母女关系。我们住在一栋楼里，却几乎见不到彼此。她会直着从我旁边走过去，那让我极度受伤。

"我什么都试过了。已经没必要了。我试了这么多年，想看我妈妈是否会亲近我。而她唯一会接近我的时候，就是在我兜里有药或者有钱的时候。那是唯一她会说'女儿，我爱你'的时候。"

我退缩了。

"只有这种时候，马泰，只有这种时候。"

我毫不怀疑，如果塞丽娜的母亲能讲讲她自己的人生，那会是一个同样痛苦的故事。这里的苦难是世代相传的。我的病人，不论是男性还是女性，曾表达的最巨大的苦痛几乎一律与他们自己所受的虐待无关，而是他们对自己子女的背弃。他们永远不能原谅这样的自己。只要一提这件事，他们就会痛苦流泪，而他们持续不断的吸食则是为了压制这些记忆给他们带来的影响。塞丽娜自己，虽然在这里像个受伤的孩子般诉说着，但也没有提及对被自己忽视的女儿的负罪感。她女儿现在也成了冰毒的成瘾者。痛苦招致痛苦。就让那些会去评判这些女人的人好好审视自身吧。

就像往常一样，当我跟一个病人花费了比预期更长的时间时，等待区的人群中就爆发出喧闹的抗议。"快点！"一个人粗声叫道，"我们也需要果汁！"塞丽娜的全部受伤感和愤怒以怒吼的形式爆发了出来："你给我闭嘴！"我把头探出门外，以平复那群焦虑的群众。

我同意给塞丽娜开抗抑郁药，并解释说这可能有用，也可能没用，并且有没有副作用也取决于一个人的生理特点。我还告诉她如果这种不管用，我们还可以试另一种。我把处方交给她，同时在心里搜索着所有慈爱的言辞，以便缓解塞丽娜内心的痛苦。然后我终于找到了这些话，开始有些犹豫地说给她：

"发生在你身上的事情真的非常可怕。什么话语都是苍白的，什么语言都无法真正表达出，任何人、任何孩子被逼迫着忍受这些，都是非常可怕、非常不公平的。但无论如何，我仍然不能认同人是没有希望的。我相信每个人中都有一种自然的力量，一种天然的完美。即使它被各种恐惧和伤疤掩盖，也仍然存在。"

"我希望我能发现它。"塞丽娜低声哽咽着，我只能通过她嘴唇的动作猜测她说的话。

"它在你里面。我能看到它。我无法向你证明，但我能看到。"

"我曾经试图向自己证明这一点，但我失败了。"

"我知道。你尝试过，而且没成功，你又回来了。这很艰难。你本该有更多支持。”

最后，我告诉塞丽娜，对于一个抑郁的人来说，所有事看起来都是彻底无望的。“这就是抑郁的意思。我们来看看吃了药后你会怎么样。我们两周后再聊。”

这一切令我谦卑。我为自己在助人上的无能而感到谦卑，为自己曾相信自己已经了解了一切的傲慢而感到谦卑。你永远无法了解一切，因为即使这些故事悲惨得再相似，市区东部的每一个故事都是以一个独特的人为基点展开的。每个故事在每次被讲述的时候，都需要被听到、被看到、被作为新的故事来认可。我尤其因我竟然忽视塞丽娜作为人的复杂性和闪光点而感到谦卑。什么时候轮到我来评判她“只有成瘾药物能够缓解折磨”的信念呢？

所有流派的精神教导都要求我们在彼此身上看到神圣。梵文的神圣问候语“Namaste”意为“我内在的神性问候你内在的神性”。神性？我们很多时候连面前的这个“人”都看不见。我有什么能够给予这个在过去 30 年中承受了世代重压折磨的年轻原住民女性呢？我能给她的全部只有每天早上和她的美沙酮一起配发的一片抗抑郁药，以及一个月仅有一两次的半小时约见。

第 5 章

安吉拉的祖父

———

安吉拉·麦克道尔（Angela McDowell）身体挺拔、脸颊微圆，拥有一对暗色的眼睛和一头长发。她是一名海岸塞利希族[⊖]的公主，却在市区东部过着背井离乡的生活。她左颊有一条长长的横向伤疤。"我搬进日出酒店的时候，一个女生划伤了我。"她平淡地说。

她会面总是迟到，而且很多时候干脆不到。她常常会忍受几天美沙酮的戒断反应，然后才来取她的处方，或者直接在街上弄点海洛因嗑。

作为一名诗人，安吉拉在她的小包里放了一个粉色螺线本，本上的每一页都用精致的手写体记录着充满希望与丧失、孤寂与向往的稚拙诗篇。其中一些比另一些写得更真挚些。"有一天，面对我们与之斗争的成瘾 / 我们都会赢，

——————————

⊖　海岸塞利希是北美印第安人中的一支。——译者注

会看到光明。"她在一篇诗作的结尾发誓要摆脱悲惨的成瘾生活。但我却有自己的怀疑：这些是她的真实感受吗，或者她只是在写她认为正确的感情？

尽管如此，我却能感到她具有某种真诚，而她曾以真诚之心瞥见的真相给了她权威感。她很久以前曾经历过的欢乐，在她那能点亮世界的笑容中仍然存在。当她咧嘴笑的时候，会露出两排完美的洁白牙齿，这在世界的这个角落里显得尤其特别。她的眼睛会变得闪亮，紧绷的脸颊会放松下来，连伤疤也变得不明显了。"疗愈就在我自己里面。"她有一天跟我说，"我曾听到过古老祖先的声音。我小时候精神特别坚强。"

安吉拉跟她的兄弟姐妹是被她的祖父——一名伟大萨满养大的。"他是麦克道尔家族最后一名存活的后裔了，他的所有兄弟、表亲、叔伯、姑母都被杀害了。所以我祖父从很小的年龄就被送到一所寄宿学校。他长大后和我的祖母结婚，有了许多孩子，11 个女孩和 3 个男孩。他带着我们祖先的所有精灵。每个原住民部落都有自己的力量和精灵。我们海岸塞利希具有一种天赋，但我不知道怎么去描述——我们几乎可以预知死亡。我们可以看到精灵，看到超验的存在。我们可以看到'另一边'。"她摇着头，好像我误解了她的意思，"那并不像是看到一个清晰的画面，而比较像是你在眼角看到了什么东西。我也继承了这种天赋。"

在安吉拉的祖父死前的一年，安吉拉恰好七岁，她的祖父决定搞清究竟哪个孩子可以继承这种天赋。"他得帮我们为他的死亡做准备，并看看我们谁被拣选了。那年的每一天我们都要去河边，在同样的位置，用香柏洗澡，所有孩子都要这么做。"

作家、文化评论家、瘾君子和银行劫匪史蒂芬·瑞德曾向我解释，用冷水和香柏叶进行的灵性沐浴是海岸塞利希族的神圣仪式。他目前在温哥华岛的威廉姆海德监狱长期服刑，他跟随来访问的塞利希长老学习，并因为被允许参加灵性沐浴而感到至高的荣耀。不论在史蒂芬还是安吉拉口中，这个仪式听起来都相当烦琐，它的目的是精神净化。

从晚冬的早上五点开始，老人和他的妻子就会领着孩子们来到河边的一排雪松树下。从夏到冬，孩子们被要求脱光衣服，躺在河岸上。在老萨满咏唱的时候，他们的祖母会折下朝阳下恰好透过光的小树枝。接着，在除树叶摩挲、溪水潺潺的声音之外完全的寂静中，她会把树枝放在冷冽的溪水里，然后用沾湿的树叶洗刷孩子们的身体，为他们沐浴。"他们会帮我们清洗，净化我们，并强化我们以为即将到来的成年做准备。"安吉拉说，"以便我们成年后不会骨折或者生病，可以让我们好长时间都不会生病。这也是祖父确定我们中的哪一个足够强壮，可以延续我们的灵性传统的方式。被选中的人会继承我们所有的祖先。"

"他如何搞清是谁呢？"

"你在冰水里，那感觉简直像是他们在剥你的皮，这对小孩来说一点都不好玩。我们根本不相信他口中的'目的'。但很快，我就开始听到鼓声，原住民的鼓声。不久，它就成了我的安慰，我会一直听着它。当我的祖父祈祷，而祖母在给我们沐浴的时候，我能听到鼓声。那里实在太冷了，而我们得躺着一动不动。我决定，我要是想撑过这一切，就得不再关注自己的身体感觉。我就只是躺在那儿，听着鼓声，随他们做他们的事情。随着时间流逝，那里开始下雪，我开始听到歌声以一种我从未听过的语言，安静、平和、优美地吟唱。那是原住民的音乐。奇怪的是，那时我并不会讲海岸塞利希语，但我却跟着唱了起来。"

安吉拉所说的对我来说充满魅力，还混合着一种模糊的渴望——对一种已被遗失的、与过去世代联结的感觉的渴望。我自己的生命中没有祖父母的存在，而她却浸泡在传统和精神的世界之中。她听到了祖先的声音。我可以阅读古代文献，却只能听到自己的想法。

"这首歌是从哪儿来的？"有一天，老萨满注意到当他的妻子用雪松叶扫过安吉拉的时候，她并不痛苦，就问她。他知道她已经到了对岸，并且现在可以做他的向导了。他们两个缓步走在河边的小路上，直到彻底远离了安吉拉的兄弟姐妹和祖母。然后老萨满和他的孙女就坐在一片空地上，倾听他们部落已逝者的声音。累世逝去的人们以古老的语言哀悼、吟唱他们的故事——他们曾经的工作和挣扎，白人到来后的死亡，以及更多更早的故事。安吉拉接受了这些故事和教导。

我在她身上看到过这些。我曾见证她以慈爱的语言，安抚我办公室的其他成瘾者。她在温哥华图书馆公共活动舞台中心表现出的那种宁静的自信，也令我印象深刻。

我当时在做一个关于成瘾的讲座，邀请安吉拉来读她的诗歌。就像往常一样，她迟到了。在我介绍她的时候，她从后排的位置上坚定地大踏步走上讲台，不紧不慢地环视台下的三百位观众，就像那是她每天都要做的事情一样，然后用清晰洪亮的声音朗诵了她的诗歌。她的表现如此动人，听众们给予了她长久热烈的掌声。

河边的那片空地仍然让安吉拉伟大，即使她与它的联结被她之后的毒瘾遮掩了。她已经远离了那里，并且也不知道是否还会回去。她已经不是神圣部落神祇的守护者了，而是作为可卡因贩子和里巷的花魁生活在市区东部。"为口粮而吹，为金钱而陪"，她在诗里这样写道。

但她欢快的笑容和贵族般的权威感来自她深深知道，这样一片地方是存在的——她曾经在那里，并听到了那些声音。祖先对她诉说了他们的苦难，也仍在帮助她寻找自我。"我内心的镜子啊，别人看到了什么？"安吉拉在她的诗篇中这样写道，"是我内心的真实，还是人的虚荣？而我又看到了什么？"

第 6 章

孕期日记

———

这是一篇简短的孕期记录，它记录了一个先天性阿片依赖的婴儿如何产自一名成瘾的母亲。尽管她下定决心面对自己的魔鬼，却还是无法留下这个孩子。不论是她手中的资源，她对心中上帝之声的祈祷，还是我们在波特兰能提供的支持，都不足以帮助她完成做父母的神圣心愿。

2004 年 6 月

我冲到五楼，听说西莉亚失控了，还威胁要从窗口跳出去。这不是开玩笑的，之前已经有人这么干过了。当我冲上楼的时候，从两层楼下的楼梯上就能听到刺穿墙壁的尖叫声在回响。

我发现西莉亚光着脚踩在玻璃碴上，暴跳如雷，脚上割破的几个小口正在流血。地板上电视机屏幕、酒杯和陶器的碎片闪着光，中午的阳光倾斜着照进房间。被抽掉内芯的电视机遥控器躺在走廊里，四溅的食物从墙上和木椅的碎片上滴下来。衣服扔得到处都是。在厨房的灶台上，一个小咖啡机还在嘎吱作响，空气中弥漫着咖啡烧焦的刺鼻酸味。几只带着血迹的注射器被扔在桌上（这是唯一一件仍然完好的家具）。

西莉亚捶胸顿足，以一种只能一半算作是人声的粗糙、尖利、刺耳的声音咆哮。眼泪从她发红的眼中滑下脸颊，在下巴汇聚成水滴。她穿着一件肮脏的法兰绒睡袍。整个场面极度异常。

"我恨死他了。他是个人渣。"西莉亚看到我，脱力般地倒在角落里破烂的床垫上。我踢开一堆毛巾，躬身靠在阳台窗户上。现在没什么能说的。等到我看她已经准备好说话时，我就读了她写在靠小床的墙上的祈祷词："噢，伟大的灵，我听到你在风中的声音，我周围世界中的一切生命都来自你的呼吸，请倾听我们的呼号，因为我们是如此渺小。"这首祈祷词以请求结尾："请帮我与我最大的敌人和解——那就是我自己。"

2004 年 6 月：第二天

在等待美沙酮处方的时候，西莉亚很安静，甚至可以说宁静。她似乎对我的震惊很困惑。

"你把你的屋子复原了？"

"是啊，毫无瑕疵。"

"怎么可能毫无瑕疵？"

"我和我的老男人把东西归位了。"

"你恨的那个男的？"

"我确实说了我恨他，但其实并不恨。"

西莉亚一头棕色长发，表情柔和，双眼清澈，看起来是一名神态平静的 30 岁女性。你很难看出她是那个我在不到 24 小时之前见过的暴怒泼妇。"到底是什么让你昨天失控成那个样子？"我问，"你昨天很沮丧，但肯定是嗑了药才能那么疯狂。你嗑了什么东西？"

"好吧，是的。可卡因。那玩意儿很有爆发性。我用的海洛因越少，就越会想起过去的事情。我不知道如何处理我的感觉。可卡因会刺激我，让我更敏感，对那些生活中还未解决的事情难以置信地敏感。让我觉得受伤的事情变得排山倒海，于是我就完全崩溃、绝望，直到像火山爆发一样——那吓死我了。"

"所以你吃了美沙酮却还在吸海洛因，为什么？"

西莉亚缓慢地，甚至可以说是正式地，以她深沉沙哑的声音说："因为我想要那种休克状态，它让我什么感觉也没有。"她的齿缝模糊了些许发音，但内容却深刻、精准、雄辩。

"你不想感觉到什么？"

"每一个我曾经想要信任的人，都伤害了我。我确实深爱瑞克，但我的人生让我没法相信他不会背叛我。这与我过去所受的性虐待经历直接相关。"

西莉亚从五岁开始就受到继父的性剥削。"它持续了八年。最近我在梦里总会重历那些虐待。"在她的噩梦中，西莉亚被继父的唾液浸透了。"那是个仪式。"她以一种不置可否的语气解释道，"当我还是个小女孩的时候，他会站在我床边，往我全身吐口水。"

我颤抖了。在做了 30 年医生后，我时常以为我已经听过了每一种成人能够施加在小孩和没有保护的人身上的恶行。但在市区东部，我总能听到新的恐怖童年经历。西莉亚注意到了我的震惊，她眨眨眼，点了下头，继续说："我现在的老男人瑞克之前在萨拉热窝的军队里，他有创伤后应激障碍。当我刚做了关于性虐的梦醒过来，就看到他醒来，尖叫着枪支和死亡……"

"你用成瘾药物来逃避痛苦。"我停了一下说，"但嗑药却造成更多痛苦。我们可以用美沙酮来控制你的阿片成瘾，但如果你想让整个循环停下来，就必须下定决心放弃可卡因。"

"我下定决心了。除了这个我已经没有别的更想要的了。"

我办公室等待区的病人们已经开始不安起来，有些人在尖叫。西莉亚不屑一顾地挥了挥手。

我对她笑了笑："你跟昨天听起来并没有那么大差别。"

"我昨天比这糟多了。昨天我根本就是疯了。"

尖叫又响了起来，这一次声音更大了。"一边待着去，你个混账！"西莉亚突然用恶毒的声音大喊，"我正在跟医生说话！"

2004 年 8 月

我喜欢用写字台后面的小音响系统放点音乐。我的病人大多不熟悉古典乐，但经常表示听到音乐是一个舒适宜人的惊喜。今天我放的是《科尔尼德莱》（Kol Nidrei），是布鲁赫[⊖]的作品，以与救赎、原谅和与神合一相关的犹太祷文为基础。西莉亚闭上眼睛。"真美。"她叹道。

当音乐结束的时候，她从沉思中醒来，并告诉我她和她的男友正在筹划未来。

"你长期的成瘾怎么办？这对你或者他构成问题吗？"

"嗯，是吧，因为我并不整个在那儿……当有成瘾在的时候，你没办法得到一个人最好的一面，对吧？"

"是的。"我同意，"我自己也很清楚这一点。"

2004 年 10 月

西莉亚怀孕了。在这里，这最多只能算作一件喜忧参半的事。你可能觉得在面对一个新怀孕的成瘾病人时，医生的第一个念头应该是建议流产。但不论在这里还是其他地方，医生要做的工作都是探明女性自己的倾向，然后在适当

⊖　德国浪漫派作曲家。——译者注

的时候，解释她所拥有的选项，而不是迫使她做出任何一种决定。

很多成瘾的女性都决定生育，而不会选择早期流产，西莉亚也已经决定要留下这个孩子。"他们已经带走了我的两个孩子，他们绝不能带走这一个。"她发誓说。

西莉亚在过去四年间的医疗记录令人毫无信心。她好几次威胁要自杀，在华盛顿酒店着火时，曾因为不愿意从救火梯上爬下来，被强制送进精神科。她有无数外伤：骨裂、瘀青、黑眼眶。外科引流过的脓肿、牙龈感染、需要住院的阵发性肺炎、暴发的带状疱疹、反复的口腔真菌感染，以及少见的血液感染——这是免疫系统遭到 HIV 围攻，又被持续的药物注射威胁的表现。西莉亚很长时间没有按抗病毒治疗计划服药了，她的肝也已被丙型肝炎破坏。唯一还有点希望的就是，自从和她现在的"老男人"瑞克在一起后，她开始有规律地服用抗 HIV 药物，现在免疫指标已经回到了安全范围。如果她继续治疗，孩子就不会被感染。

今天她是和瑞克一起来的。他们两个亲昵地靠在一起，并不断温柔地看向彼此。这是第一次产前检查，西莉亚在回顾她的怀孕史。

"我把第一个儿子养到九个月大。他父亲最后离开了我们……他是个好父亲……我在注射毒品，是我自己不负责任。"

"所以你明白如果你继续使用成瘾药物，这个孩子可能也会被带走。"

西莉亚立刻说："哦，当然，肯定的。我不会让一个孩子去承受我的成瘾……我知道做起来比说起来难得多……但是……"

我看着瑞克和西莉亚，感觉到他们是多么热切地想要这个孩子。可能他们把这个孩子当成了他们的拯救者，当成了能使他们坚强生活在一起的力量。而我担忧的是，他们只是在异想天开——就像小孩一样，他们相信心里有希望，好事情就会发生。西莉亚深陷成瘾，不论她还是瑞克，都远没有能力解决破坏他们关系的创伤和心理负担。我不相信西莉亚子宫中的这个新生命能够为他的父母达成他们自己都无法达成的事情。自由可没有这么容易获得。

尽管充满怀疑和顾虑，我仍然全心希望他们能够成功。怀孕曾经帮一些成瘾者改变了他们的习惯，如果西莉亚能做到，她也不会是第一个达成这一目标的人。卡萝尔，那名我们在第 3 章谈到的依赖冰毒和阿片类药物的女性，就生了一个健康的孩子，放弃了她的成瘾，并且搬到不列颠哥伦比亚和祖父母同住了。除此之外，这些年来，在我的病人中还有其他几个成功案例。

"我会给你所有我能给的帮助。"我说，"这是一个新生的机会，不仅仅对孩子，也是对你们两个人，以及你们的关系。但你得明白，你需要克服一些障碍。"

我们谈的第一件事是西莉亚的成瘾。她的阿片依赖可以用美沙酮来处理。与西莉亚预期的不同，我们不仅会让她继续用药，还很可能会随着她的孕期增加剂量。阿片戒断反应可能会伤及子宫中的胎儿的神经，所以孩子最好是在阿片依赖的状态下出生，然后再缓慢戒断。可卡因则是另一回事。考虑到西莉亚在这种药的影响下功能失常得多么快，如果她不放弃这个习惯，很难想象她能够按照产科要求照顾胎儿，保住孩子的监护权。我敦促她去远离市区东部的康复中心。

"我不能离开瑞克。"西莉亚说。

"重点不是我。"瑞克说，"重点是帮你得到所需的康复和稳定。"

"你不久前跟我说你很难信任别人。"我提醒西莉亚，"你现在确实信任瑞克吗？"

"嗯，我可以看得出来他很投入。但是……"她深吸一口气，直直地看着她的伴侣，"我害怕，因为过去每次我信任别人的时候，总是……最后总是很失望。所以我很害怕，但我仍然想要去信任。"

"如果情况是这样，"我建议，"那就和瑞克待在一起……"

西莉亚终于下定了决心："和他待在一起也不会改变任何事情。"

办公室外，待诊病人的喧哗声逐渐增高。我答应为西莉亚寻找可能的康复方法，并把标准血检和超声检查单交给了她。当我站起来去开门的时候，西莉亚没有从她的椅子上站起来。她犹豫地看了一眼瑞克，然后对他说："你得对我放轻松。我知道看着我在怀孕的时候吸大麻对你来说很难受……"她停下来，盯着地板。我让她继续说。

"我需要鼓励，而不是愤怒。瑞克说话可以很伤人……很尖刻。"她又面向他，小心但肯定地对他说，"你强化所有别人跟我说的关于我的负面印象，指责我……'对，他们说的对，他们说了这个，他们说了那个。对，你就是这样，你就是那样。'然后还多加两句跟我根本没关系的事情。我不淫乱，也不是个妓女……"

瑞克烦躁地盯着他的双脚。"关于我们的关系，我们还有很多努力要做。"他说，"但我们现在有个不一样的动机了。"

"你看到西莉亚嗑药觉得很沮丧。"

"非常沮丧。但那是我的沮丧，我的责任。"

作为酒瘾者，瑞克曾经做过一些十二步戒瘾法的治疗，能够很快明白。他和西莉亚一样，也很聪明，很会说话。"在健康的界限和相互依赖之间有一条微妙的界线。"他说，"而你很容易忽视那条线。在爆发的时刻，我很难意识到那条线。"

我暂时允许自己乐观一点。如果有谁能够成功的话，那应该就是这两个人吧。

2004 年 10 月：下旬

西莉亚没能完成康复计划。她来我的办公室拿美沙酮处方的时候，向我承认她还在用可卡因。

"我们几乎可以肯定他们会带走孩子。"我提醒她，"如果你还用可卡因，他们就不可能把你看作合格的母亲。"

"我一定会努力不吸。我已经很拼命了。就这样了，我不吸了。"

"这是你留下孩子的最好机会，也是你唯一的机会。"

"我知道。"

西莉亚湿敷着右眼上的伤口，在门窗之间来回踱步。"我跟一个女孩起了口角。我会没事的。但是，嘿，我去做了超声检查。我看到一只小手！那么小的。"

我解释说超声波屏幕上的阴影不可能是一只手：受孕七周内四肢都还没有成形。但我被西莉亚的兴奋和她与腹中这个新生命之间明确的联结打动了。她告诉我她已经一周没有用可卡因了。

2004 年 11 月：下旬

我之前从没在谁身上见过像今天的西莉亚那样的悲伤。在她向前躬身时，她细长的头发从脸前滑落，在这片"面纱"之后，她用一种充满哀伤的、啜泣呜咽的声音，缓缓诉说了她的痛苦。

"他让我滚蛋……他清楚地说再也不想跟我扯上任何关系了。"

我很惊愕，甚至有些愤怒，就好像西莉亚没有过上幸福、不畏艰难的人生，就是亏欠了我的救赎似的。"那些是瑞克的话，还是你的解读？"

"不。他已经打包了全部东西，甚至都没有心情告诉我到底发生了什么、他在哪儿，什么都没告诉我。我今天早上在街上遇见他，他大喊着各种混话，说我欺骗了他，这简直就是彻头彻尾的鬼话。我从没骗过他。但他不听，所以这就是我如今的现实。"

"你觉得很受伤。"

"我感觉自己已经毁了。我这辈子从没感觉过这么不被需要。"

不，你曾感觉过，我心里想。你一直觉得不被需要。而你拼命想要给你的孩子你从没体验过的，一个可爱的、欢迎她的世界。但最后，你会给他同样的拒绝信号。

西莉亚就像读到了我的想法。"我还是要这个孩子。"她嘟着嘴说,"我可以流产,但我不要。这是我的孩子,是我的一部分。我不在乎最后我是不是只能自己面对。会发生这些事是有原因的,上帝不会给我我不能应对的事情。所以我只需要有足够的信念,去相信所有问题会在正确的时间解决,并且以它们应该的方式。"

西莉亚特别笃信灵性,但灵性能从头到尾看护她吗?

"我需要去康复,需要立马离开这里,今晚,即使只是先住到临时收容所去。否则,我肯定会杀了谁。我只想消失……"

我们再一次给各个康复之家打了电话。当天下午,在离波特兰两个转角的地方,西莉亚跳下那辆带她去安排好的收容所的出租车。但第二天早上,她就在对可卡因的狂热下,回到了波特兰。

2004 年 12 月

西莉亚一周没有用可卡因了,并且决定继续坚持。"我只是不能把自己监禁在什么所谓的康复中心里。"她说,"但只要我能离可卡因远点,就不会有什么问题。"她很开心,眼神清澈,充满乐观,而胎儿也在迅速发育。

她的体重开始增加,她瘦削的外形开始膨胀,气色也逐渐好了起来。为了她的产科护理和 HIV 干预,我们把她介绍给了橡树诊所,一家不列颠哥伦比亚女性医院附属的诊所。

看到现在的西莉亚,我又回忆起了她的坚强;不仅如此,也记起了她聪慧和寻求爱的天性。她有敏感、艺术的一面。她会写诗和作画,并且有悦耳的女中音歌喉。工作人员听到她在波特兰的音乐小组中,甚至是在浴室中(我们为门诊病人提供的浴室和诊所在同一层)用心演唱鲍勃·迪伦和老鹰乐队的歌的时候,都被她打动了。只要她坚持向着这个方向生活,并超越她刻板、退缩、充满焦虑的情绪机制，就没有问题了。

"你能借我几个钱，让我买点香烟吗，医生？"

"跟你说吧，"我说，"我们可以一起去街角，我会给你买一包。尼古丁比可卡因要难戒。"

西莉亚显然被打动了。"我简直不相信你会为我做这样的事。"

"把它当成我给孩子的礼物。"我回复说，"虽然我从没想过我会给一个怀孕的病人这种礼物。"

当我买了烟并把它递给西莉亚的时候，售货员一直盯着我看。"这太棒了！"西莉亚说，"我简直不知怎么谢你。"当我们离开商店的时候，我听到售货员反复低声嘲笑道："……太棒了。简直不知怎么谢你。"我转回门前，瞥到了他的表情，他正在傻笑。他肯定知道在东黑斯廷斯，一个穿着得体的中年男性为什么会给一名衣服脏乱的年轻女性买香烟。

2005 年 1 月

瑞克和西莉亚一起来办公室了。他们似乎和好了，很舒适地坐在一起。

"我简直跟不上你们的肥皂剧了。"我开玩笑道。

"我也跟不上。"瑞克说。西莉亚则轻哼了一声，嘴角带着微笑。

她已经去过橡树诊所了。她的孩子在长大，血检也显示她的免疫系统运作良好。虽然她的预产期是 6 月，但她很快就会住进冷杉中心（不列颠哥伦比亚女性医院针对成瘾产妇的特别诊所）进行产前护理，比多数人提前了四个月。今天她来拿美沙酮处方，并再次向我要了几个康复之家的电话。我把两者都给了她。

他们两个一起离开。穿过开着的门，我看到他们走进诊所后门洒满阳光的门廊，看着彼此的眼睛，拉着手，走得平静而安宁。

这是我在她怀孕期间最后一次看到他们在一起。

2005 年 1 月下旬

1 月下旬的一个下午，西莉亚自愿去了戒瘾所，以便之后可以进入康复之家。但到了晚上，她就自己离开了。在她噩梦般的生活里，她被困在痛苦、无助、惩罚和极度孤独的沼泽里。她重复着自己的口头禅："我这辈子从来没觉得这么被抛弃过。"她的眼神弥散浑浊，紧盯着我左侧墙面的某个地方。"没有一堆大麻，我要怎么对付这些？"

不论我给她什么答案，或者西莉亚自己企图给自己什么答案，都不足够。她接下来的孕期基本由多次短期的住院治疗和随之而来的逃院、持续吸毒、疯狂搜寻可卡因和多次被捕组成。有一次西莉亚由于人身攻击被捕，因为她把口水吐在了住院处的护士桌上。当然，我们记得，她小时候就学到了吐口水。不过最后，她生下了一个非常健康的女婴，并且女婴很快就戒断了阿片依赖。除此之外，婴儿整体状况都很好。不像阿片、美沙酮和海洛因，可卡因并不造成什么危险的生理戒断反应。

作为父亲，瑞克非常棒。西莉亚生产后的第二天就离开了医院，她的药瘾战胜了她做新生儿母亲的决心，但瑞克却史无前例地被允许作为病人留在产科病房。在医院工作人员的大力支持下，他用奶瓶喂养了婴儿，全天候陪伴了她两个星期，直到他带她回家。看到这对父女的护士都被他对女儿的温柔、爱和投入震撼了。

由于敌意和药物成瘾，西莉亚被法院禁止去看她的孩子。她充满了悲伤和狂怒，相信自己是被故意从她孩子的情感体验中移除的。"这是我的孩子！"她在我的办公室里尖叫，"我自己的女儿，他们抢走了我生命中最珍贵的东西！"

2005 年 12 月

瑞克顺路来看我，我问了他和西莉亚的孩子的近况。

"她正在寄养所。"瑞克说，"她跟我待了一段时间，但后来家里的情况由于同住的成瘾者们而急转直下。他们都复吸了，而我又开始酗酒，他们就把孩子带走了。他们拿到了儿童保护令。"为了忍住眼泪，他的肩膀都颤抖了。然后他抬起头："上个月我见到了她。我正在努力给自己找一个新的住处，还打算去参加父母养育团体，做酒精和药物咨询，还有别的。到现在为止我做得还不错。"

2006 年 1 月

西莉亚来拿每月的美沙酮处方了。现在六个月大的婴儿正住在寄养家庭，西莉亚还在梦想重获女儿的监护权并开始家庭生活。但她没能力放弃可卡因。

"不论你多爱你的孩子，"我再次跟她说，"不论你多想要爱她，在吸毒的时候，你都不适合做母亲。你自己曾经说过，当成瘾的时候，你得不到一个人最好的一面。孩子需要最好的你，需要你情绪上的稳定投入，她的安全感全依赖这一点。她的大脑需要它来健康发展。在你被你的成瘾控制的时候，你就做不了父母。你不明白吗？"

我的声音压抑而冷淡，我能感觉到自己喉咙里的紧张感。我在生这个女人的气。我在企图强迫她认清一个事实，一个我自己作为工作狂都倾向于在生活中忽视的事实。

西莉亚强硬愠怒地盯着我。我告诉她的所有事，她都告诉过她自己。

⁓

作为一场人间戏剧，这个故事并没有快乐的结局——至少如果我们希望我们的故事有一个明确的开始和结局的话。但在更大的层面上，我选择看到其中胜利的一面：它证明了生命如何寻求生命，爱如何渴求爱，以及我们内在的神圣火焰如何继续闪亮，即使它还无法熊熊燃烧成明火。

在这个拥有无限可能的婴儿身上会发生什么呢？考虑到她可怕的开局，她可能也会过上充满无尽伤痛的人生——但她并不需要被她的开局定义。这取决于我们的世界可以多好地滋养她。也许我们的世界将能够提供恰好足够的爱的庇荫，像鲍勃·迪伦的歌中唱的那样，足够"躲避风暴"，这样，这个婴儿就可以不像她的母亲那样把自己当成最糟的敌人了。

第 7 章

贝多芬出生的房间

————

　　我事先完全没想到，第一次见面，拉尔夫跟我之间就会发生一场历史性的辩论。拉尔夫是一个又瘦又高、下巴松弛的中年男人，他拄着拐杖，一瘸一拐地走进我的房间。他的大部分头发都剃过，看起来是在家随便剃的，头发一撮一撮的，并不对称，头上还有剃刀的疤痕，一头临时染成机油黑的莫西干头发型。他鼻子下希特勒式的小胡子并不是随意为之，这一点我们在会谈中很快就会知道。

　　这次会谈的目的是收集他的医疗记录和用药情况，并完成能帮拉尔夫获得当月食品补助的福利表单。他的左踝在一次意外中受了工伤，伤势进一步发展成了关节炎；而他的成瘾习惯破坏了正规的医学治疗。他确实有疼痛问题，因此尽管他有物质依赖，我还是给他开了吗啡。不论何时，兴奋剂都是拉尔夫的首选成瘾药物，尤其是可卡因。

我很快就发现拉尔夫是我见过的智力天赋最高的人之一。同时，他也非常悲伤，他的灵魂充满了对人际联结的无望憧憬和优雅失落。虽然他的思维发散且缺乏训练，时常被即时的混乱想法和情绪俘虏，但他确实又有一种犀利而自嘲的智慧。在他使用兴奋剂的时候，他会做出非常有攻击性，甚至可以说是暴力的行为。"我有分裂情感问题、强迫问题、过激的被害妄想式抑郁，还有双相倾向，加上反社会人格。另外我还会因药物致幻，尤其是脖子上的吻痕能致幻。"他以一种介绍式的口气宣布。"这些诊断我都拿到过，从不同的精神医生那里。"他继续解释，"我见过很多医生。"

至于食品补助，拉尔夫把所有角度都想到了。"我需要新鲜的肉、蔬菜、鱼、瓶装水和维生素。我有丙肝和糖尿病。"

一个人的医疗问题越多，能获得的财务支持就越多。那些每天在购买非法药物上花掉上百加元甚至更多的成瘾者，即使经常错过与健康有关的会面，也鲜少会错过交表。这样，他们才能获得每月 20、40 或 50 块的食品补助。我按要求完成了这些表格，但心情很复杂，因为我知道这些钱最后会花到哪儿去。我认为应该有一种更好的方法，来保证这些营养不良的人能正常吃饭。要想建立一个替代系统，我们需要慈爱、想象力和灵活性——而这些，正是我们的社会不打算提供给这些铁杆成瘾者的东西。

"我还需要低钠饮食。"拉尔夫说。

"为什么？"

"我不吃盐。我不喜欢盐，我总是买不含盐的黄油……什么是吞咽困难？"他瞟着跟食品补助有关的清单问。

"是从希腊文 phag，吃，来的，"我解释，"吞咽困难就是难以下咽。"

"哦，对，我吞咽有问题，我也必须吃无谷蛋白膳食……"

"我不能都写上。我没有任何医学证据证明你有糖尿病、吞咽困难，或者任何与盐或者谷蛋白有关的问题。"

拉尔夫突然暴怒起来，含混地怒吼，这使我很难听清他在说什么。我搞不清他一开始说了什么，但结尾是"有钱的美国游客嘲笑我们……美国犹太人……"

"美国什么？"

"美国犹太人。"

我对话题的转向感到诧异。

"他们怎么了？"

"他们嘲笑我们。他们真恶毒……把整个世界都吃了。"

"美国犹太人吗？……你现在正在跟加拿大犹太人说话。"

"我听说是匈牙利犹太人。"拉尔夫浑浊的眼中放出恶毒的光，阴沉的皱眉变成了假笑。

"加拿大和匈牙利犹太人。"我让步了。

"匈牙利犹太人。"拉尔夫坚持道，"工作带来自由（Arbeit macht frei）[⊖]……呵呵……你记得它是什么意思吗？"

"是的。你觉得那很好笑？"

"当然不是。"

"你知道我的祖父母在奥斯维辛集中营的那个标志下被杀害了吗？我的祖父是个医生……"

"他把德国人都饿死了。"拉尔夫说得好像这是毋庸置疑的事实。

我本该在这里结束对话，却被自己保持职业性沉着和治疗性接触的决心拉了进去。另外，我也很好奇这个人到底是怎么回事。

"我的祖父是斯洛伐克的内科医生，他怎么可能饿死德国人？"

拉尔夫虚假的平和和理性在一纳秒间就蒸发了。他松弛的两颊因愤怒而

⊖ "工作带来自由"是纳粹集中营门口的标志，包括奥斯维辛。

颤抖，提高了声音，说话的速度随着每一个词越来越快："犹太人有所有的金子，他们还拿走了所有的油画……他们拿走了所有的艺术品……他们是警察、法官、律师……他们把德国人都饿死了。那个犹太斯大林屠杀了九千万德国人……侵略了我们的国家……被他们搞瘫痪，饿到死。你和我都知道，我对你毫不同情……我一点也不为你伤心。"

作为一个犹太人和从种族屠杀中幸存的婴儿，我能够平静地接受这些狂言，这是因为我知道它们与我或我的祖父母，甚至和二战、纳粹、犹太人都无关。拉尔夫在展示他心中严重的不安。他叙述中受苦的德国人和贪婪的犹太人不过是他自己内心幽灵的投射。他称为历史的这一堆乱七八糟的东西，反映了他内在的混乱、困惑和恐惧。"我小时候在德国挨饿，而我在这个国家还在挨饿……我是 1961 年来的。"（拉尔夫来的时候是个少年。）"我恨加拿大人。"

现在是时候结束这个关于种族关系和历史的话题了。"好的。"我说，"我们看看吗啡对你效果如何。"

"我有多少？"

"够四五天的，然后我会需要再见你。"

"我恨死老得来医生办公室了。我恨医生办公室，简直就是浪费时间。"

"我也恨加油站。"我安抚他，"但我还是会去，否则我就没油了。"

拉尔夫安静下来了："Danke, mein Herr（德语：谢谢，我的先生）……别记恨我。"

"我没有。"我说。

最后，我们诚恳地跟对方道了再见，这就是我们的初次会面。之后我们又见了很多次面，其中有几次以拉尔夫敬纳粹礼结束。拒绝他的用药要求会激怒他，然后他就会大喊"嗨，希特勒!"或者"工作带来自由"，甚至更"亲切"的——"贱犹太人"。我对于投向我的德语纳粹口号并没有无尽的忍耐力。一般来说，当他开始叫嚣的时候，我就会起身打开门，示意会面结束了。拉尔夫通常会接受这种暗示，但确实有一次，我威胁他说，如果他不立刻从我的办公室滚蛋，我就打电话叫警察。

⌒

　　拉尔夫说的德文并不总是充满恨意的谩骂。他能以流利的德文慷慨陈词，还能以至少听起来不错的古典希腊语朗诵《伊利亚特》的文句。我们第二次碰面的时候，他爆出一大堆德文诗，而其中我唯一认识的词就只有"查拉图斯特拉"。"是尼采的。"他解释说，"当查拉图斯特拉 30 岁的时候，他离开了自己的家和湖，去了山里……"

　　尼采的文句和其他来自他祖国的经典文辞，从他的舌尖快速滚出。我几乎无法确知他个人的轶事有多少是真的，但他的文化知识令人印象深刻，尤其这些看起来还是他自学的。他声称自己在这个或者那个大学完成了学业，但在我听来都是假的。不过不论有没有学位，他确实读过很多东西。

　　"我爱陀思妥耶夫斯基。"他有一天跟我说。我决定试试他。

　　"他可能也是我最喜欢的作家。"我说，"你读过他的哪些作品？"

　　"哦。"拉尔夫漠不关心地飞快说了几个俄国作家的小说和短篇名，"《群魔》《罪与罚》《赌徒》——我特别喜欢这个，你知道，我是个成瘾者。《地下室手记》……我从没读完过《卡拉马佐夫兄弟》，太长了。"

　　还有一次他跟我说起他青年时回到德国的一次冒险。

　　"我把这个女孩带到了贝多芬的 Geburtszimmer。"

　　我回忆起自己儿时学的基础德语——geboren，出生；zimmer，房间。"贝多芬出生的房间？"

　　"我带了点葡萄酒、起司、蒜味腊肠和大麻。对，就是他出生的房间。我们闯进去了。我撬开了锁，把女孩带进去了，我弹了他的钢琴，在那儿度过了一段美好的时光。"

"哈……"我怀疑地挑着眉头说，"它在哪个城市？"

又一个测试。

"波恩。"

"对，贝多芬出生在波恩。"我小声说。

拉尔夫有点可卡因上头，突然意外地开始了他的表演。

"我写了首诗，你可能会喜欢，它叫《序曲》。"他以一种浑厚低沉的声音开始抑扬顿挫地背诵。他说得如此快，以至于从头到尾都听不到他的呼吸。这是一首五步格押韵双行诗，它谈到孤独、丧失与命运。

"你写的？"

"对。我写了 500 页诗了。它们就是我的生命，是我的整个生活。但我不知道它们现在在哪儿。我已经无家可归五年了。我把我的诗落在一个待了一周的青年旅舍了。他们跟我要 100 块钱才能让我拿回我的东西，但我没钱。也许它被拍卖了，也许保安拿到了，也许它已经进了垃圾箱。我不知道。我只记得几首。它们都没了。我失去了一切。"

拉尔夫极其少见地忧伤了一会儿。突然，他的脸庞亮了起来。"你应该记得这个。"他说。然后开始极快地背诵德文韵诗。我从没能流利地掌握德文，因此根本听不懂，但我很愿意猜一下。"这听起来像是歌德，而不是戈培尔[⊖]。"

"是的。"拉尔夫给出了胜利的肯定，"这是《浮士德》的最后八行。"然后，他又一字不差地用英文背诵了一遍：

> 一切无常世象，
>
> 无非是个比方；

⊖ 纳粹德国时期的国民教育与宣传部长。——译者注

　　　　人生欠缺遗憾，

　　　　由此得到补偿；

　　　　无可名状境界，

　　　　在此成为现实；

　　　　跟随永恒女性，

　　　　我等向上，向上。

他念这首诗的时候并没有往常的那种紧张仓促，声音反而柔软温和。

那天晚上回家后，我从书架上拿出了《浮士德》的第二部分，翻到最后一页。在我眼前，是歌德对精神觉醒的颂歌，是人类精神与女性原则、爱的美好结合。歌德就像但丁在《神曲》中一样，把神圣的爱表现为一种女性特质。我发现拉尔夫的歌德译本，不论是他自译的还是记住的，都比我手中的那个版本更动人。

当我在坐落于绿树成荫的温哥华高端社区的舒适家中，阅读伟大的德国诗人的篇章时，我禁不住想到，在同一时刻，挂着拐杖的拉尔夫正在夜间昏暗肮脏的黑斯廷斯街上，保持着警觉，并寻找着他的下一包可卡因。同时，在他心中，他跟我一样追求美好，也和我一样需要爱。

如果我对拉尔夫的理解正确，在所有事物中，他最渴求的是与"永恒女性"的博爱结合——美好的、拯救灵魂的、神圣的爱。在这里，"神圣"并不是指它来自超自然的神祇，而是指在我们之中，通过我们，却又超越我们的那种不朽的存在和精髓。

灵性被剥夺的后果之一就是成瘾，并且不仅限于药物成瘾。在以科学的成瘾治疗药物为主题的会议上，关于成瘾的灵性层面及相关治疗的演讲已经越来越普遍。治疗目标，或者说成瘾的形式和严重程度，受到很多因素影响——社会、政治和经济地位，个人和家庭历史，以及生理和基因上的倾向性……但所有成瘾的核心中，都有一个精神的空洞。在基隆拿的原住民女性塞丽娜身上，这个空洞来自她童年经历的难以忍受的虐待——这是一个我之后会谈到的主题。但现在，我们可以说，如果此时我还没有从歌德的诗篇中察觉到拉尔夫对神的秘密渴望，几个月后，拉尔夫也会用各种言语来告诉我这一点。在他的灵魂核心，他渴望那个被他的好战与脱缰的攻击性恶毒地践踏在脚下的女性特质，并希望与之联结。

不久后，可能就是紧接着的下一次会面里，我们就又回到了"工作带来自由""贱犹太人"和"嗨，希特勒"。"把你的吗啡塞到你屁股里去。"拉尔夫用他沙哑的声音大喊，"给我利他林，给我可卡因，给我利多卡因！"他也可能是在说："给我自由或给我死亡。"成瘾药物是他所知的唯一一种自由。

血液传播的细菌感染属于吸毒造成的常见问题，尤其考虑到很多市区东部的成瘾者卫生状况都很糟糕。去年拉尔夫住了院，静脉注射了两个月高剂量的抗生素，以治疗一次致命的败血症。

在他结束治疗时，我去了他在温哥华医院的住院病房。在那里，我发现了一个和常在我办公室出没的、充满愤怒和敌意的假纳粹完全不同的人。他躺着，靠在半抬起的病床上，白色的床单盖到他的腹部。他骨瘦如柴的胸口和上肢都光着，灰白相间的头发现在被修剪整齐，从他的太阳穴向上推过去。他挥着左手跟我打了个招呼。

我们开始讨论他的医疗状况和出院后的计划，我希望能帮助他在成瘾药物泛滥的区域之外找个房子。拉尔夫最开始表现得很犹豫，但最后同意离市区东部远点是个好主意。

"你来了我很高兴。"他跟我说，"丹尼尔也来了，我们聊得很开心。"那时，我的儿子丹尼尔作为精神卫生工作者受雇于波特兰酒店。作为一名音乐家和作曲者，他来医院探望了拉尔夫，他们两个人一起录了几乎一小时鲍勃·迪伦的歌。录音大多数由拉尔夫粗糙的半男中音和丹尼尔漫不经心的伴奏组成。作为歌手，拉尔夫对旋律把握不好，但他与迪伦的词曲能在情绪上共鸣。

"我对我跟你和丹尼尔说过的话很抱歉，我指那些工作带来自由的蠢话。"

"我很好奇，你说的那些对你来说究竟意味着什么？"

"只是一种至高无上的优越感。我根本就不相信我说的。没有任何种族是至高无上的。要么所有人都比上帝更至高无上，要不就没人如此……但无论如何，这根本没什么。那些只是在我头脑中出现的一些东西。在成长过程中我受到纳粹主义的影响，你其实也是，只不过你是在它的对立面成长起来的——这是很不幸的。我为我对你和你儿子说过的所有话道歉。我真想赶快从这里出去，这样丹尼尔和我就可以搞更多音乐了。"

"你知道，我最担心的是它们会把你孤立起来。我猜你过去学到的，是用过度的敌意来应对世界。"

"我猜事情确实如此。"当拉尔夫像现在这样情绪紧张的时候，他上臂肌肉上的皮肤就会绷成一团。"因为人们对我很糟……于是我就学会对他们也很糟。这确实是方式之一，但不是唯一的方式……"

"这还蛮常见的。"我说，"有些时候我自己也挺傲慢的。"

"很好，我过去只想要成瘾药物。我想要的不是吗啡……而是利多卡因，它能解决我的全部问题……有了它我就再无所求。它可以解决一切。"

接着，拉尔夫开始进行一套错综复杂地解释，说明如何把利多卡因（一种局部麻醉剂）、小苏打和蒸馏水混合成吸入剂，并放在刷锅用的钢丝刷上吸。他尤其详细地谈到吸入的技巧。据他所言，吸到最后，你必须慢慢把粉末从你的鼻子里呼出来。我着迷地听着他精彩的应用心理药理学演讲。

"所有黑斯廷斯街、彭德街和市区东部的人，都是把它从嘴里呼出来。太荒唐了，这样没有什么用。要想正确代谢，它必须经过你的嗅腺到达大脑。当它到达大脑时，就会代谢并冻结那些通向脑细胞的小毛细管……"

"你这么做的时候是什么感觉？"

"它会带走我的疼痛和焦虑，带走我的沮丧。它给了我人造小人（Homunculus）的精华……你知道，《浮士德》中的人造小人。"

在歌德的史诗剧中，人造小人是在实验室的烧瓶中孕育出的一团生命火焰。他是一个男性，并自愿与海洋（灵魂的神圣女性层面）合二为一。根据所有宗教和哲学神秘传统，如果不能放下自我去顺服，就不可能获得灵性的觉醒。"上帝之和平，超乎人意。"⊖只有这样的体验才能满足拉尔夫。

"人造小人代表了如果还有任何一丝机会，我原本能成为的形象。"他继续说，"但我却没能成为那样。所以现在我就用利多卡因解决问题，拿不到它的时候，我就用可卡因。"

拉尔夫希望自己能从一个玻璃管里吸入某种宁静的觉醒。他无法成为人造小人，他说，所以他就只能是个瘾君子。

"药效能持续多久？"我问。

"五分钟。消灭五分钟的痛苦不应该需要四十多块钱。而且为了这五分钟的吸入，我还得役使自己在黑斯廷斯的街道奔波，跟兄弟们说话，从他们那儿敲诈点钱出来。'看，兄弟，你必须得给我点现金，因为如果你不给，我就要用拐杖揍你了。'"

经过两个月的休息和住院，拉尔夫床单下的肚子已经膨胀了一点，并在他回忆自己扭曲怪异的抢劫经历时欢乐地颤动着。"他们会大笑，然后给我几个硬币。我有很多朋友，也乞讨过。但我得忙活许多个小时，才能消除五分钟的痛苦。"

⊖ 《圣经·腓立比书》4：7 节选。——译者注

"所以为了舒服五分钟，你要忙活很多小时。"

"是的，然后我就得再去，然后再去，再去。"

"你企图消除的痛苦是什么？"

"有些是身体的痛苦，有些是情绪的。肯定有身体的。如果我有可卡因，我现在就会下床，然后出去抽根烟。"

我理解拉尔夫从他使用的物质中会得到短暂的获益，我也这么告诉他。但他难道意识不到这对他生活的负面影响吗？就像现在，他已经在医院住了两个月，进来的时候差点就死了，更不用说他与法律系统的多次冲突，和其他各种各样的悲惨遭遇。

"你花了那么多时间和精力来追求那五分钟的体验，这真的值得吗？让我们面对现实，你现在跟我说话的方式，和你在市区嗑药时的表现完全不同。那时候你痛苦、难过、充满敌意，你也激发别人对你的敌意。那可能不是你的目的，但那是实际发生的情况。它造成了巨大的负面影响。为了五分钟，这些真的值吗？"

在没有嗑药且情绪良好的状态下，拉尔夫没有跟我争辩。"我明白你的意思，我百分百同意你。我过去处理事情很突兀……"

"我不会把它称为突兀。"我回复道，"我认为你是在按你过去所学的处理事情。我猜从你很小的时候起，世界对你就不好。过去在你身上发生了什么？什么使你这么戒备？"

"我不知道……我父亲。我父亲是个卑鄙又丑陋的人，我恨死他了。"拉尔夫狠狠地说，他的双腿在被单下剧烈地颤抖，"如果这个世界上我只厌恶一个人的话，那肯定是他，我的父亲。啊，但这已经无所谓了。他现在已经老了，而且他已经为他的罪行付出足够多的代价了。他已经为它们付出上千次代价了。"

"我想每个人都是如此。"

"我知道！"拉尔夫咆哮道，"我已经为我的罪行付出了代价。看看我，没有这根烂拐杖我甚至都走不了路。我想飞，但觉得自己被卡在地上了……到时候我会告诉你……"

我们展开了另一个话题。拉尔夫对人类的日常存在，以及我们社会对目标的执着，进行了直觉式的、精确漂亮的评议——这和他自己对药物的追求差不多。我在他的分析中看到了一种令人不适的真相，不论这个真相有多么不完整。

我们的告别很友好。"丹尼尔如果还能来就太好了。"拉尔夫跟我说，"我希望他能带个录像机来。丹尼尔可以弹几首歌的前奏，然后给我伴奏，我唱得更好，你知道。我们可以录更多迪伦的歌，或者西蒙与加丰科的《归途》。他们都是犹太人。这时候我的反犹就彻底消失了，因为很多伟大诗意的人都是犹太人：鲍勃·迪伦、保罗·西蒙、约翰·列侬——如果不是这些人，这个世界会糟得多。"

我极不情愿地告诉他，约翰·列侬并不是犹太人。

為拉尔夫找新家的计划并没能实现。我们在温哥华医院礼貌交流后不久，拉尔夫就回到了他在市区东部的生活。随着药物回到他的身体，他又变回了那个反复无常、充满怨恨的人，只有时不时会正常一下。他前不久才来过我的办公室，给我念了更多诗。

"你会喜欢这首的。"他说完就开始了他快速、机械式却模糊不清的念诵。

我发现自己喜欢拉尔夫诗篇中的那种肮脏的诚实。他在每个对仗中认真安排的内在韵律再次展现了他的世界中那种密不透风、令人窒息的逻辑：一切都是紧密相连的——对伴侣无谓的追寻、性方面的沮丧、疏离、逃入药物的世界、哀伤、陈腐与愤世嫉俗。

"你还写吗？"我问。

"不。"他在面前晃了晃收回去的手，"我已经好久不写了。很多年了。我已经把所有我想写的都写了。我曾有的所有想法、所有情绪，都已经写进诗里了。"

我瞥了一眼手表，意识到办公室外还有一群病人。"等等。"拉尔夫快速地说，"我还想给你念一首诗，它叫……"他在头脑中搜索着标题，用手挠着他新剃光的头顶。他的指甲上涂着暗蓝紫色的指甲油，在他脏兮兮的 T 恤边沿，他的上臂肌肉正紧张扭曲着。

"哦，对了，它叫《冬至》。"然后，拉尔夫再次以他独特、快速而嘶哑的声音背诵起来。他的眼睛紧紧盯着我，似乎要求我认真倾听。这首诗以一只鹰跌落地面结束，它在飞行中死去了。我记得拉尔夫曾在医院里说过："我想飞，但觉得自己被卡在地上了。"

两天后他回来了，还带着我根本提供不了的，不现实的药物、食品和住房要求。然后拉尔夫就爆炸了，并且毫不收敛地用他日耳曼式的恶意叫嚣起来："你会看到我留给你的画的！"他跺着脚愤怒地走出了办公室，等待区里的成瘾者都迷惑而不满地摇头看着他。"有时候你在这儿的工作也挺不容易的吧。"我的下一个病人说着，已经走进了门。

In the Realm of
Hungry Ghosts

第 8 章

总会有一些光亮

———

当描写饿鬼的世界中废弃的角落、药物泛滥的聚居区时，我很难传达出我们见证的那些闪光点，能够在这里工作令我感到荣幸——因为这里有勇气、人与人的联结，以及人们为了存在和尊严不屈不挠的挣扎。这个药物集中营中的苦难是惊人的，但其中的人性也是如此。

奥斯维辛的记录者普里莫·莱维充满洞察力与慈悲心，他把人在人为酷刑的折磨之中仍然坚持自身，即使被压制也仍然闪耀的意外时刻，称为"缓刑时刻"（moments of reprieve）。市区东部遍布这样的缓刑时刻，不论有怎样肮脏的过去和残酷的现在，人们仍然真实地展现自己，坚决要求被看到。

～

乔希已经在波特兰酒店住了大概两年了，他有一双蓝眼睛、金色的胡子和一头长发，脸型匀称，是一名身形健壮笔直的年轻人。由于他不稳定的精神状态和对成瘾药物的使用，他与生俱来的甜美魅力常常被人忽视。他的直觉像精确的雷达般聚焦在他人的弱点上，而他的才智给了他刀子一样的嘴。在一个周五早上，当我准备切开他腿上的一个巨大的脓疮放脓的时候，乔希说了好多诋毁我的话。那不是个好日子——我既易怒又虚弱。我脱了缰地攻击他，说我当时"失控了"绝对是轻的。

　　那天下午，我惭愧地拖着沉重的步伐来到楼上乔希的房间，跟他和解。他仍以他往常的方式，眼睛一眨不眨地听着我的道歉，但眼神中流露着善意。这个平常充满敌意、令人畏惧，因为吸毒造成的严重被害妄想而认为全世界都要害他的男人现在却说："谢谢，但应该道歉的人是我。我明白你的体验。你上周来医院看过我，那时你既平静又关注我，明显是个好医生。这次肯定是我对你太糟了，这里有很多负面能量，有些是我造成的——我觉得你吸收了这些能量，我很想知道你是如何承受着它们继续工作的。你也是人，有些时候也需要妥协。"

　　"这里的人都很有洞察力，"发型突出、充满活力的波特兰护士金姆·马克尔说，"但当他们对我们表达善意的时候，我仍然会很惊讶。你以为他们完全陷在头脑和药物中，根本注意不到别的。就像当我经过几个月糟糕的个人生活后，我记得拉里走过来，跟我说'你有什么地方不太对，我能看出来'。（拉里是一个麻醉品和可卡因的成瘾者，他还有因嗑药而未能成功治疗的淋巴瘤。现在他已经治不好了。）'你知道吗，拉里？'我说，'你是对的。我出问题了，而我正在着手解决。'而他则说，'好吧……你想不想一起出去喝一杯？'我说不用，但我很感动。尽管他们有很多问题，但他们仍足够关注周围，并能注意到我们正遇到困难。"

　　金姆工作高效、脚踏实地，又充满幽默感，并且对新鲜事物非常开放。她也很友善。她看到了我和乔希之间的互动，并在乔希离开检查室后温和地帮我揉了揉肩膀。

　　乔希在搬进波特兰之前已经无家可归了三年。他的被害妄想、暴力倾向、药物成瘾是如此失控，以至于他没法在任何地方定居。如果没有波特兰酒店协会和其他组织管理的减害机构，很多市区东部的成瘾者和精神病患就会成为街头的流浪者，最好的情况也不过是一年换五六个地址，被从一个脏乱的地方转到另一个地方。这个社区里有数以百计的无家可归者。2010 年冬季奥运会临近时，市政府预计这个数字还会上升——一些政策制定者好像更多把这一预期当作一个潜在的耻辱，而不是一次人道主义危机。

　　"乔希第一次来的时候，我都进不了他的房间。"金姆回忆说，"现在我每次经过，他都会想要给我展示他居住的那个疯狂的空间，并显示他在如何清理它。你知道，上周他带我去吃了次比萨。他坚持给我买比萨。我跟他说，'不，不，让我来请你吃午餐。我钱多些。'但他很固执，他一定要请我。那是我吃过最难吃的比萨。"金姆大笑起来，"但我全都吃了，而且还说'嗯，谢谢，哥们儿'。他还是不吃药，而且永远也稳定不下来，但他比以前要好接触多了。"

　　在波特兰，缓刑时刻并不在我们企图实现引人注目的成就时发生，比如帮人摆脱成瘾或治疗疾病时，而是在来访者们允许我们触碰他们的时候发生，在他们在为了保护自己而搭建起来的坚硬、多刺的外壳上打开一个微小开口的时候发生。要想让这件事发生，他们必须首先觉察到我们接纳真实的他们的承诺。这是减害的精髓，同时也是任何疗愈和养育关系的精髓。在伟大的美国心理学家卡尔·罗杰斯的《个人形成论》一书中，他描述了一种温暖、关怀的态度，他称之为"无条件的积极关注"，因为"它不附加任何价值条件"。这是一种关心，罗杰斯写道："（它）不含占有欲，（它）不求个人满足。它是一种气氛，只说明我关心你，而不是如果你这样或那样做，我才会关心你。"[1]

对彼此的无条件接纳是我们人类面对的最大挑战。我们中几乎很少有人曾经持续地体验过它，而成瘾者则从没有过这样的体验，尤其是当他们对待自己的时候。"对我来说管用的是，"金姆·马克尔说，"如果我工作时不去寻求某种光辉、巨人的成功，而是欣赏小小的成功，比如平常不来会面的人今天来了……这实际上就很棒了。在华盛顿酒店，有个胫骨上有慢性溃疡的来访者，在我为了看他一眼而骚扰了他六个月之后，这周他终于允许我检查他的腿了。这太好了，我想。我尝试不去评估事情的好坏，而只从来访者的角度去看待事情。'好的，你去戒毒中心待了两天……那对你不是件好事吗？'而不是'你为什么没在那儿待久点？'我试图放下自己的价值体系，从他们的角度去评估事物的价值。即使在人们处于最糟状态的时候，即使当他们感觉被生活打倒的时候，你跟他们也仍能有那样的时刻。所以我试着把每一天看作一个小小的成功。"

和我的其他许多女性同事一样，金姆在西莉亚怀孕的时候感觉非常糟糕。"这种情况实在太可怕了。"波特兰的健康协调员苏珊·克雷吉（Susan Craigie）回忆说。"西莉亚生孩子的前一天在街上被殴打了。她站在街边，两眼乌青，鼻子还流着血，尖叫着'波特兰不给我钱打车去医院'。我提出开车带她去，她非要我先给她 10 加元才站起来。我当然拒绝了，但我感觉很心碎。"

在一个 11 月下雨的上午，我们三个人——苏珊、金姆和我，在我的办公室里聊天。那天是"福利周三"——当月的倒数第二个周三，也就是发放收入补贴的日子。办公室里会保持安静，直到周四或周五那些钱被花光的时候，一大群酗酒和出现药物戒断反应的病人就会降临，互相抱怨、提需求，或者打架。"西莉亚和她的孩子……"金姆噘着嘴悲伤地说，"我经历过的最甜美的时光之一，是某天听到她的歌声。我在她住的那层干活，而她正在淋浴。然后她就开始唱歌了。那是一首很烂的乡村歌曲，我从没听过那首歌，但不由得停下来倾听。西莉亚的声音是那么纯洁，一个纯洁温柔的声音。她正在吊高音。一瞬间，我是如此清晰地意识到，那个声调和它背后的纯洁无辜，那是真的西莉亚。她一直唱了 15 到 20 分钟。这次经历提醒我，我们工作的对象有很多不同的层面。在每天的日常工作中，我们很容易忘记这一点。

"它也给我一种快乐却染着点悲伤的感觉。她的人生本可以如此不同，我想。我试着不在每天的工作中想这种事……我试着去面对人们当时的状况，并以这种方式支持他们。不去评判他们，或考虑他们可能可以有的另一种现实，因为我们每个人都可以有别的现实。我不太关注自己的'如果……会怎样'，所以我也尝试不去在别人身上关注这方面。只是……有一个瞬间，我脑子里出现了两个意象：我看过的西莉亚最糟的样子，和西莉亚对着孩子唱歌，在某个农场和她的家人生活在一起的样子……然后我把两个意象都抛在脑后，只是去倾听那缓缓飘向我的优美歌声。"

致启者：

你并不知道我，虽然信封上的名字可能会提醒你。我是结束你儿子生命的那个人……在 1994 年 5 月 14 日。

雷米的声音因兴奋而发抖，也可能是因为焦虑。他又瘦又矮，顶着一头未老先衰的灰发，面色苍白、满脸胡茬。他站在面对黑斯廷斯街的窗前，在窗外传来的喧嚣车流声中，对着一大张揉得皱巴巴的、满是污迹的纸读着。"哥们儿，"他说，"你不知道把这个写下来，然后还能读给你听，对我来说意味着什么。顺便提个醒，我不知道我最终会不会把它寄出去。"

雷米需要哌甲酯（methylphenidate）才能保持头脑清醒。他有严重的 ADHD。由于之前从没确诊过，当我告诉他该病会造成终生的生理性不安、精神失调和冲动控制匮乏的模式时，他惊呆了。"这整个就是我。"他不停地重复，用手掌不停地拍他的前额，"你怎么这么了解我？我从芝麻粒大小的时候就这个样子了。"

雷米说话时总是车轱辘话来回说。他会陷入对任何话题的长篇演讲，但不记得自己说过什么，或者本打算接着说什么。他的思维弥散，经常会卡在某个想法的细枝末节里，然后彻底迷失在念头的丛林中。他也不知道如何停止语流。有些权威人士认为 ADHD 是一种遗传性的神经生理功能不良，但在我看来，焦虑才是更深的源头。雷米漫游式的表达方式其实是为了逃避他自己的痛苦感受。

雷米现在已经 35 岁了，他从青少年时期就已经成瘾。他用的第一种成瘾药品是可卡因。他在监狱染上的海洛因瘾已经被美沙酮成功控制住了，但他出狱后几乎没断过可卡因。在我把他诊断为 ADHD 之后，他同意远离可卡因，至少暂时远离，这样我们就可以让他试用哌甲酯，也就是利他林（商品名）。

他第一次吃这种药就震惊了。"我很平静。"他报告说，"我的思绪不会像机枪一样乱射了，我可以思考了，而不再头昏脑涨——它没有再以 100 公里的时速同时向着 20 个不同的方向瞎开。我居然想，'等等，我应该一次做一件事。让我们慢一点。'"

几天后，雷米完全摆脱了可卡因造成的焦虑，而他过度活跃的大脑也被哌甲酯稳定住了。他带着反思能力回到了我的办公室。"我得跟你聊点事情。"

我等着他说，但雷米半天都没有说话。然后，他说："我曾经用刀捅过一个人。我连着吸了 4 天可卡因，而且疯狂酗酒，完全一片混乱。我那会儿处于最糟糕的状态，我当时就是个噩梦。

"我在监狱里待了 10 年。10 年，都是因为成瘾药物。我每天都在想这件事。每一天，哥们儿，每一天……我不会跟别人说，我把它扔在一边，就好像它没什么大不了。但它其实意义重大……我杀了一个根本不该死的人。因为我当时吸可卡因吸高了，还在嗑药片，还酗酒……"

没有任何医学训练能帮你准备好倾听这样的自白。雷米正在我的办公室里寻求赦免，他就像在告解室中忏悔一般，而我就是那个身着法衣的神父。

"我们的人生中都有一些想要重来的瞬间。"我说，"但对你来说，这应该是个很重大的瞬间。"

"你知道，我记得我妈跟我说过一件事。如果我能开始倾听自己的内心，她说，我就能改邪归正。而我正开始倾听。我做过的那件事，那件可怕的事，是我唯一拥有的。它是现实，我的现实。而我现在开始接受它了。"

"你能原谅自己吗？"

"是的，我可以。我不知道怎么做到的，但我可以原谅自己。可是他的家人永远不会原谅我。他们想杀了我。但我自己，是的，我不会因它沮丧。我需要在人生中前进。我的意思是，它永远会在那儿，但我得前进，保持积极，专注在生活上。我必须这样！我不知道这是对是错，但我不能沉溺在过去，被它拖住。否则，我就玩完了。"

"你跟那个家庭沟通过吗？"

"没有。他们对白人特别有偏见。我杀的是一个原住民，而他们特别、特别有偏见……"

我压住了自己的欲望，没有指出那个家庭面对这种情况会有哀伤、愤怒甚至是复仇感，并不必然意味着种族偏见。

"宽恕在原住民社群里是个很重要的概念。"

"对，但对于这家人而言不是这样。我知道……这是我离开萨斯喀彻温省的原因。他们在找我。"

"让我给你个建议。"

"你的意思是，给自己写封信，或者给他们？我完全知道你要说什么！"

"那确实是我想说的。你看，你在倾听你的内心。"

"这听来很合理，不是吗？"雷米热忱地说，"我可以试试，先看看这么做会给我什么感觉。我会把信带给你，你可以读读。我们可以聊聊它……我会吃药的。我喜欢在早上先写点什么。我想过这事。你刚一撂，我就知道你要说什么了。这可能可以帮我厘清思路。你知道，这事发生在 11 年以前。"我常看到雷米亢奋的样子，但从没看到他像今天这样充满目标感。

当周晚些时候，雷米回到我的办公室，紧张但又得意地读了他的作品。他的眼睛像小兔子一样，视线在他双手紧抓的纸片和我的脸间来回跳跃，持续评估着我的反应。他说话的时候会来回晃，重心在两脚间换来换去。

　　致启者：

　　你并不知道我，虽然信封上的名字可能会提醒你。我是结束你儿子生命的那个人……在 1994 年 5 月 14 日。

　　我给你写这封信是为了让你知道，在那个悲惨的夜晚之后，我没有一天不在想我做过什么。

　　我不期待来自你的家族的原谅，但我觉得必须给你写这封信，让你知道我对于它的发生和对于我自己的错误是多么抱歉。

　　这件事在过去的 11 年里一直在折磨我，我永远不会忘记自己以怎样可怕的漠然和不敬，在你儿子年仅 19 岁的时候结束了他的生命。

　　我希望你们对我的恨意不像 1994 年时那么强！但如果是这样，我也理解，并且不会因此对你或你的家族不满。

　　我真诚、全心地为我所做的事情感到抱歉。我不再像明天不存在一样喝酒和嗑药了。我也不用海洛因了，并且放弃了可卡因，它们是所有恶行的源头。

　　基本上我只是想写信告诉你们，我对于自己对你和你家人做过的事情有多抱歉，我也希望有一天你们可以获得安宁。

　　雷米从没寄出这封信。他把它交给我保存。我希望我可以说他已经摆脱了可卡因的纠缠，但他并没做到，我不得不因此暂停他的哌甲酯处方。不久之后，他的决心就由于一段与一名比他更依赖可卡因且精神不稳定的女性的短暂关系而垮掉了。

　　雷米心中有不会熄灭的乐观和充满生命力的幽默感，可能性始终在他心中闪着微光，我相信那是一个不会熄灭的闪光。他的自白信虽然没有寄出，但仍减轻了他的负担。他感到深深的懊悔，也明显获得了安慰。虽然没能摆脱可卡因，但他说他已经比以前用得少很多了。我相信他。也许再一次会面，再一次与我或别人的接触，就可以帮助他再向前行。[⊖]

～

　　"我妈妈管我叫加拿大最出名的毒贩。"迪安·威尔逊（Dean Wilson）讽刺地说，"我很可能是的。"迪安在与药物成瘾相关的政治活动和国际会议上非常出名。他是温哥华成瘾药物使用者网络（VANDU）的创始人之一。

　　迪安是一个精瘦的男人，他能量过剩，以至于不论站着还是坐着都一直在动。他说话很快，在话题间跳跃，只有为自己的妙语连珠发笑时才会停下来。他 55 岁，但就像多数注意障碍（ADD）患者一样，他看起来比实际年龄年轻。他知道我也有 ADD，并在我给他讲我的理论——也就是 ADD 看起来比实际

　　⊖　在我 2007 年 10 月为本手稿做最后修订时，我很高兴地写下，雷米已经两个月没有吸食可卡因了，并且在哌甲酯的帮助下保持着良好的状态。

年轻，是因为我们不注意的时候年龄就不会长时，笑得前仰后合。迪安在制片人内蒂·怀德的获奖纪录片《毒：一个成瘾城市的故事》（ *Fix: The Story of an Addicted City* ）国际公映后声名远播。在第一个镜头里，迪安穿着正装，轻快地走在黑斯廷斯街上，大谈他曾经如何在 IBM 获得全加拿大最佳个人电脑销售奖。下一个镜头，他就上身赤裸地展示了他布满文身的躯干和双臂，并且给自己注射了高纯度的海洛因。"这个片子拍完之前，我会戒掉的。"他在镜头前承诺。

但他从来没戒掉过。迪安曾间歇性地使用海洛因，并更加持续地使用可卡因。他还在吃美沙酮。他偶尔企图骗我——有时他可能成功过，但现在他会直接承认自己在用成瘾物质。"我花了点时间才能信任你。"他说，"但我喜欢在自己搞砸的时候，可以告诉你我搞砸了。"（虽然据我所知，这可能也是句假话。）最近几个月他已经不再注射药物，并感觉比较乐观和积极。"记得继续收看激动人心的下一集。"他拿自己与药物的持续斗争开玩笑。

迪安在日出酒店的单人公寓跟他过去在南温哥华拥有的高档住宅相去甚远，那时候他是一名单亲父亲，抚养着三个孩子，一年能挣好几十万加币。"我以前是做电脑生意的。"他说，"我卖微机，那时一台要四万加币。我会每天早晚用海洛因，持续了 12 年。每隔一个周末，孩子们会去见他们的母亲。他们一上公车，我就把布帘拉上，锁上门，直接嗑药到周日他们回来。然后我就又若无其事地穿上工装，周末跟孩子们玩棒球和足球，过得我快死了，直到我可以再次关上门吸爽为止。保持形象变得越来越难。我对每个人撒谎，包括我自己。当我垮掉的时候，我就真的垮掉了。我妻子（过去也是个重度成瘾者）终于改好了，孩子们就离开我跟她去住了。我立刻就回去吸可卡因了。我已经 13 年没用可卡因了……我六个月就花了 18 万加元，在我意识到之前，我就已经住到这边的钻蓝酒店来了。"⊖

⊖ 钻蓝是市区东部的另一栋住宅，但不在波特兰系统里。

　　尽管他在富有的收养家庭度过了衔着银勺子的早年生活，并有过成功的商业事业，迪安却因与成瘾药物有关的犯罪在监狱里待了六年。"你做过的最糟的事情是什么？"我问。迪安畏缩着告诉了我一个残酷和肮脏到至今仍令他反胃的监狱事件，我们没有必要在这里重复它。"你是第二个我告知这件事的人。"他说。他的长期伴侣安是第一个。"我在监狱里见过也做过一些很可怕的事情。我永远没法把它们说出来。安最后跟我说，我可以写出来。我写了 15 页，根本停不下来。三个月后，她让我念给她听。我念出来了——我最终说出来了。我转向她，看着她说：'你做到了！你让我说出来了。'这样容易多了。然后我就把那些纸全烧了。

　　"当我把那些渣滓倒出来的时候，我意识到我必须为自己的生活重新带来光明；否则，我看过和做过的所有恐怖事情就毫无意义。必须有点光。我相信有一种真相——找不到更好的词来形容，我就说是'灵性'真相吧。那不是上帝，也不是这个或者那个，但事实就是，世界是美好的，它总体来说是美好的，而我希望自己也能拥有这种美好……

　　"这是我成为活动家的原因。VANDU 背后的整个理念，就是去信任不被信任的，去帮助没有被帮助的。于是我们变得很政治化。我们与政府接触，改变城市的政策。我带着参议员走到人群中，让他们看到那不仅仅是成瘾药物，那是一个社群。因此现在很多政治领袖都支持减害，这就是我们做的。"不论迪安的组织是否是这个很小却很重要的政治风向变化的主要原因，这终归是值得自豪的倡议。

　　"上届市长菲利浦·欧文有一次曾说，可以把所有成瘾者送到奇利瓦克的军事基地去。两年后，他也在为监管注射中心倡议。我们抬着一个棺材走进市政厅，来象征所有过量用药造成的死亡。有个委员说'把他们轰出去'，我说'我只需要五分钟'。欧文市长给了我们五分钟，我必须传达给他，而他听到了。现在他作为减害方面的领导人物为全球瞩目，而作为一个城市，温哥华也因此出了名。但我们是谁？不过是一帮吸毒的。

"社群里的那些闪光点没有受到足够的重视。"迪安继续说。在他住的酒店里有三四个老人，如果迪安24小时内看不到他们，就会去屋里检查。也有其他人会为他做同样的事。很多性工作者也在一个伙伴系统之中：如果某个人在一天结束的时候不出现，她的伙伴就会出动去找她。"在我住在西区的时候，我会走进电梯，根本不看别人，就只是盯着地板或者天花板，或者看着数字一层一层地变化。我不认识我的邻居。但在我的酒店里，我认识每个人，而且在这儿都是这样。"

迪安的身体如此亢奋，以至于他即使坐着不动，看着也像在跑步。他继续说："这边流行愤世嫉俗，但同时我们大多数人也希望可以照顾彼此。我们感觉到没有任何别人会来照顾我们——对大多数这边的人，根本没人照顾过他们。所以我们就必须得照顾彼此。就是最基本的照顾，比如问候'你怎么样，过得还好吗'，然后你就让那个人自己待着了。我们设法平衡互相敲诈和互相照顾。这里有很多温暖，很多支持。"

迪安知道孤立是成瘾的本质。一开始，心理孤立诱惑人们成瘾，然后成瘾使他们持续孤立，因为成瘾为所有跟成瘾药物有关的动机和行动都设置了更高的回报，即使与人接触也比不过它。"敲诈确实发生，但成为社群的一部分还是很重要。即使在全国最穷的社区里，这个社群也是最后的团体。'如果你没法加入这个团体，'我说，'你就没法加入任何团体了。'"

在市区东部有很多志愿者、投入的照顾者和支持团体。创新项目总是以极度缺乏财务支持的方式开始，近期刚开始使用麻醉品或者其他成瘾药品的人会去参加。第3章提到的朱迪已经完全放弃了可卡因。她和其他几个成员自愿夜间巡逻，成为性工作者的守护天使。"我会注意着她们。我们跟她们聊天，就是打个招呼或者开个玩笑。我们会问她们是否需要帮助，发避孕套给她们，让她们感觉到，如果她们遇到麻烦，有人可以找。"自从朱迪开始为有需要的他人真诚服务后，她对自己的看法有了惊人的转变，自尊也提高了很多。一年前她还在为近乎致残的脊椎感染注射抗生素，并且不得不戴着钻进头骨的金属支架；而在最近的一张照片中，她却散发着一年前难以想象的自信与使命之光。

"我感染过很多次，但那次非常严重。"朱迪在她的治疗完成不久后告诉我，"整天戴着那个钢圈，行动受限，并感觉到我头里的钢钉——这让我认识到事情有多严重。对……每次我一想要吸毒，就提醒自己五个月前经历了什么，而我绝不想再来一次了。"

"我吸毒的时候，想法很狭隘，"她现在回忆，"我没有注意到生活仍在我周围继续。我只知道自己的小世界。我想要的和整天考虑的，就只是我什么时候能吸到一口之类的。现在我每天其实会散几次步，我会出门，看到所有人，所有旅游者。然后我会说'你好……你怎么样……'，我不知道自己为什么要这么干……这很奇怪……这样感觉很好，我喜欢这样，但这也很怪异。这种行为会停下来吗，会很快改变吗？我不是悲观，只是这实在太不寻常了，对我来说太陌生了。"

第二部分

医生，医治你自己

所有成瘾的本质，

都是一种借助外部方式控制自身生命体验的努力……

不幸的是，

所有提升我们生命体验的外部方法都是双刃剑：

它们总是既好又坏。

没有哪一种外部方式不会在改善我们状况的同时，

使状况恶化。

——托马斯·霍拉医生

(Thomas Hora, M.D.)

《超越梦想：觉醒现实》

(*Beyond the Dream: Awakening to Reality*)

第 9 章

将心比心

我们很难放开几乎就要成功的事情。

——文森特·费利蒂医生（Vincent Felitti, M.D.）

那天我不在波特兰当班，但工作可不会放过我。我们的健康协调员苏珊给我打了电话，听起来极度愤怒："格兰特先生回到酒店了，我们该怎么办？"我憋住没有爆粗口。我今天可没有耐心治疗成瘾。我应该待在家，写关于它的书。

"格兰特先生"名叫盖里，是一个挺着啤酒肚、长着灰胡子的男人，他携带 HIV 并有糖尿病——两者都会提高各种病菌感染的风险，但都无法震慑到他。他还是往任何他能扎到的脚部血管里注射可卡因。他的上臂血管上已经有太多疤痕，溃烂到无法用来注射化学药品。他的右脚趾上有一大片溃烂，死掉的肌肉里渗着黑脓。我们已经劝盖里住院两周了，因为当时静脉注射抗生素还有可能拯救他的脚趾。"好吧，明天。"他说。但明天永远不会来。

四天前，周五晚上晚些时候，我到他在八层的房间找他。处理他的伤口的护理护士绝望地打来电话："你能不能让他去精神科病房？"我讨厌对没有精神病症状的人使用这一最终武器——他们只是成瘾，但我还是答应过去看看我能做什么。我已经准备好拿出非自愿收治的粉色表格了，但只是作为最后的手段。

盖里正好进来跟我谈交易。就像许多市区东部的人，他以他的老朋友史黛维曾笑称的"自动自发的市场营销"来维持他的习惯——他只挣够他吸毒的钱。只不过两周前，史黛维因肝癌去世了。盖里跟她一直很亲近，用史黛维的话说，他们是一种"提倡自由贸易的伙伴"。盖里因史黛维的死而极度痛苦，自从她死后，他一直在大剂量使用可卡因。

"每个人都在担心你，盖里。"我说，"这是我在这里的原因。"

"嗯，我也很担心自己。"

就在此时，凯尼恩出现在门口，挂着他的拐杖。"有冰毒吗，盖里？"他热切地问，咬字含混不清，显得不在状况。"滚一边去，你个白痴。你没看到医生在这儿吗？""好吧。"凯尼恩温和地回复，就好像在跟一个闹脾气的小孩开玩笑，"我会回来的。"他一瘸一拐地走了，木制拐杖敲击水泥地面的声音回响在走廊里。

"你会失去你的脚的。"我继续说，"坏疽正在扩散。"

"我能看出来。如果你想让我去医院，我会去的。"

"很高兴你信任我，赞同我的看法。我只希望我能同样相信你有能力达成你的意愿，不论你说得有多么可信。"我说得很小心，"你上周承诺了同样的事情，而与那时比，你的溃烂已经大了一倍。今晚你会去吗？"

"啊，我不能周五晚上去，那样我就得在急诊室待到早上了。明天吧。"

"盖里，我很不想说这种话，但如果明天上午 11 点你还没有去急诊室，我就得宣布你精神失能，并把你送到医院了，因为你正在危及自己的健康。你想听实话吗？我一点都不觉得你疯了，但是你的行为就好像你疯了一样。所以我只能这么做。"

几个月前，当德文拒绝治疗他身上可能造成四肢瘫痪的脊椎脓肿时，我跟他说了一模一样的话。我极少这样威胁别人，因为我觉得这在职业道德上说不通，更主要的是在临床上也没什么用。不过我确实胁迫德文住院了，他后来也一直因此感谢我。

第二天早晨，盖里确实去医院了，但只拿了一种无效的抗生素就出来了。酒店的工作人员没有及时给我打电话，而我当时也没有机会跟急诊室的医生沟通。我们本该周日安排盖里住院，并让他见到合适的专家。但现在是周二，他还从 HIV 病房潜逃，跑回了波特兰。现在抗生素已经救不了他了，他被安排周三去进行脚趾截肢。

虽然当天上午我本该在写作，但苏珊相信盖里的情况太复杂，而代替我的医生无法解决。我同意顺道过去，并且如果需要，再玩一次粉色表格的把戏。我听得出，苏珊的声音放松了下来。在去市区的路上，我为自己脑中成瘾的声音而惊奇。"去西科拉唱片行？就一分钟？"不，我跟自己说，不论我多想去，都绝不应该这么做。当我到达波特兰的时候，才发现盖里在被威胁失去他的房间后，刚刚仁慈地回医院去了。好了，我对自己说，我已经受够了抓着别人的后脖领子让他们去治病了。我于是驱车离开了市区东部——那个药物成瘾者和贩毒者整日喧嚣、折磨、欺骗、操纵以满足他们的药瘾的悲惨星球。

〜

我行驶在去圣保罗医院的路上。除了在波特兰的工作以外，我也为精神科住院病人提供医疗服务。我遵循日常的路线：离开波特兰停车场，出巷子左拐去阿尔伯特街，然后向右去彭德街。开过阿尔伯特街两个街区后，随着西科拉唱片行的不断靠近，我的冲动加剧了。毫无疑问，西科拉是全世界最好的古典音乐唱片商店。

与我钟爱的歌剧男高音罗兰多·维拉宗的 CD 有关的念头不断侵扰着我的身心。我昨天去店里还最近的欠款时听了一些选段，但抵抗住了购买的欲望。今天，它又诱惑我回去买它了。我必须拥有它，我必须现在就拥有它。这个欲望一旦形成，很快就变成了我脑中的具体目标，沉重地拉扯着我。它产生了一种难以抗拒的力场，只有服从它才能让我的紧张感消失。

一小时后，我带着维拉宗的 CD 和另外几张 CD 离开了西科拉。你好，我的名字是加博尔，我是一个古典音乐唱片的强迫性购物患者。

往下讲前，我还要再说一句：我不会把我在音乐方面的冲动消费和我在波特兰的病人们的致命习惯画等号。它们差远了。我的成瘾（虽然我可以这么叫它）和他们的相比，可是戴着一双高雅的白手套的。我在生活中也比他们有更多机会做出自由的选择，并且我仍保有这些机会。然而，尽管我的行为和我的来访者们自我毁灭的生活模式差异明显，但它们之间的相似性也是充满启发性和令人惭愧的。我已经开始不再把成瘾当成一种独立坚实的存在，一种"你要么有，要么就没有"的事物，而是当成一个广泛而微妙的连续谱系。它的中心是所有成瘾者都具有的典型特质，从社会顶层受人尊重的工作狂，到游荡在洛杉矶贫民窟里因贫困而犯罪的毒棍，我可以在这个连续谱系上的某处定位自己。

在过去的两个月里，我每周都会去几次西科拉唱片行，更不用提我对第四大道上的魔笛音乐行的几次短暂突袭，以及在最近的一次旅行中突然拜访了几次的山姆唱片店和 HMV 多伦多店，还有纽约高塔唱片的关店大甩卖。现在刚二月中旬，从新年开始，我已经在古典音乐 CD 上疯狂地花了两千多加元。在圣诞节前挥霍了一千加元之后，我以最大的悔恨对我的妻子蕾伊承诺停止这种疯狂购物，但现在我完全食言了。我一天到晚都在琢磨应该买什么音乐，并且在古典音乐网站的评论上花了无数时间——这些时间本可以用来为家庭付出，或者写这本书，毕竟交稿时间马上就要到了。但只要有评论家说点"一个有自尊的交响（或声乐、钢琴）音乐爱好者不应该没有这套 CD"之类的话，我就彻底投降了。

突然，我就无法想象没有了德沃夏克的交响诗篇、特定版本的巴赫 B 小调弥撒，或者古乐版的海顿巴黎交响曲，我的生活会怎么样了。没有拉赫玛尼诺夫的序曲、《费加罗的婚礼》《马西风格的马赫曲》、肖斯塔科维奇的室内乐精选，我简直一刻都过不下去；另外还需要另一个 14 张 CD 版本的瓦格纳的《尼伯龙根的指环》（已经是我买的第五版），和新出的巴赫小提琴或者大提琴独奏选段。今天我必须有罗卡泰利的《小提琴的艺术》，劳塔瓦拉的《空间花园》，迪亚贝利的变奏曲，皮埃尔·汉泰（Pierre Hantaï）最新的大键琴版本《哥德堡变奏曲》，施尼特凯、亨策或莫扎特的小提琴协奏曲全集（已经是我买的第三版）……我读书、写作、吃饭、甚至睡觉时都在听音乐。如果耳机里没有一首奏鸣曲、交响曲或者咏叹调，我都没法遛狗。我每天早上在与古典音乐唱片有关的想法、感觉和内心对话中醒来，然后再与它们一同入眠。

贝多芬写了 32 首钢琴奏鸣曲，我买了五套它们的全集，并且已经扔掉了两倍于这个数量的 CD，丢了又重买的情况发生了不止一次；在我们阁楼上的某处还有两套我永远不会再听的全集。我有五版贝多芬 16 首弦乐四重奏的合集和六版他的九部交响乐的合集。某段时间里，我曾经拥有几乎所有出版过的贝多芬交响乐的 CD，包括我不喜欢的那三套——它们现在都还藏在阁楼里。如果就从现在这一刻开始听我书架上收集的贝多芬作品，并且什么都不干，我也需要好多周才能把它们听完。这还只是贝多芬的作品。

我书架上的很多 CD 仅草草地进过我的立体声碟片机，如果我真的听过它们；其他的我根本没听过，它们就像孤儿般躺在书架上。蕾伊很怀疑："你是不是又被买唱片迷住了？"她在过去几周已经问了我好几次。我直视着自己 39 年的人生伴侣，然后撒了谎。我跟自己说我不想伤害她。鬼扯。我害怕失去的是她的感情：我不希望给她留下坏印象，怕她生气。这才是我不想要的。

我给了她些暗示，几乎就像我想被抓住似的。"你看起来压力很大。"一月初的一个晚上蕾伊评论道。"是的，都是这些 CD 的问题。"我开始回答。她看向我，我的尴尬立刻飙升起来："我是指这些为了演讲需要电邮出去的 CV。"一次笨拙的救场。我感觉自己像犯了罪，并且我必须正视它。我都不知道自己是怎么溜掉的。有一瞬间，我是想承认的，就像每次最后我都会承认一样。

在接下来一周的一个早上，喝咖啡的时候，我从报纸间抬起头。"啊，"我对蕾伊说，"温哥华歌剧院三月会上演《唐·乔万尼》。"

"《唐·乔万尼》……"蕾伊沉思着，"我没听过这部。讲什么的？"

"就是唐璜的故事。一个上瘾的好色之徒。他是一个有创造力、有魅力、能量充沛的男人，一个大胆的冒险者，但在道德上是个懦夫，并且从没找到过内心的平静。他有难以满足的性激情：不论怎么消耗性欲，他都还是感到不安和不满。他在诗词方面的天赋和对掌控感的追求变成了他无情占有欲的帮凶。他总是在追求下一个人，甚至把自己的爱情征战都列在了一个笔记本上。他有很多很多被拯救的机会，但他摒弃了它们。他折磨别人，并且牺牲了自己的道德灵魂。他拒绝悔改，并在最后被拖进了地狱。"

蕾伊有点惊讶地看了我一眼。那是惊讶还是一个看穿一切的嘲笑？"你讲得真动人。"她说，"你把人物讲活了。他显然离你的心很近。"

确实，他确实很近——我上个月买了四版这部莫扎特的杰作，而我的收集里本来已经有两版了。我一版都没有从头到尾听完过，我还一直对蕾伊撒谎，不告诉她这些情况。事实上，我是一个远没有那么有魅力的小型唐·乔万尼——我的出轨对象不是女人，而是歌剧。

有些人可能很难理解，为什么想拥有六版《唐·乔万尼》可以被称作成瘾。如果你有对伟大艺术作品的热情，想要寻求至高的美感体验，热爱音乐，这些有什么错？我们人类的生活中需要艺术和美；事实上，它们使我们成为人。把我们和我们已故的尼安德特表亲区分开的，正是智人的象征性表达能力，是我们用抽象词汇指代自身经验的能力。尼安德特人大脑的那部分前额皮质并未发育，即使他们的种群再存活上百万年，也出不了一个莫扎特。所以确实，想要美，甚至渴望美，不是很有人性吗？

不仅如此，我确实热爱音乐。它既是最抽象的艺术形式，不用语言或者视觉图像就能表达，也是最直接的艺术形式。至少对我而言，它是最纯粹的艺术表达形式。不论有没有词句，它都能富于表现力地诉说丧失与欢乐、怀疑与真实、绝望与启迪、世间的欲望与超越的神性。音乐挑战我、激发我、填补我、打动我，也安抚我的心。它让我释放出我生活其他部分中久已隔绝的情绪之流。就像托马斯·德·昆西在他的《一个鸦片吸食者的忏悔录》中写到的，音乐能使生命激情"扬升、圣化、升华"，即使德·昆西认为他得吸食鸦片才能欣赏它。

所以是的，我对音乐充满激情，但我又如此上瘾，这本质上就是另一回事了。

成瘾虽然与普通的人类渴求相似，但相较于"获得"，它却与"欲望"关系更大。在成瘾状态下，情绪上的快感来自追求和捕获想要的对象，而不是占有和享受它。最大的快感来自对渴求的暂时满足。

最根本的瘾是以获得"没有瘾时的体验"为目标的。成瘾者渴望的正是"没有渴望"的状态。他可以在短时间内，从空虚、无聊、无意义感、渴望、被操纵感和痛苦感中解脱出来，获得自由。他受到外界（包括成瘾的物质、目标和活动）的奴役，这使他无法在自己心中发现超越渴求和烦恼的自由。"我一无所求，也无所畏惧。"希腊人佐巴说，"我是自由的。"⊖我们中没有几个佐巴。

在我的成瘾模式里，音乐仍然令我兴奋，却无法将我从对"追求和捕获更多音乐"的需要中释放出来——它的结果是不满，而非欢乐。每买一张 CD，我都骗自己说现在我的藏品已经完整了。只要我买了那一张，再一张，再一次，我就能满足地休息了。这个幻觉就是这样的。"'最后再来一次'正是人类陷入痛苦循环中的关键因素。"[1]

我最自由的时刻只发生在我停车的时候。我赶到西科拉，在进店前放慢脚步，深吸一口气，推开门。在这个微秒中，生命具有无限的可能性。"只有通过寻找我们内在的同种特质，我们才能感知音乐中的无限。"[2]钢琴家和指挥家丹尼尔·巴伦博伊姆写道。确实如此，但那并不是成瘾者寻求的那种无限。

实事求是地说，我寻求的是肾上腺素，以及当我把新 CD 拿在手上的时候，紧绷的压力感的短暂缓解——这是我脑中泛滥的珍贵奖赏化合物带来的。但还没离开商店，肾上腺素就在我的循环系统里再次迸发了，我的大脑又锁定了一个新商品。任何对任意种类的追求有瘾的人，不论是对性、赌博还是购物，都被锁定在对同样的内生化合物的索求上。

〜

这样的行为已经重复了几十年，从我的孩子还……

等等，"这样的行为已经重复了"？多好的让行为远离自己的方法啊，就像它是个独立的存在似的。不，是"我"已经这样做了几十年，从我的孩子还

⊖　来自电影《希腊人佐巴》。——译者注

小的时候开始。

多年来，我在唱片上花费了成千上万加元。一两个小时花个几百块根本不算事，我的历史记录是一周花了八千加元。仰赖我作为受大众仰慕的、自我牺牲的医生（就是工作狂）的高额收入，我才没有陷入经济危机。就像我在别处写过的，对我来说，把这些花销都当作对我努力工作的补偿来合理化实在太过容易：一种成瘾成了另一种成瘾的托词。⊖

令人困惑的是，这两种行为依赖都代表着我天才的一面，只不过都被扭曲了。我对音乐和书籍的成瘾可以被装点成一种美学热忱，而我对工作的成瘾则代表了我对人道服务的热情——我确实有美学激情，也确实想服务大众。

我不是这个世界上唯一一个醉心于古典音乐的人，有的是人跟我一样拥有多套名作唱片集，但是不是所有这些爱好者都在上瘾呢？不，并不是，可他们中的很多人是——我在商店里见过他们，在互联网上读过他们的评论。一个成瘾者能认出另一个成瘾者。

任何激情都可以变成上瘾，但怎么分辨这两种事物呢？核心问题是谁在主导：是那个人，还是他的行为？激情可以被控制，而当事人无法控制的强迫性激情就是上瘾。瘾就是那个人持续投入的重复行为，即使他知道这种行为伤害自己和别人；至于行为外在看起来如何则毫无关系。关键问题是这个人与这种激情的内在关系，以及与之相关的行为。

如果你还有怀疑，问你自己一个简单的问题：考虑到你对自己和他人造成的伤害，你愿意停下来吗？如果答案是"不"，你就上瘾了。如果你无法放弃这种行为，或者做的时候还持续保证会戒，你就上瘾了。

当然，在成瘾里，还有一个更深、更僵化的层面：否认状态，也就是无视所有理由和证据，拒绝承认你正在伤害自己和他人。在否认状态下，你完全拒

⊖　这里和本章其他地方的几个段落是从我为 ADHD 所写的《散乱的大脑》（*Scattered Minds*）一书中改编过来的。

绝问你自己任何问题；但如果你还想知道，就看看你的周围。在你实现了你的激情后，你离你爱的人更近还是更远了？你觉得自己成为真正的自己了吗，还是感觉空虚？

激情与成瘾的差别，就像神圣的火花和焚化炉的火焰之间的区别一样。令摩西在西奈山上体验到上帝存在的神圣之火并未烧焦它点燃的灌木：耶和华之使者显见于荆棘之火焰中，摩西视之，荆棘焚而不毁。[3] 激情是神圣的火焰：它给予生命，创造神圣；它带来光明，收获启迪。激情是慷慨的，因为它不是被自我驱动的，而成瘾是自我中心的。激情给予，并带来富足，成瘾则是个小偷。激情是真实与启迪的源头，而成瘾行为只会引你走向黑暗。当你充满激情的时候，你更加真实，不论是否达成目标，都已然获胜。而成瘾要求一种特定的自我满足的结果，没有那个结果，自我就感到空虚和匮乏。那种你无力拒绝的消耗性的激情，不论带来怎样的后果，都是一种成瘾。

你甚至可以为某种激情奉献生命，如果它真的是一种激情而非成瘾，你会以充满自由、欢乐和肯定自身真实价值的方式来奉献。而在成瘾中，不存在欢乐、自由和肯定。成瘾羞耻地潜伏在它自己阴暗的角落之中。我在市区东部的成瘾病人眼中瞥见羞耻，并在他们的羞耻中，看到我自己的羞耻。

成瘾是激情的暗黑仿制品，对于不知情的观察者来说，它仿得很完美。它有与激情相似的紧迫感和对满足的承诺，但它所给予的只是幻象。它是个黑洞，你提供越多，它就向你要求越多。不像激情，成瘾的炼金术并不能从旧事物中创造出新元素。它只会堕化它碰触的一切，并把它们变成更少、更没有价值的存在。

在纵欲地疯狂购物之后，我更快乐了吗？就像一个吝啬鬼，我会在我的头脑里清点和分类我最近买的东西——正如鬼鬼祟祟的史古基⊖带着收获的喜悦

⊖ 狄更斯的《圣诞颂歌》中著名的吝啬鬼。——译者注

弯下腰搓着手，心却变得越发冷酷。当我从过度消费中醒来时，我不会是个满足的人。

成瘾是离心的，它把你的能量吸走，造成一个惰性的空洞。而激情使你充满能量，并让你的关系更加丰富。它带给你力量，也带给他人力量。激情创造，成瘾消耗——首先是消耗你自己，然后就是你影响力半径内的其他人。

热门音乐剧《异形奇花》（*Little Shop of Horrors*）给成瘾提供了一个绝佳的象征意象。西摩，一个不受重视的花店小工（最著名的版本是 1986 年由里克·莫拉尼斯扮演的电影版），可怜起一棵由于缺乏滋养而正在枯萎的"奇怪而反常的"小植物，它给这家花店带来了急需的生意，但这里有个问题：没人能搞清楚这棵被称为"奥德丽二世"（以西摩女友的名字命名）的植物到底缺什么营养，直到有一天晚上西摩意外地刺伤了手指，而植物饥渴地吞下了伤口滴下的血液。然而，植物只是短暂地满足了，它还想要更多，西摩则尽责地为它提供了另一份血浆。接下来，植物就有了自己的个性和声音。小植物可怜地乞求和哄骗，承诺会成为西摩的奴隶。但接着它就突兀地命令起来："喂我，西摩！"西摩在恐惧中满足了它。植物越来越茂盛，也变得越来越饥渴；西摩却越来越衰弱，还得了贫血——在道德上和生理上都是。当他发现自己可能要流血致死（字面意义）时，西摩灵机一动，想到给植物喂人类尸体的主意。这于是造就了他的新副业：谋杀。在尾声，西摩不得不对嗜血的奥德丽二世发动了一场壮烈的战斗。拥有了战利品和力量之后，植物就根本懒得再伪装友情了。

这就是成瘾：以你最初做好准备捐出的几滴血开始，它会很快消耗你，直到可以支配和统治你；然后它就开始狩猎你周围的人，而你必须挣扎着去熄灭它。

我在自己的一个成瘾循环中丧失了自我。我感到道德的力量在我身上逐渐衰退，并且觉得自己像个空洞。我的眼里满是空虚，我害怕即使是在西科拉唱片行卖货给我的店员，也能透过我单薄的面具看穿我——而在这面具背后，除了一个渴求即时满足的机体以外，什么也没有。站在柜台前的并不是一名音乐爱好者，而是一个可悲的懦夫。我觉得他们都在可怜我。

不论去哪里，我都发现自己在拼命扮演。圣保罗医院的护士问我怎么样时，我会说："挺好的，我很好。"而不会说："我上瘾了。我刚从唱片店挥霍回来，已经等不及搞定今天这里的工作了。这样，我就能冲到车里去听这部歌剧或者那部交响曲了。然后，我会回家对我的妻子撒谎，直到我能再去店里买更多东西，然后我就会充满负罪感。我现在就是这个德行。"自我贬低、悲观、负面的评论开始渗入我的言语中。病房里有人称赞我的工作，我企图开个玩笑："哦，你可以在有些时候欺骗有些人。"这可不是什么玩笑。他们奇怪地看着我，并抗议说他们真的是那个意思。他们当然是，但我的羞耻感太强，无法相信自己值得这些赞美，这种秘密的成瘾具有挡开赞美的功能。

我变得越来越愤世嫉俗，包括对政治、人、可能性和未来。我每天早上都充满敌意地跟新闻争论，为了它谈到或者没谈到的而愤愤不平。《环球邮报》的新闻确实有偏颇之处，他们的编辑和选择的专栏作者都偏好企业、主流政党和新保守主义的国际政策制定者。但可怜的老《环球》只不过是忠于自己的纯种资本主义出身罢了，它仍然是加拿大最好的报纸，而且我还选择了花钱订阅来支持它。所以我为什么要在早上喝咖啡的时候对着它吼？我的负面情绪来自我内在的不满，和我对自己的严酷批评。《环球》没有把我看到的真相说出来？我自己也没有啊。《环球》为贪得无厌辩护，为谎言脱罪？我有立场说这话吗？

我的这种负面倾向会只局限于我与纸面新闻的恶劣关系吗？当然不可能，我面对自己正处于青少年期的女儿时也变得越发容易应激、挑剔、易怒和自以为是。我越放纵自己，就对她越苛刻。当我已经破坏了自己的时候，就无法乐观地相信她的成长和发展。当我被最糟的自己蒙蔽双眼的时候，我怎么能看到最好的她呢？我们的关系变得很紧张。作为一个 17 岁的女生，她可不缺表达不满的语言和动作。

　　我与妻子蕾伊的关系也失去了活力。因为我的内在世界被成瘾支配。面对她时我几乎没什么可说的，而我说的话在我听来也都空洞乏味，因为我的关注点全在自己内部。我对她的关注成了一种任务，而非真心实意。当我在自己的成瘾循环中时，我简直像在性方面出了轨似的，生活中充满了迷恋、谎言和操纵。

　　除了这一切以外，我还心不在焉。当你企图阻碍别人看到你的时候，你根本不可能全心全意地在场。亲密感和自发性都被牺牲掉了。你总得付出代价，有时候是几天，有时候是几周甚至几个月。

　　在我的孩子还小的时候，我可以让他们等着，或者根据我的目的去催他们。如果可能的话，我真想从我的个人经历里删除我在一次足球比赛后，把自己11岁的儿子和他的队友留在漫画书店的那件事。"我15分钟后就回来。"我说。结果我将近一个小时后才回去。我不仅跑到了街对面的店里，还开车去了市区的另一家店，以搜索不知道是哪张我当时认为自己必须马上拥有的唱片。当我的儿子最终在漫画书店门口见到我的时候，他满脸狐疑和焦虑。

　　有时我会持续几周，甚至几个月，每天对我的妻子撒谎。我会冲进房子，把新买的唱片藏在门廊上，假装很安稳地待在家里；但我心里除了音乐什么也想不到。每次当我被发现的时候，我就会认罪，然后说些很快就会被打破的承诺。

　　我恨自己，而在我应对自己的儿女时，这种自我厌恶就以一种严苛、专制、挑剔的方式表现出来。当我们被满足自己的虚假需要占据的时候，就无法忍受看到他人的真实需要，尤其是子女身上的。

　　我成瘾经历的最低点（但显然不是它的终点）是，我放下了一名正等着我接生的孕妇，在交通高峰期跑到桥对面的西科拉唱片行。但即使是那个时候，如果我没有开始搜寻其他要买的唱片，我也还有足够的时间回去助产。我回去时嗫嚅着道了歉，但没给出任何解释。所有人都特别理解我，甚至连我失望的病人也是。毕竟，马泰医生是个大忙人，他不可能同时出现在所有地方。我在温哥华曾经因尽力帮助自己的孕妇病人，并慈爱地支持她们度过生育难关而负有盛名。但不是这次。这个婴儿出生时，我不在那儿。（她的名字是卡梅拉。她现在已经 20 岁了，是一名美丽的舞者，还是个大学生。我在多年以后告诉了她母亲乔伊丝这个故事。）

这不是我第一次进行公开的"忏悔"。我过去就谈过，并且写过自己的成瘾。但事实是，不论是我对自己行为的公开坦白，还是我对它施加在我和家人身上的影响的彻底理解，都没能让我停下成瘾的重复循环。我已经写了三本书，并收到来自世界各地的读者的书信和电子邮件，读者感谢我帮助他们改变了他们的人生。但我却选择继续那些玷污我的精神、疏远我的亲友，甚至耗尽我的生命力的行为模式。[⊖]

⟶

2006 年 1 月，当我处于一段长期的 CD 成瘾中时，肖恩来到我的办公室里抱怨。"我搞砸了。"他说，"我上吐下泻，还一直在吸海洛因……哦，哥们儿。"肖恩已经在一个康复之家待了好几个月。我好长时间没见过他了，但他确实经常打电话过来，骄傲地报告他的进展和他保持戒断的决心。有一次，他留了个语音留言："我打过来是想说，我很感谢你的帮助。我只是想说谢谢，哥们儿。"现在他又回到市区东部了，苍白、憔悴、浑身又脏又湿。他已经露宿街头好几个星期了，但正打算自己去一个基督教戒毒所。

"你不觉得你应该再次开始吃美沙酮吗？"我建议道。还没来得及谈任何他最近复吸的细节，肖恩就急迫地吞掉了他的第一剂美沙酮。"不知道为什么，

⊖　自从我在 2006 年 2 月写了这一章之后，我已经显著改变了与自己的成瘾行为的关系，我会在后面章节详述。

医生，我当时想我就用一次，就这一次。然后就这样了。"

"所以你现在要去那个基督教戒毒所？"

"我的家人让我去，但我并不想去。"

"你跟他们说了吗？"

"没有。"

"你为什么不跟他们直说呢？"

"那会伤害他们。他们已经帮了我这么多，但我却背叛了他们，失败得如此难看。"

我立刻充满了批判。我对他的索求无度和意志薄弱——确切地说，是对我自己的——感到烦躁，但我却想给他上一课。

"我不相信你。"我反驳道，"我不是说你不是这个意思，但你对自己并不诚实。你不是担心伤害他们。你已经在伤害他们了。"

"你说得对。但我不想去那个基督教的地方。我知道那是什么地方。那边真的很难待，日程完全是固定的，又苛刻又严格。"

"这不是我的重点，我是指告诉你家人你真正的感受和你真心想做的事情。你就是不想面对向他们澄清的麻烦。你害怕他们对你的和你对你自己的批判，你胆怯到不敢承认。"

肖恩瞟了我一眼，窘迫地笑了。"确实是这样，医生。"

"既然如此，那就别这样。坦白地说出你想要什么，不想要什么。你确实欠你的家人这一点。"

这名迫使成瘾病人说了实话的"医生"，现在就要回家欺骗自己的老婆了，他的公文包里塞满了最近在西科拉搜刮的战利品。

In the Realm of
Hungry Ghosts

第 10 章

十二步戒瘾笔记：2006 年 4 月 5 日

———

今晚我会第一次参加十二步戒瘾团体。我很忧虑。我属于那里吗？我该说点什么？"你好，我是加博尔，我是个……"是个什么？成瘾者……还是偷窥者？

我从没物质成瘾过。我从没尝试过可卡因或阿片类药物，部分是由于我害怕自己会太喜欢它们。我这辈子只明确喝醉过两次，都是在我读大学的时候，每次之后都吐了好几轮。第一次是在杰斯中尉的车里，他是我在安大略省博登市加拿大预备役军官训练营夏季新兵集训的连长，他开车把我和我那几个在军官俱乐部豪饮了一晚上的战友送回了营房。"你昨晚把我的车搞得一团糟。"在第二天早上列队行进时，中尉对我喊。"对不起，长官。"我抱怨的回答方式吸引了所有人的注意力，"我昨天没有多想。"

我以为我会在匿名戒酒协会遇到生活已经基本被酒精和其他药物毁掉的人，他们的身心应该已经被对成瘾物质的渴求经年累月地折磨了。他们会被戒断反应的阵痛折磨，喉咙干哑，脑子里满是恐惧和幻觉。我怎么能和他们比？我会不会觉得自己像在贫民窟似的？面对今晚我将听到的苦难传奇，我该怎么提及自己微不足道的功能不良问题呢？我又有什么权利声称自己是一个真正的成瘾者？在这样一个环境下自称成瘾者，恐怕只是我为自己的自私和缺乏自律找到的另一个借口。

我怕被认出来。有人可能在电视上见过我，或者读过我写的东西。作为权威人士站在讲台上给听众讲解压力、ADHD或养育和儿童发展，继而承认自己有长年的冲动控制问题是一回事。在那种语境下，我的公开自我暴露被解读为诚实、真诚甚至勇敢。但对同伴坦白——对着一群比我面对过更多现实生活中的艰辛的人，坦白我感到"无力"、我的成瘾行为总会控制我、我很不开心——就是另一回事了。

当然，在我脑中也潜伏着被认出来的渴望。"如果我不是我在公开场合用的面具，一名医生、作者，那么我是谁？"它在我脑中轻语。如果没有我的成就，以及显示我的地位和聪明才智的机会，我害怕自己并不是个能令人印象深刻的人。

我苦笑着观察着自我的这些疯狂戏码——它就是受不了不满足。

聚会在教堂的地下室，屋里意外地坐满了人。人们操着数种语言，场面嘈杂。前面的讲台后，一名友善、害羞却又带着权威感的中年女性要求大家在椅子上就座。我在逐渐昏暗的灯光下扫了一眼听众：满是老茧的手、牛仔裤、牛仔靴、沧桑的脸庞、冷硬的表情、被尼古丁染污的牙齿、被威士忌熏干的声音、热情地道的幽默、简单的友情——这是一次东温哥华地区粗犷蓝领的聚会。年轻女性们在自己满头尖刺的朋克发型上挂着绿色和粉色的尼龙布条；破衣烂衫的中年人们嘴角上翘，互相小声开着玩笑；我前排的老人的头发像冬天被犁过的耕地，白发间的头皮熠熠生辉。

我立刻觉得自己回家了，并意识到其中的原因：这群人的能量和我的能量有共鸣——那是一种ADD患者特有的能量。

"大家好，我是莫琳，是个酗酒者。"主持人开始了。"你好，莫琳。"听众从屋子的各个角落向她致意。又有几个人站了出来。"我是伊莲，酗酒者……""乔治，酗酒者……"每个名字都获得了欢呼致意。新加入的人被邀请自我介绍，而我只是安静地坐着。

"欢迎大家。入会的唯一要求就是有停止酗酒的愿望。"而我得先"开始"喝，我想。"我们来到这里学习臣服，以放开使我们陷入僵局的旧观念。"我从不臣服，我甚至不知道它是什么意思。

就像对我内心的评论家的回应，一名高大威猛的男人大踏步走上讲台。他的鼻子很厚，油乎乎的头发光滑地向后梳成马尾。我觉得如果在昏暗的街道上看到他，我会想躲开。他以一种因坦荡面对自我而生的权威感开始说话："我是彼得，酗酒者。""你好，彼得。"听众大声回应道。

"我来这里是为了跟你们聊聊臣服。"他开始了，"我来这里是为了告诉你们，当我第一次来匿名戒酒协会的时候，我是多么嬉皮、油滑、自负。你都不会相信我有多油滑和自负。"周围传来偷笑。"我想要什么，就能用我的嘴得到什么，如果我得不到，我就用拳头得到。我抢了一次自己的母亲，直到今天我还因此痛心。

"当我第一次来这里的时候，我想要的全部就是让自己足够清醒，这样我就能专注在我兴旺的贩毒事业上了。我上次吸高了是六年前，最终以我在厕所里待了三天，不停地上吐下泻、始终满身是汗为终结。我根本不敢离开厕所或者浴室几步开外。"屋里爆发出喧嚷的笑声。

"在厕所住了三天以后，我重新接上电话，收到了三条信息。第一条来自我的房东：'彼得，你被驱逐了。'第二条来自我的母亲：'彼得，你能治好。'第三条来自我的朋友：'彼得，我臣服了，而且它起效了。'它们的顺序太完美了，我想。如果那个混蛋都能臣服，我也能。那时候我还觉得我比别人好。"有人认同地点点头，也有人大笑和鼓掌。

"我当时看着周围，问自己臣服看起来应该是什么样子。在我身上，它看起来是一个巨大的绿色垃圾袋，我在里面装满了自己的吸毒用品，还有我那些写满'商业联系人'的电话本。'再也用不着它们了。'我把它们全都丢进了后巷的垃圾桶里。"

　　我被震惊了。啊，臣服并不是什么抽象、缥缈、灵性的概念，它是个人而具体的。但同时，我也感觉自己在这里像是个偷窥者。我和这个男人各自在人生中所经历的痛苦根本无法同日而语。我妒忌他的平静、谦逊，以及宁静、权威的气质。（我脑中机械化、自动的自我批判声这么说。）

　　"现在我每天的唯一目标，就是拉近自己与我所理解的上帝的距离。我所学到的最重要的事是，即使不把我的意愿强加给你，或者他，或者任何其他人（哪怕当时我很想这么做），我也可以开心。

　　"你可能不相信你可以臣服，但如果你能，就会发生改变。你会意识到那种改变的，因为你的心变了。当你学习《大书》（The Big Book）、为他人服务、帮助社群时，你的心会变柔软，一颗柔软的心，是最棒的礼物。我过去根本就不相信它存在。"

　　是的，一颗柔软的心。我的心可以迅速冷硬起来，而冷硬的心很伤人。

　　最后发言的是酗酒者伊莲。"你好，伊莲。"

　　"在新加入者的眼中，我看到了悲伤、饥渴和绝望。"她开始说，"'我何时才能重新拥有人生？我该如何道歉，我该如何建立关系？'"我想这不是我脑中的问题，但我仍然好奇，她会在我眼中看到什么？

　　"对你们绝大多数人来说，什么也不会在一夜之间发生。我花了很长时间持续参加这些聚会，才开始能够听进去一点，而且它还对我没什么用。酗酒者讨厌两件事——工作和时间。他们希望不花力气，还能立刻得到结果。"下面传来笑声和掌声。

　　那就是我。我抗拒处理情绪，而且我确实想要立竿见影的结果。"紧迫感在有 ADD 的人身上很典型。"我在《散乱的大脑》里写道，"那是一种不顾一切地想要立刻得到自己当时渴望的东西的状态，不论是什么东西，不论想得到的是一件东西、一个活动还是一段关系。"如果我没有立刻得到它，我就想逃跑——通常最后我会逃跑，除非我动机极强。

　　"我过去是个极其活跃的派对女孩。"伊莲染成赤褐色的前刘海垂在化着浓妆的大眼睛上，以她劳伦·白考尔[⊖]般的声音继续说，"我什么都不在乎，除了玩得开心——而那意味着喝到不省人事。

"三件对我毫无帮助的事情是——爱、教育和惩罚。不论人们多努力地去爱我，不论我知道什么事实，不论生活给了我多少教训，我都什么也没学到。直到我开始倾听，我才开始学到。

"我第一次倾听，是在多伦多的匿名戒酒协会上。一个六十多岁的原住民在说话。'我已经戒酒两年了。'他说，'而且六个月前，我得到了我的第一份工作。如果我之前知道工作的感觉有多好，我早就戒酒了。五个月前，我有了自己的住所。如果我以前知道这有多好，我早就不再喝酒了。三个月前，我有了女朋友。兄弟，如果我之前知道这感觉有多好，我一开始可能根本就不会喝酒。'"台下是欢乐的笑声和赞赏的鼓掌声。

"'我现在 64 岁了。'那个男人说，'我刚被告知得了癌症，并且只有六个月可活了。'"当我们在消化这些信息时，伊莲停下来环视房间。我们默默等待着她的结论。"我以为他会宣布说：'我现在就要以你能想象的最极致的方式狂喝六个月酒，去你们的吧，拜拜。'因为那是我当时面对死亡判决会做的事情。但他没有这么做。'我只是非常感恩。'他说，'我很感恩我戒酒了，我已有两年清醒的时光，并且可以期待在余生中保持清醒。'

"我在那时才意识到，戒酒的清醒并不只是没有酒精，而是另一种存在方式。是全心全意地去生活。"

我必须得变成酗酒者，失去全部，把胃都吐出来，然后信上宗教，才能体验到"全心全意的生活"吗，这是什么意思？我愤愤不平。不，我感觉焦虑，我害怕它永远不会发生在我身上。那就是伊莲会在我眼中看到的，或者她可能已经看到了。说不定我就是她说的那个"新加入者"。

伊莲正要在一片点头赞同中离开讲台，却又再次折回麦克风前。"我不是

　　⊖　好莱坞著名女星。——译者注

指我的生活是完美的。"她说，"有些时候我觉得所有事情都散架了，就像这周。但我不再因生命中发生的事情而困惑。即使生活分崩离析，这一刻仍然是好的。就是这里，就是现在，这一刻，生活是好的。"

"暂时忘记你生命中的状况，关注你的生命本身。"灵性导师埃克哈特·托利（Eckhart Tolle）写过，"你生命中的状况在时间中存在——而你的生命在当下存在。"我读过很多次他的书，也标记了那段话，并在认知上理解了它。但这个女人，伊莲，她不仅仅理解这句话，她真的懂了。她自己发现了这个真相。

"臣服是关键。"伊莲说，"即使是如今，当我太过努力的时候，我仍会全部搞砸。不要努力，只是听从上帝的指引。"

又是上帝这茬事。什么上帝？我还是个孩子的时候，就已经对着天堂挥舞拳头了。

从我有了自己的意志开始，我就知道根本不存在全知、全能、充满爱的上帝。上帝可以是全知且全能的，但不可能同时还充满爱，否则怎么解释我的祖父母在奥斯维辛的毒气室中被谋杀的事，或者我婴儿时期在布达佩斯犹太贫民区的濒死经历呢？要不上帝就是充满爱且全知的，但不全能，而且是个懦夫、弱者。所以我应该服从的这个上帝究竟是什么？

我停止了叛逆。我现在懂得更多，并能记起彼得的话："我每天的唯一目标，就是拉近自己与我所理解的上帝的距离。"我所理解的上帝？不是那个我恨了一辈子的天上的任性老头。真实、本质、我持续逃避的内在声音，这些才是我一直以来抵抗的上帝。如果能像约拿⊖那样，我宁可躲在恶臭的鲸腹中，也不愿意面对我熟知的真实。这不是什么智力问题，而是源于我对臣服的抗拒。要想臣服，你就得放弃些什么，而我一直不愿意这么做。耶和华对摩西说："我看这百姓，看哪，他们真是硬着颈项的百姓。"⊜

⊖　圣经人物。——译者注
⊜　出自《圣经·出埃及记》32：9。——译者注

　　人们把椅子摆好，处理完一些事务性的细节，会议就结束了。我对人们如此迅速地走向出口感到惊讶。当我走出去后，才明白了原因——他们都在停车场里，大口吸着烟，三三两两兴奋地聊着天。在教堂窗外的灯光下，微蓝色的烟雾在空气中萦绕，然后渐渐向高空飘散。我去找了彼得，那个结实的老酗酒者和药贩子。我被他吸引了，并感觉他也许可以教给我点什么。他在跟另外两三个人聊天，他们的脸庞被不时燃起的香烟点亮。我不太好意思过去。

　　当我犹豫地站在那里时，感觉到有只手搭了一下我的肩膀。我转过头，一个女人微笑看着我。"加博尔·马泰博士！我刚才就觉得是你。我的名字是索菲，你 19 年前接生了我的孩子。你大概不记得了。"

　　"我确实不记得，但还是很高兴见到你。"索菲提醒我，当我接生她的孩子的时候，她 21 岁。结果是，我没有因为在匿名戒酒协会遇到过去的患者而尴尬，反而因这友善的招呼而感到开心。"告诉我，我属于这里吗？"我用一分钟简单说了说自己的经历。

　　"你属于这里。"索菲解释道，聚会是对所有人开放的。"如果你有成瘾行为，这里对你就是正确的地方。除非在匿名戒酒协会的日程上，当天的会议标明是'封闭式'，否则有问题的人都被欢迎参加。封闭式会议是仅供酗酒者参加的。"

　　我会回来的，我决定。我在这里见证了谦逊、感恩、承诺、接纳、支持和真诚。我自己是如此不顾一切地渴望这些特质。

　　"我从没在匿名戒酒协会以外的地方见到过这样的力量和恩典。"我的一名作家朋友告诉我。她有长期的躁郁和酗酒问题，已经参加了 15 年匿名戒酒协会。她一直敦促我来参加，我现在终于明白了她的意思。

　　当我走到自己的车前时，看到索菲走近了她的一群朋友。"你们不会相信我刚才碰见了谁。"我听见她说。

　　我心里偷偷笑了：我的自我对于被认出的渴望和恐惧，终于在最后一秒获得了满足。

第三部分

一种不同的大脑状态

———

最近的大脑成像研究已经揭示，

药物成瘾对成瘾者日常处理动机、

奖赏和抑制控制的重要脑区皆有潜在破坏。

这为一个不同视角提供了基础：

药物成瘾是一种大脑疾病，

而与之相连的病态行为是脑组织功能不良的结果，

就像心脏机能不全是一种心脏病一样。

——诺拉·沃尔科夫博士（Dr. Nora Volkow）
美国国家药物滥用研究院主管

In the Realm of
Hungry Ghosts

第 11 章

什么是成瘾

————

成瘾者和成瘾是我们的文化语境中的一部分。我们都知道他们是谁、它是什么——至少我们自己是这么认为的。在本书的这个部分，我们将从成瘾的工作定义开始，以科学的视角审视这个主题。我们也需要澄清一些常见的错误概念。

在英语中，成瘾有两个相互交叉又彼此区别的意义。在今天，成瘾最常指向一种功能不良的药物依赖，或者在赌博、性、进食方面的类似行为。令人惊讶的是，这个词意实际上只出现了大概百年之久。在过去的多个世纪里，至少在莎士比亚的时代，成瘾仅指一个人热忱、投入、花时间地从事一项活动而已。"先生，你对哪些科学上瘾？"在 18 世纪塞万提斯作品的经典译本里，一个人问堂吉诃德。在 19 世纪的《一个鸦片吸食者的忏悔录》中，托马斯·德·昆西从没把他的麻醉剂使用称为成瘾，尽管根据我们今天的定义来看，那显然是成瘾。这个词的病态感是在 20 世纪初出现的。

成瘾这个单词源于拉丁文 addicere，即"分配"[⊖]，它导出了这个单词传统上的无害意义：一种习惯性活动或兴趣，经常是有积极目的的。维多利亚时期的政治家威廉·格莱斯顿（William Gladstone）曾写过"对农业追求的成瘾"，意指其是一种完美而令人羡慕的职业。但罗马人有另一种与当今的词义相关的更不吉的用法：一个 addictus 是一个由于拖欠债务而被作为奴隶分配给他的债主的人——因此，成瘾的现代含义就有了"被习惯奴役"的成分。德·昆西在承认他的麻醉药依赖给他锻造的"悲惨奴役锁链"时，就预言了这个意义的出现。

那么，成瘾究竟是什么？在 2001 年，成瘾专家一致同意，成瘾是一种"慢性神经生理疾病……它以以下一种或多种行为为特征：药物使用的控制受损、强迫性用药、无视伤害地持续性用药，以及渴求"。[1]物质成瘾的关键特征是无视负面后果的药物和酒精使用，以及复用。我曾听过某些人对他们的成瘾倾向不屑一顾地说"我不可能是酗酒者，我没喝那么多……"或者"我只在某些特定时间喝酒"。但问题并非饮用量，甚至与饮用频率无关，而是与影响有关。"成瘾者持续使用药物，即使证据强烈显示药物正在造成显著的伤害……如果使用者在一段时间内显示出对药物先入为主的关注模式，重复性地冲动使用并伴随复用，就可以识别为成瘾。"[2]

虽然这样的定义很有帮助，但我们需要采取更广阔的视角才能完整理解成瘾。有一种根本的成瘾过程在以各种不同的方式和习惯表达自身。对海洛因、可卡因、尼古丁和酒精这样的物质的使用只是最明显的例子，也是生理风险和医疗后果最严重的例子。但很多行为的、非物质性的成瘾也可以对生理健康、心理平衡、个人和社会关系具有高度的破坏性。

⊖　dicere（"说"），前缀 ad-（"向"）

成瘾是当事人感觉被迫得持续的重复行为，不论这种行为是否与物质相关，以及对他自身和他人的生活有怎样的负面影响。成瘾包含：

- 强迫性地采取该行为，并先入为主地关注它；
- 对该行为的控制受损；
- 无视负面证据地持续或重复该行为；
- 当不能立刻获得该事物（不论是药物、活动还是其他目标）时的不满、易怒或强烈的渴求。

冲动、控制受损、顽固、易怒、复发和渴求——这些是成瘾的标志，不论是对什么成瘾。但并非所有有害的冲动都是成瘾，例如，强迫症也包含控制受损和持续进行心理上有害的仪式化行为，比如反复洗手，不同点在于当事人对此没有渴求，不像成瘾者，强迫症患者在他的冲动中感觉不到兴奋。

一名成瘾者如何知道他的控制受损呢？只要不论行为有怎样的恶性影响，他都无法停止该行为就是了。他对自己和他人承诺会停止，尽管有痛苦、危险和承诺，但他还是会不断复发或复吸。当然，也有例外。有些成瘾者从来没有认识到他们的成瘾行为造成的害处，也从未下过决心停止它们。他们持续否认和合理化。其他一些人公开接受了这些风险，决定"以自己的方式"生活和死去。

就像我们很快会看到的，所有成瘾（不论其行为是否涉及药物）都共享同样的大脑回路和脑化学成分。在生化水平上，所有成瘾的目的都是创造一种替代性的大脑生理状态——而这可以通过很多方式达成，药物只是最直接的一种。所以成瘾从来不是纯粹"心理性"的，所有成瘾都有生理的维度。

这里要说一下维度的问题。当深入讨论科研成果时，我们得避免相信"成瘾可以被简单理解"的陷阱，包括简化为脑化学行为、神经回路，或者任何神经生理、心理或者社会数据的单一解释。多层面的探索是必要的，因为从任何单一视角都无法完全理解成瘾，不论该视角本身多么正确。成瘾是一种复杂的状况，是人类和其环境的一种复杂互动。我们需要同时从不同角度看待它，或者至少在从一种角度研究它的时候，心里为其他的角度留有空间。成瘾拥有生理、化学、神经、心理、医学、情绪、社会、政治、经济、灵性上的基础，可能还有其他方面我没有想到。要想近乎完整地还原成瘾的面貌，我们就必须不断变换角度，看看它还有其他哪些特点。

由于成瘾过程包含如此多层面的事实，我们无法基于任何有限的框架去理解它。我自己对成瘾的定义并不涉及"疾病"。把成瘾仅仅看成一种疾病，不论是后天的还是先天的，都是把它简化成了一个医学问题。成瘾确实有一些疾病的特征，这在重度药物成瘾者身上最为明显——比如我在市区东部工作的对象。但我从不希望人们相信成瘾的疾病模型本身就能解释成瘾，甚至不认为疾病模型是整体理解成瘾的关键。跟成瘾有关的事情很多。

你可以注意到，不论是药物成瘾的教科书定义，还是我们这里采用的更广泛的视角，都没有把生理依赖和耐受性作为成瘾的判断标准。耐受性类似"得寸进尺"：成瘾者需要使用越来越多同种物质，或者进行越来越多同样的行为，才能获得同样的奖赏效果。虽然耐受性在许多成瘾中都很常见，但一个人并不需要发展出耐受性才算成瘾。至于生理依赖，在医学术语中，生理依赖表现为一个人在停止摄入物质时，由于大脑和躯体的变化，会体验到戒断症状。虽然这是药物成瘾的一个特征，但一个人对一种物质的生理依赖并不必然意味着他对其成瘾。

每种药物的戒断症状都不同，比如阿片类物质（例如吗啡和海洛因）的戒断症状包括恶心、腹泻、盗汗、酸痛和虚弱，也包括严重的焦虑、应激和抑郁情绪。但你不需要上瘾就可以体验到戒断反应，你只要在较长一段时间内一直吃这种药就行了。[3] 很多人沮丧地发现，不论药物本身是否有成瘾性，只要突然停药，我们都很容易遭遇高度不适的药物戒断症状：抗抑郁药帕罗西汀和文拉法辛就是两个例子。戒断反应不意味着你成瘾了，成瘾必须要有渴求和复用。

事实上，在麻醉药品的例子中，出现令人上瘾的"良好感觉"的脑区似乎与导致生理依赖作用的脑区不同。当吗啡仅被注入小鼠大脑的"奖赏"回路时，会导致类似成瘾的行为，却不会导致生理依赖，小鼠也不会产生戒断反应。[4]

"依赖"也可以被理解为一种对有害物质或行为的强大依恋——这个定义为我们提供了成瘾更清晰的样貌。成瘾源于依赖物质或行为来感到暂时的平静，或者感到更兴奋，又或者感到对生活的不满减少——这是我之后会使用的"依赖"的定义，除非我特别说到"生理依赖"这个更狭义的医学现象。芝加哥大学前圣公会牧师山姆·波尔塔罗（Father Sam Portaro）在最近的一次演讲中极好地表述了这一点："成瘾的核心是依赖——过度的依赖，无益而不健康的依赖，瓦解和摧毁的依赖。"[5]

第 12 章

从越战到"老鼠公园"：药物导致成瘾吗

—————

在所有流传的对成瘾的常见误解中，有一个误解（即认为摄入成瘾药物本身就能导致成瘾，或者说成瘾是由于成瘾药物对人脑的强大作用造成的）非常突出。同时，这种观念也遮掩了基本的成瘾过程本身，而药物不过是这一过程的许多可能对象之一。比如，强迫性赌博也被广泛接受为一种成瘾，但没有人会辩称它是扑克牌造成的。

"成瘾是药物引起的"这一观念还常常被强化。举个例子，知名人士在住进康复中心的时候，可能会宣称他染上毒瘾是因为背部受伤时医生给他开了麻醉剂。美联社 2005 年 4 月报道称，"杰瑞·刘易斯（Jerry Lewis）⊖终于为以失态为业付出了代价"：

——————

⊖　美国著名喜剧演员、制作人、导演。——译者注这名艺人在美国广播公司（ABC）每周日早上的谈话节目《本周》（*The Week*）中谈到，他在过去 37 年中持续受到肢体喜剧造成的身体疼痛困扰，这最终导致了药物成瘾。"1965 年的时候，医生开一片羟考酮（Percodan），我就能熬过一整天。但到了 1978 年，我一天得吃 13 到 15 片。成瘾太毁人了，因为你最后都搞不清你为什么要吃它了。我跟别人讨论过各种可能的解决方案，包括自杀。"他说。

我也吃过几天羟考酮。30 年前我拔了一颗智齿，结果得了一种称为干槽症（dry socket syndrome）的毛病。我从没听过这种病，而且再也不想听到它了。我的下颌快要疼死我了。我吞了比建议量还多的羟考酮，而且吃的次数也超过了建议的次数。我咨询的第三个牙医好不容易诊断出了问题，并且清理和包扎了感染的牙槽。疼痛感随之下降，而我从那以后再也没有服用过羟考酮或任何其他麻醉品。

很显然，如果药物本身能够造成成瘾，那么我们给谁开麻醉剂都是不安全的。然而，医学证据不断显示，即使长期给病痛中的癌症患者开阿片类药物，也仅有很少一部分易感人群会上瘾。[1]

在我就职于安宁疗护病房的许多年里，我有时会治疗使用极高剂量麻醉剂的晚期癌症病患——使用我的重度成瘾患者梦想的剂量。但只要疼痛能通过其他手段缓解，比如如果能对因脊椎恶性沉积导致骨痛的病人成功进行神经阻断，就可以很快终止吗啡使用。如果真有什么人需要通过麻醉品成瘾来遗忘，那也应该是这些癌症晚期患者。

《加拿大医学期刊》2006 年的一篇文章回顾了国际上对非癌症引起的慢性疼痛的麻醉剂治疗研究，覆盖的样本量超过了 6000 人。在所有检验以止痛为目的的麻醉品使用与成瘾的关系的研究中，一个普遍的发现是：这种使用没有造成显著的成瘾风险。[2]"对阿片类物质的效用、毒性、耐受性、滥用或成瘾性的质疑和担忧，不应再被作为抑制阿片类药物使用的理由。"一项对风湿病人慢性疼痛的大型研究得出上述结论。[3]

不论化学的作用有多强大，如果仅从化学角度探索，我们将永远不可能理解成瘾。哈佛医学院成瘾分部的精神科医生兰斯·杜迪思（Lance Dodes）曾说："成瘾是发生在人身上的人的问题，而不是药物或者药物的生理功效问题。"[4]确实有些人只用了几次药物就上瘾了，并且这造成了悲惨的后果，但如果我们想要理解其中的原因就必须搞清，究竟是什么使这些人如此容易上瘾。仅仅暴露在兴奋剂、麻醉剂或其他影响情绪的化学制剂下，并不会影响一个人在成瘾方面的易感性。如果一个人上了瘾，那是因为这个人本来就已经有成瘾风险了。

海洛因被认为是成瘾性最高的药物——确实如此，但也仅是对一部分人而言，就像在接下来的例子中我们将看到的。众所周知，很多参加过 20 世纪 60 年代末到 70 年代初的越战的美国士兵都是瘾君子。除了海洛因，很多成瘾军人还使用巴比妥和安非他明，或者两个都用。《普通精神医学纪要》1975 年发表的一份研究显示，回美国的士兵中，有 20% 在驻守东南亚期间达到了成瘾的诊断标准，但在他们出兵远东之前，只有不到 1% 的士兵阿片类药物成瘾。研究者震惊地发现："从越南回国后，对特定成瘾药物或特定成瘾药物组合的使用减到了战前的水平，甚至比战前还低了。"也就是说，缓解率（remission）⊖是 95%。"这在美国麻醉品成瘾治疗史上是闻所未闻地高。"

"那边的高麻醉品使用率和成瘾率是美国史无前例的。"研究者总结道，"但返回美国后奇高的缓解率也同样令人惊诧。"[5]这项结果显示，成瘾并非来自海洛因本身，而是来自使用这些药物的人的需要；否则，他们绝大多数人回国之后都应该仍然是瘾君子。

⊖　缓解：指症状或成瘾减低或减少。

阿片类药物如此，其他常被滥用的药物也是如此。一些使用它们的人，即使重复使用，也不会上瘾。[⊖]美国全国范围内的一项调查显示，随机使用成瘾率最高的其实是烟草：32% 使用过尼古丁的人即使只使用过一次，也会变成长期使用者。酒精、大麻和可卡因的成瘾率大概是 15%，海洛因是 23%。[6] 总而言之，美国和加拿大的人口调查指出，如果仅使用过几次可卡因，其相关的成瘾率还不到 10%。[7] 这当然不能证明尼古丁比可卡因成瘾性"更高"，这我们没法知道——鉴于与可卡因不同，烟草是完全合法的，并且作为一种社会允许的成瘾对象，还或多或少获得了商业的推销和支持。但这类统计确实显示出，不论药物的生理作用和影响是什么，它们都不是成瘾的唯一原因。

尽管如此，特定药物会令人难以抗拒地上瘾的普遍观念确实是有事实基础的：有些人，相对很小的一撮人，如果接触特定物质，成瘾风险极高。对这个少数群体，药物使用确实能诱发成瘾，并接着形成药物依赖，这个过程一旦开始，就很难停下来了。

在美国，企图戒断的阿片类成瘾者复吸率达到 80%，甚至 90% 以上；即使在医院治疗以后，复吸率仍高于 70%[8]——这样令人沮丧的结果导致大众产生了"阿片类药物具有令人成瘾的力量"的印象。同样，可卡因在媒体里被描述成"地球上最易上瘾的药物"，会导致"立即成瘾"。最近，冰毒获得了最强力速效成瘾药物的名声——臭名昭著得实至名归，但我们要记得，不是所有用过它的人都会上瘾。比如，加拿大 2005 年的统计报告就显示，大约有 4.6% 的加拿大人曾经尝试过冰毒，但只有 0.5% 的人在过去一年里用过它。[9] 如果这种

⊖ 在这里，我并不是指那些使用后没有上瘾的人用这些药就是安全的。我是在对成瘾的本质进行科学陈述。

药物本身能诱发成瘾，这两个数字就应该是近乎相等的。

在某种意义上，特定的物质，比如麻醉剂和兴奋剂，以及酒精、尼古丁和大麻，可以被认为是具有成瘾性的，即这些是动物和人类可以发展出心理渴求并强迫性地企图获得的药物。但这与说"成瘾是直接由接触药物造成的"相去甚远。我们晚些时候会讨论这些物质为何具有令人上瘾的潜质，其原因深植于神经生理和情绪心理之中。

由于对酒精、兴奋剂、麻醉剂和其他物质的强迫性自主使用几乎可以在所有实验动物身上诱发，科研似乎强化了"只需暴露在药物作用下，就能导致无差别的药物成瘾"的观点。但这种看似合理的假设的问题在于：实验根本无法证明这种事。牢笼中动物的表现并不能正确地代表自由生物的生活，包括人类。动物研究可以教给我们很多东西，但我们必须把实际情况都考虑进去；并且我还要加一句，我们必须正视这些非自愿的"被试"被迫承受的巨大痛苦。

虽然也有野生动物成瘾的传闻轶事，但那多数都是虚假的，比如有一个案例说大象会吃发酵的玛乳拉果（marula）到"醉"。在自然界没有任何已知的持久性的成瘾行为案例。当然，我们无法预测如果野生动物能够简单免费地获得达到实验室纯度和强度的成瘾物质，它们会做什么。但我们目前观察到的是，实验室条件本身对动物陷入成瘾有强大的影响力。举个例子，在猴子中间，处于从属地位的雄性通常容易精神紧张，并且相对孤立，它们就更有可能主动服用可卡因。就像我之后会解释的，统治地位会导致一些大脑变化，使猴子能更好地防御可卡因造成的成瘾反应。[10]

西蒙弗雷泽大学（位于不列颠哥伦比亚）的心理学家布鲁斯·亚历山大（Bruce Alexander）指出了一个明显的事实：正是因为实验动物生活在非自然的压力和条件下，成瘾才特别容易被诱发。亚历山大博士和其他聪明的研究者断言，这些生物的自主用药可能是它们"应对社会压力和感官孤立的方式"。这些动物也可能由于被锁在给药仪器上无法自由移动，而更倾向于自我给药。[11]
正如我们将会看到的，情绪孤立、无力感和压力感也正是促成人类成瘾的神经
生物学条件。亚历山大博士指导了多个设计精巧的实验，显示出即使是实验室
的老鼠，只要获得了相对正常的生存条件，也能够抵抗药物成瘾的诱惑：

> 我和我的同事们建造了我们能想象出的在实验室中最自然的老鼠生活
> 环境。它被称为"老鼠公园"，内部通风、空间充足，大概有标准的实验
> 室笼子的 200 倍那么大。它里面还很漂亮（胶合板墙壁上画着祥和的不列
> 颠哥伦比亚森林），舒适（有空罐子、木屑，以及洒满地面的其他必需品），
> 还很利于社交（有每种性别大概 16 ～ 20 只的老鼠混居）。
>
> ……我们在老鼠公园上开了一个刚够一只老鼠通过的短隧道，在隧道
> 尽头，老鼠可以从两个水滴饮水器中的任意一个里获取液体。其中一个饮
> 水器装着吗啡制剂，另一个则是惰性制剂。

结果显示，对于老鼠公园中的动物来说，吗啡几乎没什么吸引力——即使
当吗啡被溶在甜到齁人、通常啮齿类动物根本无法抗拒的液体中。即使当这些
老鼠已经被迫摄入了数个星期的吗啡，以至于停用会给它们造成严重的生理戒
断反应，也还是没用。亚历山大博士报告说："不论我们怎么尝试，都无法让
生活在相对正常条件下的老鼠对吗啡感兴趣，或在它们身上诱发任何看起来像
成瘾的反应。"相反，普通笼子里的老鼠比它们相对自由的亲戚多喝了二十多
倍的吗啡。

亚历山大博士于 1981 年发表了他的发现。[12] 在 1980 年就已经有报道称，
社交孤立会提高动物的吗啡摄入剂量。[13] 自那之后，其他科学家也肯定了有些
环境因素可能会诱使动物使用成瘾药物，而当条件变化时，即使是上瘾的生
物，也变得能够抵抗成瘾的诱惑了。

对越战退伍军人的研究指向了相似的结论：在特定的压力条件下，很多人

都会变得容易上瘾，但只要条件变好些，成瘾的驱动力就会消减。大约一半参与越战的美国士兵在用过海洛因后对这种药物上瘾了；但是一旦战争中残酷危险的军事行动带来的压力结束了，大多数人的药瘾也随之结束。那些回家后依然海洛因成瘾的人，绝大多数都有过不安定的童年经历，并且参军前已经存在药物成瘾问题。[14]

在早期其他的军事冲突中，极少有美军士兵会陷入成瘾。那么，是什么使越战有别于其他战争呢？高纯度海洛因和其他药物的易获取性只是答案的一部分。这场战争，不像之前其他的战争，对被命令去战斗并可能死在遥远的远东丛林中的士兵而言很快就失去了意义。他们被告知的和他们在现实中的所见所闻相去甚远。缺乏意义感，而不仅仅是战争的危险和掠夺，才是触发他们逃向药物以忘却压力感的主要原因。

简而言之，食物能导致人强迫性进食到什么程度，药物最多也就能导致人成瘾到那个程度。必须有预先存在的易感性，还得有像越战士兵所经历的那样显著的压力——不过，就像成瘾药物一样，不论多严重的外部压力本身都不足以导致成瘾。虽然有不少美国人在越南染上了海洛因瘾，但大多数人并没有。

因此我们可以说，有三个因素需要同时出现才会引发成瘾：具有易感性的机体，具有成瘾潜质的药物，以及压力。当成瘾药物易获取时，个体的易感性将决定谁会成为成瘾者，谁不会——比如在十个随机选出的美军越战士兵中，哪两个会成为药瘾的俘虏。

在这个部分接下来的章节中，我们会探讨易感性的根源。

第 13 章

成瘾的大脑状态

"成瘾既神秘又缺乏理性。"美国国立药物滥用研究所首任主管，尼克松总统和福特总统麾下的白宫首席禁毒官员罗伯特·杜邦（Robert Dupont）曾这样说。[1]

但也许还有另一种视角。成瘾确实不理性，而且成瘾行为本身也使成瘾显得更加扑朔迷离。但如果我们像本书的第一部分中做的那样，开始倾听成瘾者和他们的生命故事，会怎样呢？如果我们从多个角度调查内容广泛而优秀的成瘾科研文献，我们又将学到什么？我相信如果我们以开放的心态来探索这种被称为"成瘾"的现象，对复杂性的欣赏就会代替之前的神秘感。最终留下的，将是我们对人脑奇妙功能的敬畏之情，和对被上瘾渴求迷惑的人们的慈爱之心。

科学研究究竟告诉了我们什么？

就像我们已经看到的，实验动物可以被诱发药物和酒精成瘾。当被连接到合适的仪器上，并能够获得无限的剂量时，很多老鼠都会自主静脉注射可卡因，直到饥饿难耐、疲惫不堪，甚至死亡。研究者甚至知道如何通过基因修改和干预产前或产后的发育，让一些实验动物（比如老鼠、猴子和黑猩猩）变得更加容易上瘾。

有些动物研究虽然细节上令人倍感不适，却使人们对大脑回路、行为和成瘾之间关系的精细研究成为可能。通过新的成像技术，我们已经能够窥见在药物的即时影响下，以及药物长期使用后，人脑的运作方式。放射和磁频技术使研究者能够测量进入大脑的血量，并测量在进行多种活动时以及特定的情绪状态下，脑内各个中枢的能量水平。脑电图（EEG）已经能够识别一些具有高度酒精成瘾潜质的年轻人脑内的异常脑波模式。科学家已经从神经连接和解剖结果的角度，研究了成瘾大脑的化学变化。他们也分析了分子、细胞膜和基因物质复制层面的活动，调查了压力如何激活大脑中的成瘾回路。大型研究还考察了遗传倾向如何影响成瘾，以及早年生活经验如何塑造大脑的成瘾通路。

我们看到很多争议，但每个人都同意——用医生和研究者查尔斯·欧布里恩（Charles O'Brien）的话说——在生理层面上成瘾代表"一种不同的大脑状态"[2]。争论主要集中在这种异常大脑状态的发生机制上。成瘾大脑内的变化是单纯由用药造成的，还是成瘾者的大脑在使用前就已经具有某种易感性？有什么大脑状态使人更容易对药物成瘾，或进行强迫性的性冒险和暴食吗？如果真的有，这些被诱发的大脑状态主要是由遗传基因还是生活经验造成的，还是两者兼而有之？这些问题的答案对成瘾的治疗和康复有着至关重要的作用。

药物成瘾的大脑和不成瘾的大脑的工作方式不同，并且在 PET 和 MRI[⊖] 下

⊖　PET：正电子发射计算机断层显像；MRI：核磁共振成像。这两种复杂影像技术为大脑的结构和功能提供了许多新讯息。

成像也不同。2002 年的一项 MRI 研究扫描了不同年龄段可卡因成瘾者的脑白质，并跟非成瘾者的脑白质进行比较。脑灰质包含神经细胞，而连接这些细胞的纤维则被肥厚的白色组织包裹，形成脑白质。随着年龄增长，我们会发展出更多神经连接，因此白质量会增长。但在可卡因成瘾者脑内，这种与年龄相关的白质增长并未出现。[3] 从功能上来说，这意味着丧失学习能力——也就是做出新选择、获得新信息和适应新环境的能力降低。

事情还可以更糟糕。其他研究显示，可卡因成瘾者大脑皮质中的灰质密度也会下降，这意味着他们比正常人拥有更少、更小的神经细胞。海洛因和酒精成瘾者也会出现灰质量减少的现象，并且大脑尺寸的减少程度与成瘾物质的使用时长有关：用得越久的成瘾者，失去的量就越多。[4] 成瘾者负责调节情绪冲动和进行理性决策的大脑皮质的活跃程度也会下降。在特殊的扫描研究中，物质慢性使用者的这些大脑中枢消耗的能量也会减少，意味着这些区域的神经细胞和回路工作量下降。在心理测验中，这些成瘾者表现出前额叶皮质功能受损，即大脑的执行部门受损。因此，成像中显示的生理功能损伤和理性思维能力的下降是同步出现的。在动物研究中，长期使用可卡因后，会发生神经细胞数量减少、神经电活动改变及脑内的神经分支异常的情况。[5] 同样，人类长期使用阿片类物质或慢性使用尼古丁后，大脑中也会出现相似的结构改变和神经分支。[6] 视成瘾药物使用的时长和用量，这些变化有时是可逆的，但也有时会持续很久，甚至维持终生。

談到成瘾的生理机制，就必须谈到多巴胺，它是大脑中一种关键的化学"信使"，并在所有形式的成瘾中都具有核心作用。一项 2006 年发表的对恒河猴的影像学研究肯定了前人的发现：可卡因慢性使用者的多巴胺受体数量会下降。[7]受体是细胞表面的一种分子，化学信使会与之匹配结合并影响细胞活动。每个细胞的细胞膜上都有针对多种信使分子的数千个受体。细胞通过信使与受体的交互作用接收来自大脑、身体和外部的输入和指令。如果细胞不能与它们的环境交换信息，就无法正常工作。

可卡因和其他兴奋类药物通过大量提高大脑中枢中多巴胺的可用量来起作用。多巴胺可以令大脑"感觉好"，这种化学物质的含量陡升是兴奋剂使用者体验到欣快感和无限潜能感的原因，至少在成瘾药物使用初期是如此。

正如前文所述，我们已经知道可卡因慢性使用者脑中的多巴胺受体量比正常人少。受体越少，大脑就越"欢迎"能够帮助增加可用多巴胺供应的外部物质。近期的一项灵长类研究首次显示，那些发展出更高剂量的可卡因自主使用的猴子（也就是重度药物使用者），在接触化学物质之前多巴胺受体量就相对较少。这项具有启示性的研究指出，在人类成瘾研究的最佳替代模型恒河猴中间，有一些比另一些更容易出现极端的药物成瘾。

可卡因和冰毒这样的兴奋类药物通过为能被多巴胺激活的细胞提高多巴胺的可用量来发挥效力。由于多巴胺对动机、激励和能量都非常重要，多巴胺受体数量下降会导致成瘾者在没有使用药物时，精力、动机、正常活动的动力下降。这是一个恶性循环：更多的可卡因使用会导致更多的多巴胺受体丧失。而受体越少，成瘾者就越需要用人造化合物来补充大脑缺少的量。

为什么慢性自用可卡因会造成多巴胺受体密度下降？这是一个简单的脑经济学问题。大脑已经习惯了特定的多巴胺活跃水平。如果它遭到虚假的高水平多巴胺冲击，就会企图通过减少多巴胺受体数量来恢复机体平衡。这种机制解释了一种称为"耐受性"的现象：要想获得与之前同样的效果，使用者需要不断注射、吸食或者吸入更高剂量的物质。如果缺少成瘾药物，使用者就会产生戒断反应，这部分由于数量减少的受体无法维持正常所需的多巴胺活动，易怒、抑郁、疏离和极端疲惫随之就会造访没有药物的成瘾者，这就是我们在第

11 章里讨论过的生理依赖状态。大脑可能要花数月甚至更久的时间，才能让受体数量回升到使用药物之前的水平。

━━━━━◦

　　在细胞水平上，成瘾基本就是神经递质和它们的受体的事。所有经常被滥用的药物都以不同形式暂时提高了大脑的多巴胺功能。酒精、大麻和阿片类的海洛因和吗啡，还有像尼古丁、咖啡因、可卡因和冰毒这样的兴奋剂，都有这个作用。比如可卡因就会抑制多巴胺的再摄取（reuptake），即阻止多巴胺重新回到之前释放它的神经细胞里。

　　就像其他神经递质，多巴胺在细胞间的空间里工作，这个空间被称为突触空间（synaptic space）或间隙（cleft）。突触是两个神经细胞会合但不接触的地方，信使递质就在这个空间里被从一个细胞传递到下一个细胞。这就是大脑需要化学信使（或者说神经递质）才能工作的原因。多巴胺这样的神经递质由一个神经元或神经细胞释放，漂过突触空间，依附在第二个神经元的受体上。在把信息传递到目标神经元之后，这个分子就回落到突触间隙里，并被原来的神经元收回，以备下次使用，这个过程叫"再摄取"。再摄取程度越高，神经元间活跃的神经递质就越少。

　　可卡因的作用跟抗抑郁药百忧解类似。百忧解这类药物可以通过抑制神经细胞间血清素（或称 5- 羟色胺，是负责情绪管理的神经递质）的再摄取，提高血清素水平，因此它们被称为选择性 5- 羟色胺再摄取抑制剂（SSRI）。可卡因也可以被看作一种多巴胺再摄取抑制剂。它会占用细胞表面平常用于将多巴胺运回原神经元的化学物质。实际上，可卡因就像暂时擅自占用别人房间的人，这些位置被可卡因占用得越多，突触空间中残留的多巴胺就越多，使用者报告的欣快感就越强烈。[8]

　　但是，不像百忧解，可卡因没有选择性：它也会抑制包括血清素在内的其他信使分子的再摄取。尼古丁则与之相反，直接触发细胞向突触空间释放多巴胺。冰毒既像尼古丁一样触发释放多巴胺，也像可卡因一样抑制它的再摄取。冰毒几何级数地提高多巴胺水平的能力，是它能够造成强烈欣快刺激的原因。

　　这些兴奋剂直接提高多巴胺水平，但也有一些化学物质间接对多巴胺起作用。比如，酒精就会降低对释放多巴胺的细胞的抑制，像吗啡这样的麻醉剂则通过影响细胞上天然的阿片受体来触发多巴胺的释放。[9]

　　进食和性接触也可以提高突触空间内多巴胺的含量。加州大学洛杉矶分校整合物质滥用干预项目的主管理查德·罗森（Richard Rawson）报告称，进食可以令大脑核心区域的多巴胺水平提高 50%；性唤起则可以把这个数值提到 100%，和尼古丁和酒精的水平差不多。但它们都无法跟可卡因相比，因为可卡因可以将多巴胺水平提高三倍。然而，跟冰毒相比，可卡因不过是只含啬的铁公鸡——冰毒可以将多巴胺水平提升到 1200%。[10] 这样我们就很能理解，为什么冰毒成瘾的卡萝尔会把它的药效描述成"无性的性高潮"了。而就像可卡因的作用一样，重复使用冰毒也会导致大脑核心回路的多巴胺受体数量减少。

　　简而言之，使用成瘾药物会暂时性地改变大脑的内环境：快感被通过高速的化学变化制造出来。而后果也是长期的：慢性使用成瘾药物会重塑大脑的化学构造、解剖结构和生理功能。药物甚至会改变脑细胞核中基因的运作方式。"药物滥用的潜在后果中，包括在戒断数周甚至数年之后，仍存在对心理渴求的敏感性和复吸的可能。"精神病学期刊里的一篇对成瘾神经生理学的综述中写道，"这种行为上持久的脆弱性，暗示了大脑功能的长久改变。"[11]

　　由于大脑决定了我们的行为方式，这些生理变化就会导致行为上的改变。正是在这个层面上，医学界才会将成瘾看作一种慢性疾病；也正是由于药物能影响大脑状态，我才认为疾病模型是有价值的——它可能无法完整定义成瘾，但能够帮助我们了解成瘾的一些最主要的特征。

不论得了什么病（比如吸烟导致的肺病和心脏病），器官和组织都会受到损伤，并以病态的方式运作。当大脑生病的时候，病态化的功能则是一个人的情绪生活、思维过程和行为。而这会导致成瘾问题的一个核心困境：如果想要康复，就需要大脑启动自身的疗愈过程——而这个器官的决策功能已经受损了。已经改变的、功能不良的大脑需要下定决心克服自身的功能不良，以回到正常状态，甚至可能是在人生中第一次达到正常状态。成瘾越严重，大脑越异常，做出健康选择的生物性障碍就越大。

科学文献几乎一致将药物成瘾看作一种慢性脑状况，而这应该就足以劝阻人们，让人们不要去责备或惩罚那些受苦的成瘾者。毕竟，没有人会责备一个人类风湿关节炎复发，既然复发本身正是慢性疾病的特征之一。当我们考虑到成瘾者做选择的能力即使仍然存在，也肯定已经受损时，我们就会发现"选择"这一观念变得不再那么轮廓清晰了。

"关于成瘾是一种不同的大脑状态的证据，对我们的治疗有深远的意义。"查尔斯·欧布里恩博士写道。但他也附加道："不幸的是，多数医疗系统仍仅仅将成瘾当作一种急性障碍处理——如果它们至少还企图处理它的话。"

第 14 章

透过针管的温暖拥抱

———

今天世界上所有主要的被滥用的物质原本都来自天然植物产品，并且已经被人类熟知了数千年。作为海洛因基础的鸦片是亚洲罂粟的提取物。4000 年前，苏美尔人和埃及人就已经娴熟地用它治疗疼痛和腹泻，并熟知它对人心理状态的影响了。可卡因是古柯树叶的提取物，这种树茂盛地分布于南美洲西部的安第斯山脉东侧。亚马孙地区的印第安人在被殖民前，就长期用咀嚼古柯树叶来对抗疲劳，并在严酷的长途山区旅行中用它减低食欲。古柯树也在灵性活动中受到崇敬：原住民把这种树称为"印加神圣植物"。

植物大麻是药物大麻的来源，最初生长于印度半岛，1753 年被瑞典科学家卡尔·林奈命名为"大麻"。古代波斯人、阿拉伯人和中国人都知道这种植物，它最早于 3000 年前就已经出现在中国人的药典里了。古代中国人还使用源自植物的兴奋剂来治疗鼻腔和支气管阻塞。

酒精有赖于微生物真菌的发酵，是人类历史和娱乐活动中不可磨灭的一部分，并在很多传统中被尊为神祇的馈赠。与它今天的名声相反，它曾被看作智慧的给予者。希腊历史学家希罗多德提到过远东的一个部落，那里的长老议会不会支持任何他们在清醒时做出的决定，除非他们在大量酒精的影响下仍然认可那个决定；当然，如果他们在喝醉时做出了什么决定，也需要在清醒时再做认可。

只有当一种物质参与到人脑的自然过程中，并使用人脑内天然的化学机制时，它才有可能影响我们。药物能够影响并改变我们的行动和感觉，是因为它们与我们脑内的自然化学物质相似。这种相似性使它们能够占据我们细胞上的受体，并与大脑内生的信使系统互动。

但为何人脑对被滥用的这些药物有如此高的接受度呢？大自然不可能花数百万年去发展一套涉及成瘾的高度复杂的脑回路、神经递质和受体系统，只为让人通过"感觉爽"来逃避问题，或在周六晚上狂野一把。据前沿神经科学家和成瘾研究者雅克·潘克塞普（Jaak Panksepp）⊖所言："这些回路和系统除了促进人类近年才研制出来的高纯度化合物的大量摄入，还必须发挥其他某些关键功能。"[1]成瘾可能不是一种自然的状态，但它破坏的脑区是我们生存的中枢系统的重要组成部分。

我注意到自己正落入一个陷阱。当我写出成瘾"破坏"大脑时，我意识到自己在强化"成瘾具有自己的生命"的意象，就好像它是一种侵入身体的病毒、一名蓄势待发的猎食者，或者一个渗入毫无防备的宿主国的境外间谍。在现实中，被称为成瘾的这套行为是被一个人内部发展出的复杂神经和情绪机制驱动的。这些机制并不独立存在，也没有自己的意志，虽然成瘾者自己可能会感觉"被一种强大的力量支配"，或因他无法抵抗的疾病而受苦。

⊖ 时任西北大学福克分子疗法中心情感神经科学研究主管。

　　所以更正确的说法可能是：成瘾可能不是一种自然状态，但它影响的脑区对我们的生存至关重要，成瘾过程的力量正来源于此。我们可以这么类比：如果控制某个人的某个身体动作的脑区（比如运动皮质）被破坏了，或者没能正常发育，那个人就会无可避免地出现某些生理损伤。如果受影响的神经只负责管理小脚趾的运动，那么我们很可能注意不到什么损失。但是，如果受损或发育不良的神经负责的是一条腿的活动，那个人就可能会有明显的残疾。换句话说，功能损伤的程度应该和功能不良的脑区的大小和重要性成正比。这对成瘾来说也一样。

　　我们脑中并不存在一个成瘾中枢，也没有脑回路是专门以成瘾为目标的。涉及成瘾的大脑系统通常是人类情绪生活和行为的关键组织者和驱动者。有三个大脑网络牵涉其中。在本章剩下的部分，我们将探讨大脑的阿片系统（opioid apparatus），在第 15 和 16 章，我们将分别讨论多巴胺系统（主管激励 – 动机功能）和大脑皮质中的自我调节系统（self-regulation system），或称脑灰质。阿片机制中的关键分子是大脑的"天然麻醉剂"——内啡肽（endorphin）。

⟿

　　1970 年，哺乳动物脑内的先天阿片系统才第一次被发现。在这个系统中担任化学信使的蛋白质分子被美国研究者埃里克·西蒙（Eric Simon）命名为内啡肽——因为它们是内生的（即来自器官内部），而且与吗啡很相似。吗啡和它的阿片表亲们都能与人脑中的内啡肽受体进行匹配，并且据一本成瘾研究教科书所言：通过这种方式，内啡肽受体成为"阿片类物质成瘾的分子之门"[2]。人类并不是唯一拥有先天阿片系统的生物。我们与进化树上的所有远亲近邻共享这种快乐——连单细胞生物都能生产内啡肽。

　　因此，内啡肽和来自植物的阿片类物质对我们的影响完全相同也就毫不令人意外了，它们是生理和情绪痛苦强大的止痛剂，能提供鸦片门徒托马斯·德·昆西口中的"宁静，平衡……并移除任何根深蒂固的烦扰"。对那些精神涣散、灵魂痛苦的人来说，一剂内啡肽和一剂阿片制剂的效果相同，它们都"使骚动平复，使注意集中"。[3]

除了舒缓疼痛之外，内啡肽在我们的生命中还有其他必要功能。它们是自主神经系统的重要管理者，这个系统并不受意识控制。它们也影响身体中的多种器官，从大脑、心脏，直达肠道。它们影响情绪变化，也影响生理活动，包括睡眠、血压、心率、呼吸、肠道蠕动和体温。它们甚至协助调节免疫系统。

内啡肽是对人类和哺乳动物的生存具有重要作用的情绪化学催化剂。最重要的是，它们使母亲和婴儿之间能够建立情感纽带。当实验室中的动物幼崽的天然阿片受体系统被从基因层面破坏后，它们就无法体验到与母亲的安全联结。它们在离开母亲时很少困扰，但这意味着它们也无法提醒母亲她何时需要喂养或保护它们。它们并不是不能感觉到不适和恐惧，当被放在寒冷的环境中，或者面对危险信号（比如雄性老鼠的气味）时，它们也有感觉。但是没有阿片受体，它们就无法维系与母亲的关系，而它们的生存全仰赖于她。它们对母亲的提示毫无兴趣。[4]你可以想象一下，它们如果在野外对母亲毫无反应，会面对怎样的危险。反之，那些被从母亲身边隔离时会体验到分离焦虑的幼崽，不论是狗、鸡、老鼠还是猴子，都可以被低剂量的阿片类物质安抚。[5]内啡肽也因此一直被称作"情绪分子"。

一个大脑成像实验展示了内啡肽在人类感受中的角色，该实验由一群 14 岁的健康女性志愿者参加。在大脑被扫描的同时，她们首先处在中立的情绪状态下，然后被要求回想一件生活中不愉快的事情。她们中有 10 个人回忆起所爱之人离世，3 个回想起与男友分手，还有 1 个专注在最近与密友的一次争吵上。利用一种特殊的化学指示剂，扫描可以显示每个被试脑内情绪中枢阿片受体的活跃程度。当这些女性被悲伤的回忆影响时，她们的受体都变得很不活跃。[6]

　　另一方面，积极期待会启动内啡肽系统。比如科学家已经观察到，当人们预期疼痛减轻时，阿片受体的活跃程度会升高。此时，即使惰性药物（不会直接影响生理活动的物质）也能点亮阿片受体，导致疼痛感下降。[7]这就是所谓的"安慰剂效应"，它并非想象，而是真正的生理活动。药物本身可能是惰性的，但大脑已经被它自己的止疼片，也就是内啡肽安抚了。

　　人体全身都能找到阿片受体，并且它在每个器官中都有特定的作用。在神经系统中，它可以镇静和止痛，而在肠胃中，它的功能是减缓肌肉收缩；在嘴里，它减少唾液分泌。这就是为什么以止疼为目的而摄入的麻醉剂，会在身体其他部分造成便秘、口干这样的副作用。为什么一种天然化学成分会承担这么多种不同的任务？因为大自然是位节俭的主妇，倾向于保存任何测试有效的物质，并为每种信使蛋白质找到尽可能多的用处。随着进化发展，一开始仅在简单生物体中拥有相对狭窄功能的系统和物质，会在之后出现的更高级和复杂的物种身上，找到自己活跃的新领域。

　　很多其他人体化学物质也具有多种功能，并且机体越进化，特定物质的功能就越多。即使对基因来说也是如此：在一种细胞中，某个基因可能具有一种功能；而在人体其他地方，这个基因则会承担其他职责。雅克·潘克塞普博士的《情感神经科学》（*Affective Neuroscience*）一书中以加压催产素（vasotocin，一种原始的催产素，可以诱发雌性哺乳动物宫缩分娩和母乳喂养）在爬行动物身上的作用进行了精妙的举例。

　　……加压催产素是一种古老的脑分子，它控制爬行动物的性冲动。同样是这种分子……也帮助爬行动物分娩。当一只海龟在迁徙了数千英里^㊀后，在祖先的沙滩上开始挖洞时，一种古老的纽带系统就启动了……当雌性海龟挖了足够容下蛋的洞之后，她血液中的加压催产素水平就开始升

―――――――――――――――

　　㊀　1 英里 = 1.609 千米。

高。当她分娩结束后，随着循环系统中的加压催产素水平直线下降，她就会把蛋盖起来。她的母职完成了，她将再度踏上漫长的海中旅程。[8]

哺乳动物的母亲无法如此简单地离开，她们需要跟无助的幼崽待在一起。而催产素（oxytocin，一种更加复杂的加压催产素）则比爬行动物体内的同类物质扮演了更加多样化的角色。它不仅诱发分娩，还影响母亲的情绪，并促使她在生理和情绪上照顾自己的幼崽。对于哺乳动物，两性体内的催产素都促进性高潮时的愉悦感，并且可以在更广泛意义上被认为是一种"爱情激素"。就像摄入阿片类物质，摄入催产素也能降低动物幼崽的分离焦虑。

重要的是，催产素也能与阿片类物质发生交互作用。催产素并不是一种内啡肽，但它会提高脑内阿片系统对内啡肽的敏感度——这是大自然保证我们不会对自己的阿片类物质产生耐受性的方法。（我们谈过，耐受性是成瘾者不再因之前有效的药物剂量而感到愉悦，因此不得不加大用量的过程。）

为什么预防我们对天然的奖赏化学成分产生耐受如此重要？因为阿片类物质在父母之爱中是必需的。母亲如果对她自己的阿片类物质变得不敏感，就会危害到孩子的安康。当与孩子充满爱意地互动时，照顾子女的母亲会体验到急速飙升的内啡肽——这样的内啡肽"高潮"正是母职的天然奖赏之一。

考虑到儿童照料中大量吃力不讨好的任务，大自然主动给予了我们一些在养育过程中能够享受的事情。而耐受性则会抢走我们的快乐，进而威胁到婴儿的生命。潘克塞普教授写道："如果母亲在孩子还小的时候，就失去了通过养育来获得强烈社交满足感的能力，那将会是个灾难。"[9]通过使我们的脑细胞对阿片类物质更敏感，催产素使我们维持对孩子"上瘾"的状态。

换句话说，阿片类物质是大脑负责保护和养育儿女的情绪功能的关键化学物质。因此，让人对阿片类药物（比如吗啡和海洛因）成瘾的系统，同时也是对人类存在而言最重要的情感动力——依恋和爱的控制系统。

依恋驱使我们与他人在物理和情绪上接近。它通过将婴儿与母亲相互绑定来保证婴儿的存活。在一生之中，依恋的驱动力使我们寻求关系和陪伴，维系家庭纽带，并参与社群建设。当内啡肽与阿片受体结合时，它会触发与爱和联结有关的化学反应，帮助我们成为社交生物。

你可能觉得大自然交给一种化学物质明显不同的多项任务是一件很奇怪的事情：从缓解生理痛苦、舒缓情绪痛苦，到建立父母与孩子之间的纽带、维持社会关系，还有触发高强度的欣快感。但事实上，这五种功能是紧密相连的。

阿片类物质并不"带走"疼痛，而是减少我们对它作为一种不愉快刺激的觉察。疼痛以一种生理现象开始，首先登记在大脑中，但在那个时刻，我们不一定能意识到它。我们称为"我感到疼"的体验，是我们对那个刺激的主观体验（比如"啊，疼死了！"），以及我们对这个体验的情绪反应。

阿片类物质使疼痛变得可忍受。比如有研究发现，较高的内啡肽水平可以帮幼儿耐受他们在胡乱冒险时产生的多次磕碰和不严重的瘀青。幼儿身上的伤并非不造成疼痛，它们确实疼。但部分由于内啡肽的作用，这些疼痛不足以阻止他们活动。如果没有较高水平的内啡肽，幼儿甚至可能会停止探索世界，而探索对他们的学习和发展至关重要。[10] 连最小的伤口都会痛苦抱怨，有事没事就哭个没完的孩子，很可能内啡肽水平很低，并很可能比他们的同龄人更缺乏探险精神。

在解剖上，生理痛苦被登记在大脑中的丘脑区域，但它对主观体验的影响发生在其他脑区，也就是在前扣带皮质（anterior cingulate cortex，ACC）。大脑从丘脑处得到疼痛信号，但是在 ACC "感觉"到它——当我们对疼痛刺激做出反应时，后者会"点亮"，或者说激活。也就是在大脑皮质中（包括 ACC和其他区域），阿片类物质会通过减弱疼痛带来的情绪影响（而非生理影响），帮助我们耐受痛苦。

　　一项近期的成像研究显示，当人们感到社会拒绝的痛苦时，ACC 也会"点亮"。[11] 在研究中，健康的成年志愿者在参与一个游戏并突然遭到排斥时，接受了大脑扫描。即使是明显人为的轻度"拒绝"都会点亮 ACC，并导致受伤的感觉。换句话说，我们在大脑的同一个部分"感觉"生理和心理痛苦，反过来，这一机能也对维系我们与重要他人之间的联结至关重要。在正常情况下，分离带来的情绪痛苦会使我们在最需要亲密感的时候保持彼此亲密。

　　为什么大自然会让哺乳动物的阿片系统负责我们对生理和情绪痛苦的反应呢？有一个很好的理由：这是由于哺乳动物幼崽是完全无助的，并对照顾它的成体绝对依赖。生理痛苦是一种警报：如果一个孩子醒来感到肚子疼，他的 ACC 就会高速运转，他会给出所有可能的信号，以便及时把养育者呼唤到身边。对于哺乳动物幼崽来说，情绪痛苦具有同样的警示意义：它提醒它们，远离它们生命的维系者是危险的。这种情绪痛苦会触发幼崽的行动，比如小鼠的超声波尖叫和婴儿可怜的哭泣，这些都是为了把父母带回来。而养育者的关注则会触发婴儿脑中的内啡肽释放，帮助他安静下来。

　　当父母物理上存在，但情绪上缺席时，孩子也会感受到情绪痛苦。即使是成年人，也明白某个对我们非常重要的人虽然身体在这里，心却不在这里的痛苦。这种状态被著名心理学家和研究者艾伦·舒尔（Allan Schore）称为"近乎分离"（proximal separation）。[12] 鉴于孩子对父母的依赖既是生理性的，也是情绪性的，在正常情况下，感觉到情绪分离的孩子会寻求与他们父母的重新联结。再一次，父母充满爱的反馈会使内啡肽冲刷大脑，缓解孩子的不适。但如果父母不做出反应，或反应得不足够，内啡肽就不会释放，孩子就会被留在自己不完善的应对机制里，比如左摇右晃或者吸吮手指来自我安抚或转移注意力以逃避痛苦。正如我们将看到的，没有从父母那里接受到足够关注的孩子，成年后寻求通过外部手段来获得化学满足感的风险会更高。

　　基于大自然对化学物质高效的多功能"回收"利用，内啡肽也负责人类的愉悦体验和兴奋感受。就像婴儿、母亲、爱人、灵性探索者和蹦极的人（是的，蹦极的人）所体验到的一样，内啡肽在欣快状态的产生过程中具有关键作用。一项研究发现，蹦极的人血液内的内啡肽水平在跳完的半个小时内提升了两倍，并与报告的欣快程度有关联：内啡肽水平越高，欣快感越强烈。[13]

虽然脑内的阿片受体是产生奖赏感、舒缓感和联结感的内生装置，但它们也会被麻醉性药物触发，并在其他种类的成瘾中起作用。一项对酗酒者的研究显示，酗酒者几个脑区中阿片受体的活跃度下降，这与对酒精的心理渴求升高有关。[14] 阿片通路的激活和它造成的内啡肽活动增多也会加强可卡因的效果。[15] 和酒精的情况一样，内啡肽活跃度下降也意味着对可卡因的渴求上升。阿片受体激活也会提高大麻使用时的欣快感。[16]

简而言之，这套我们赖以生存的"阿片爱 – 快乐 – 止痛机制"为麻醉品（即阿片类药物）提供了进入大脑的途径。我们的内部化学快乐系统效率越低，摄取药物和做出其他我们认为具有奖赏性的强迫行为的动机就越高。

一名 70 岁的性工作者曾描述过阿片物质所带来的欣快感的精髓。她是 HIV 携带者，现在已经过世了。"我第一次用海洛因的时候，"她对我说，"感觉像被温暖地拥抱了。"她用一个短语就讲出了她的生命故事，并总结了物质依赖成瘾者的全部心理和化学渴求。

第 15 章

可卡因、多巴胺和糖果棒：成瘾的激励机制

————

丽莎站在我的办公室中央，掀开她的衬衫，向我展示分布在她腹部、胸部和背部的零散红疹。她的身体像僵硬的木偶般抽搐着。她弯曲的右臂抱着一个巨大的橘色塑料瓶，就像抱着一个婴儿或娃娃，她的左手则抓着头发。虽然丽莎已经 24 岁了，但她在情绪上仍然极不成熟，并且外表也像个孩子。当我见到她的时候，我常常觉得她应该回家玩娃娃，而不是待在市区东部。今天她不安的举止使她看起来比平常更像个小孩。她短小的身材、大大的眼睛和红扑扑的脸蛋上沾满了睫毛膏和泪痕，使她看起来像偷玩母亲的化妆品后刚刚被抓住的少女。她正处在可卡因带来的欣快感中。

"我已经长这些红疹三天了。医生，这是什么？"

我让她坐下，以便检查她的手脚。她把弄脏的白袜子脱下来，我能看到她的手掌和脚底上也有一些小红点。

"恐怕是梅毒。"我告诉她，"你需要做个血检。"

在 20 年的家庭医生生涯中，我从没见过一例梅毒；但在市区东部，我经常诊断出这种疾病。

丽莎跳了起来，她的塑料瓶摔到地上，里面的液体飞溅出来。"怎么可能是梅毒？"她的声音混合着孩子般的惊讶与抱怨，"我听说梅毒是性病。"

"它确实是。"

"如果对方只射在外阴上，你也能得上？"

这一瞬间，我对她的幼稚程度彻底无语了。

"对方是谁？"我问，"他也得接受检测。"

"我哪知道，医生？那是在巷子里。我在找吸毒钱。那天刚好是福利周三的前一天，我实在等不了了。"

～

很多成瘾者都告诉过我，相比海洛因，可卡因是"更加严苛的工头"，也更难逃离。虽然它不会造成海洛因那么痛苦的生理戒断反应，但想要使用它的心理驱动力似乎是难以抵抗的，即使它已经不再带来快感。

可卡因通过阻断神经递质多巴胺回到释放它的神经细胞，来提高它在脑内的水平。（我们讲过，所有成瘾药物都通过占据细胞表面的受体位置起作用。）可卡因的作用衰退得很快，因为它只在很短的时间内占据受体，然而获得下一次多巴胺高潮的使用欲望却立刻加倍。就像其他兴奋类药物（比如冰毒、尼古丁和咖啡因），可卡因直接进入大脑的一个系统，这个系统和我们上一章讲到的依恋－奖赏的阿片系统一样强大，并在物质成瘾和行为成瘾中都起到关键作用。

中脑里有一个区域在被激活时，可以引发强烈的快感和欲望，这个区域被称为中脑腹侧被盖区（ventral tegmental apparatus，VTA）。研究者在实验鼠的

VTA 区植入电极，并给它们一根杠杆，使它们可以自主刺激这个脑区。这些老鼠会持续刺激到精疲力竭。为了能够到杠杆，它们会忽视食物和疼痛。人类如果企图持续自我刺激这个脑区，也会把自己置于危险的境地：一个人类被试在 3 小时内刺激了自己 1500 次，"以至于他体验到了近乎灭顶的欣快感和兴奋感，研究者不得不强行停止实验，不论他如何竭尽全力地抗议"。[1]

多巴胺这种神经递质是使 VTA 和与它相关的脑回路如此强力的主要原因。源自 VTA 的神经纤维会在一个对成瘾起关键作用的脑区——也就是位于大脑外下方的伏隔核（nucleus accumbens，NA）——触发多巴胺释放。NA 的多巴胺水平突然上升会触发成瘾者最初的兴奋感和欣快感，而这也是老鼠和人类不断按压杠杆时所追求的。所有可以滥用的物质都能提升伏隔核的多巴胺水平，其中可卡因这样的兴奋剂效果最突出。

与阿片系统类似，大自然并不是仅为了让全世界的瘾君子和吸毒者感觉更高兴、更专注、精力更充沛，而设计了 VTA、NA 或者大脑的其他多巴胺系统。

事实上，人脑的多巴胺回路对于生存的作用并不比阿片系统小。如果说阿片通过给予我们快感来帮我们完成奖赏 – 寻求活动，多巴胺则在最初启动这些活动。它也在新行为的学习和日常应用中起到关键作用。

通过与前脑和皮质连接，VTA 为另一套涉及成瘾过程的主要脑内系统建立了神经基础：激励 – 动机系统（incentive-motivation apparatus）。这个系统对强化做出反应，而所有强化物都能起到提高 NA 的多巴胺水平的作用。

让我们假设你进入一个假定的情境中：你在万圣节的袋子里看见一块巧克力棒，你被想要立刻吃掉它的欲望抓住了——一个正强化行为的经典例子。因为你过去吃过类似的巧克力棒，并且喜欢那种体验。现在，当这个新巧克力棒进入你的视线时，NA 就开始释放多巴胺，刺激你去吃一口。然而这个巧克力棒是属于你四岁的女儿的，她指控你偷她的东西。"是多巴胺先下的手。"你辩解道。你"理性正常"的学龄前女儿立刻就不生气了。"当然，爸爸。"她甜甜地说，"因为与过往愉悦经验有关的线索会触发 NA 的多巴胺水平飙升，并激发达成行为。看到我的巧克力棒是你的线索，而吃掉它是你的达成行为。你的强化系统真是可预测到让人无语。""哇！"你会说，"你说得太对了，宝贝。所以你会跟我分享你的最后一块巧克力吗？""没门！你的多巴胺回路跟我可没关系。"

与成瘾药物使用相关的环境线索（比如设备、人、地点、情境），都是重复使用和复吸的强大刺激源，因为它们都会触发多巴胺分泌。比如，如果企图戒烟的人过去经常边玩牌边抽烟，我们就会建议他们远离扑克牌。除非我市区东部的病人们能够搬到城市的其他区域或者康复中心去，否则他们将永远无法停止吸毒，即使他们强烈地希望停下。这不仅是因为在这里成瘾药物随处可见，还因为这个环境中的所有人和事都在提醒他们吸毒。

强化在所有成瘾中都非常重要，不论那种瘾与药物是否相关。对我而言，那些西科拉唱片行里毫不留情的唱片推销者离波特兰酒店只有几个街区显然是件很糟的事情，在多数日子里，我在通勤过程中就可以拜访这家我最爱的音乐店。就像我之前描述的，当我接近商店的时候，即使我并没打算去那儿，也会感觉到兴奋感上升，并想要停下车走进去。在我的伏隔核里，多巴胺正在流动。这种激励是强大的。

不用说，像食物和性这样对生命至关重要的强化物会激活 VTA，并触发伏隔核的多巴胺分泌，因为执行与求生相关的行动正是激励 - 动机系统存在的意义。正因如此，这个系统在启动搜寻食物和其他维生活动、寻求性伴侣和探索环境等活动方面，具有决定性作用。当我们探索新鲜事物和场景，并用过去的经验评估它们的时候，VTA 和 NA，以及它们与其他大脑回路的连接也处在活跃状态。换句话说，当一个人需要知道"这个不论是什么的新玩意儿会帮助我还是伤害我，我会不会喜欢它"的时候，VTA 里的神经纤维也会触发 NA 的多巴胺释放。多巴胺系统在探索新鲜事物中的作用，解释了为什么有些人会热衷于冒险行为，比如在街上飙车——这是体验多巴胺释放带来的兴奋感的一种方式。

多巴胺活动也造成了很多成瘾者报告过的一种有趣的现象：获取和准备成瘾物质本身也给他们带来兴奋感，并且那种兴奋感和注射药物时的药理学反应不同。"当我拿出注射器，捆上止血带，然后清洗手臂的时候，我会觉得自己好像已经被扎中了。"我们在第 6 章里聊过的怀孕女性西莉亚曾这样告诉我。很多成瘾者坦言他们就像害怕放弃成瘾药物本身一样，害怕放弃与使用药物相关的活动。

⟜

多巴胺系统和成瘾之间的关联的证据令人惊叹。动物实验虽然读来令人痛苦，但具有惊人的科学真实性和技术专业性。一项对于被训练酗酒的小鼠的研究显示出多巴胺受体对于物质使用的重要性。这些小鼠的伏隔核被"注入"了多巴胺受体。在注入之前，这些啮齿动物所拥有的多巴胺受体比正常量少。受体被编入无害的病毒中，并最终进入动物的脑细胞中，这样一来，受体活动就能暂时达到正常水平。只要这些人工多巴胺受体存在，小鼠的酒精摄入就会显著减少——但植入的受体会自然损耗，小鼠也就会再次逐渐开始酗酒。[2]

为什么这个结果如此重要？首先，就像我已经解释的，慢性使用可卡因会减少多巴胺受体的数量，并以这种方式驱使成瘾者使用药物来补偿失去的多巴胺活动。丽莎最终会在街角染上梅毒毫不令人奇怪，那就是她获得脑内的激励回路强烈要求的物质的方式。（如果她只对尼古丁上瘾，就可以买到一包由可靠的制造商和经销商提供的药物了。）酗酒者、海洛因和冰毒成瘾者的多巴胺受体量也会下降。[3]

更重要的是，如今，研究显示最初就相对少的多巴胺受体量可能是成瘾行为的生物学基础之一。[4] 当我们天然的激励 - 动机系统受损，成瘾就成了最可能的结果。但为什么有些生物（不论人类还是非人类）具有的多巴胺受体数量会相对少呢？换句话说，为什么他们的自然激励系统运作不足呢？我很快就会为你提供一些证据，展示这样的匮乏并非随机发生，而是有可预测、可预防的原因的。

就像我们现在看到的，成瘾不可避免地涉及阿片回路和多巴胺回路。多巴胺系统在启动和建立药物摄入和其他成瘾行为方面最为活跃，它是强化所有药物滥用模式的关键，不论是酒精、兴奋剂、阿片类物质、尼古丁还是大麻。[5] 欲望、需要和心理渴求都是激励性的感受，因此我们很容易理解多巴胺为何也是非药物成瘾的核心。另一方面，阿片类物质（不论是天然的还是外部的）则对成瘾的快乐 - 奖赏部分负责。[6]

阿片回路和多巴胺通路是我们称之为"边缘系统"或称"情绪脑"的重要组成部分。边缘系统的回路处理各种情绪情感，包括爱、欢乐、愉悦、痛苦、愤怒和恐惧。虽然内涵复杂，但所有情绪都是为了一个基本目的而存在，即启动和维持那些对生存来说必要的活动。简而言之，它们调节在动物（包括人类）生命中具有绝对重要性的两种驱动力：依恋和厌恶。我们总想要接近积极、美好、滋养的事物，并抵制或躲避具有威胁性的、令人反感的、有毒的事物。这些依恋和厌恶情绪是由生理和心理刺激引发的，并且如果能够健康发育，情绪脑就成为一个正确可靠的人生向导。它会协助我们保护自己，也会使有爱、充满关怀、健康的社交互动成为可能。而如果情绪脑受损或被迷惑（这种情况在充满复杂性和压力的"文明"社会中经常发生），它就只会给我们带来麻烦。成瘾就是最主要的功能不良方式之一。

第 16 章

恰如被困在童年的孩子

———

昨天，克莱尔坐在我办公室外的门厅里，对等待中的病人们破口大骂。当我打开门让下一个人进来时，她就把谩骂指向了我。"你根本不是个医生，你就是个黑手党！"——这是她对我的所有辱骂中最轻的一句。谁也安慰不了她。波特兰的护士金姆最终警告克莱尔，如果她不立刻离开，我们就叫警察。她一边哭一边从旁门离开了波特兰的前院。每走一两步，她就会转过身，毫无目标地叫骂两句，脏话伴着横飞的唾沫从她腐烂的牙齿间喷出来。

克莱尔的黑暗面发作时就是这个样子。她是波特兰最难对付的人之一。新工作人员被教导绝对不能让她进入接待室，不论她看起来状态有多好。她最近的一次边缘性情绪发作破坏了一个打印机和前台的电话系统。

大多数时候，她像一个成长过度的大孩子一样走来走去，渴求着爱意。

"马泰博士，我的拥抱在哪儿？"她会在街上大叫着向我冲过来——这不是针对我的，她也会乞求金姆和其他曾对她表示善意的波特兰员工。她对内啡肽的需求和她对可卡因带来的多巴胺高潮的需求一样贪得无厌。

今天她来咨询我医疗问题，我们就可以平静地讨论前一天的事件了。

"我可以用两种方式中的一种来对待你。"我说，"我可以把你完全当成一个精神病人，那样你就不用为你做的事情负责；或者可以不把你当成一个精神病人，这是我目前希望跟你交流的方式。但这种情况下，你就得为你的行为负责。你想选哪个？"

"我不知道怎么回答。"她悲哀地笑道。

"克莱尔，你对我叫骂是不可接受的。根本没发生过什么；或者即使发生过，那也只发生在你的头脑中，而非现实世界里。你昨天对我尖叫，还对着一群跟你一样有权利见我的人尖叫。"

克莱尔低下头。"我知道，但我还是不知应该如何回答你。"

"昨天是因为可卡因吗？"

"可能。我也不清楚。"那就是"是"的意思。

我的声音有些失控。"我真的不认为你那个时候是能够自控的。"我说，"我不相信你是故意那么做的。"

克莱尔抬起眼睛直视着我。"当然不是。"她静静地说。

"但你故意做的事情，是使用可卡因。"

"因为我对它上瘾。"

"那是你的选择。"我回答。

这句话一出口，我就知道我在谈陈词滥调。从某种角度来说，我们做的所有事都是选择。但从科学的角度看，克莱尔的反应却很典型。她解释说自己成瘾，因此自己不是故意使用药物的——这与科学证据一致。这听起来像个借口，但在神经科学意义上，却所言非虚。

"近期的研究显示，重复的药物使用会导致大脑中的长期变化，并破坏自主控制。"时任国家药物滥用研究所主管诺拉·沃尔科夫博士在与其他人共同执笔的一篇文章中写道，"虽然初始的成瘾药物试验和娱乐性用药可能是自主的，一旦发展为成瘾，这种控制就会遭到显著破坏。"[1]换句话说，药物成瘾破坏大脑中负责决策的部分。

我们已经看到动机和奖赏的大脑回路被成瘾行为利用了。在本章中，我们会探讨成瘾破坏自我调节回路的科学证据——成瘾者需要这些回路才能选择不做一个成瘾者。

我们知道哪些脑区负责控制大拇指的旋转。如果那个区域的皮质遭到破坏，大拇指就不能动了。同样的原理也可以应用在决策制定和冲动调节方面——它们也受到特定的脑回路和系统的支配，但比简单的物理动作要灵活、复杂许多。

和动作活动一样，我们已经通过研究脑损伤案例，发现了负责意志和选择的脑区。当特定的脑区受损时，就会出现可预测的理性决策能力受损和冲动调节能力减弱，而脑成像研究和心理测验显示，药物成瘾也会破坏同样的区域。这会造成怎样的结果？如果说由强大的激励和奖赏机制驱动的对药物的渴求还不够的话，在此基础之上，那些平常应该阻止和控制这些机制的回路还不工作了。事实上，这两者会成为成瘾过程的共谋。这是一个双重打击：守门人开始帮助小偷了。

要想了解这件事究竟是怎么发生的，我们就需要再研究一下大脑的解剖和生理学。

人脑是这个宇宙中最复杂的生物学实体，它包含 800 亿到 1000 亿个神经细胞或神经元，其中每个都可能通过分叉与其他神经细胞建立数以千计的连接。不仅如此，还有数以万亿计的"支持"细胞，它们被称为胶质细胞，可以帮助神经元成长和工作。如果一个人类的全部神经连接从头到尾连成线，可以长达数十万英里。难以计数的脑回路和回路网络同时并行工作，每秒可以产生数百万种放电模式。不足为怪，大脑会被称为"由多系统组成的超级系统"。

一般而言，大脑中生理上位置越高的脑区，在进化上发展得就越晚，功能也就越复杂。呼吸、体温这样的自动功能在脑干中进行调节；情绪回路比它的位置高；而在大脑的最顶层，则是大脑皮质，或称脑灰质。没有一个区域是孤立工作的；每个区域都与远近的其他回路保持着持续的沟通，并都受到来自大脑和身体其他区域的化学信使的影响。随着人类发展成熟，高层的大脑系统开始能够对低层的系统施加一些控制。

"皮质"是树皮的意思，层层叠叠的大脑皮质将余下的大脑包裹起来，就像树皮包着树一样。大概一张餐巾纸的大小和厚度里，就包含了组织成多个核心中枢的神经元细胞，其中每个中枢都具有高度分化的功能。举个例子，视觉皮质位于大脑背侧的枕叶，如果遭到破坏（比如由于脑卒中），视觉就会丧失。大脑中演化最晚的皮质是前额叶皮质，也就是位于大脑前部的灰质区域，它使我们区别于其他动物。

额叶皮质（尤其是前额叶的部分）可以被简明扼要地解释为大脑的首席执行官。我们正是在这个区域权衡方案、考虑选择；情绪冲动也会在这个区域受到评估，然后或者被允许，得到执行，或者如果必要的话，被抑制。根据神经心理学家约瑟夫·勒杜（Joseph Ledoux）所述，皮质的最主要职责之一，是"抑制不当反应，而非产生适当反应"。[2] 精神病学家杰弗里·施瓦兹（Jeffrey Schwartz）写道，前额叶皮质（prefrontal cortex，PFC）通过在一个场景中只允许执行一个反应，并抑制许多其他反应，"在表面看来自由的对行动的选择中起到关键作用"。"因此，当病人的这个区域受损时，他们就会被自己对所处环境的不当反应搞得寸步难行。"[3] 换句话说，PFC 功能受损的病人的冲动控制会很差，他们的行为从别人的角度看来会显得幼稚、怪异。

社会行为也是在额叶皮质中学习的。当小鼠负责执行功能的皮质被破坏时，他们仍然能够生存，但仅能达到未习得社会技能的不成熟幼体的水平。它们的行为表现与被隔离成长（与其他小鼠没有过社会游戏或其他接触）的小鼠相同。[4] 右侧前额叶皮质受损的猴子会失去交流能力，比如不能理解情绪信号、看不到互相梳理毛发对正常社会交往的必要性。它们很快就会被同伴驱逐。前额叶受损的人也会失去很多社会功能。前额叶皮质中的神经系统与成瘾牵连极深。

前额叶皮质的执行功能并不局限于任何一个单独的区域，它的正常运作仰赖于与大脑下层情绪系统（或称边缘系统）的健康连接，以及来自这个系统的正确输入。反之，功能不良的皮质则会协助成瘾行为发生。我们现在会聚焦前额叶区域中的一个特定部分，理解这件事情是如何发生的。

〜

很多研究把成瘾和眶额皮质（orbitofrontal cortex, OFC）联系起来。[5] OFC 是眼眶附近部分的前额皮质，对药物成瘾者而言，无论他们是否处于药物兴奋状态，这个部分的功能都不正常。OFC 与成瘾的关系来自它在人类行为中的独特作用，以及它拥有的大量阿片和多巴胺受体。它可以受到药物的强烈影响，并猛烈地强化吸食习惯。在非药物成瘾中，它也起到关键作用。当然，OFC 并不孤立地发挥功能（或出现功能障碍），也不是唯一一个涉及成瘾的皮质区域，而是作为一个覆盖广泛、高度复杂的多层级网络的一部分运作。

通过与边缘（情绪）系统紧密连接，OFC 成了情绪脑的中心，并且是它的任务控制室。对正常环境下的成熟人类而言，OFC 是情绪生活的最高裁判员。它从所有感官系统收集信息，这使它能够处理像视觉、触觉、味觉、嗅觉和声音这样的环境数据。为什么这一点如此重要？因为 OFC 的工作正是基于当下信息和过往经验，评估刺激的本质和潜在价值。早年的重要成长事件的神经痕迹刻入 OFC 之中，而 OFC 又与其他负责记忆功能的大脑结构相连。举个例子，早期记忆中与愉悦体验相关的气味很可能会被 OFC 判定为积极的。通过提取意识和无意识中的记忆线索，OFC "决定"刺激的情绪价值。比如，我们是否特别受一个人、一件东西或者一个活动的吸引？或者我们可能非常厌恶它们，又或者对它们态度中立？ OFC 不断评测外界情境的情绪重要性，以及它们对我们个人的意义。通过这些我们并无觉察的处理过程，OFC 在几微秒里就决定了我们对他人或外界的态度。鉴于我们的好恶很大程度上会影响注意力的方向，OFC 就帮我们决定了在某一时刻，我们应该关注什么人或什么事。[6]

大脑右侧的 OFC 对社会和兴趣行为（包括爱和依恋关系）尤其具有独特的影响力。这个区域尤其专注于对自我和他人互动的评估，并且不间断地玩着"谁爱我，谁不爱我"的游戏（虽然这对求生非常关键）。它甚至会评估"他或她有多爱我，或者多不喜欢我"。

语言的字面意义是在左脑的特定区域解码的，而右脑的 OFC 负责解释沟通中的情绪内容——对方的肢体语言、眼神变化和语气语调。OFC 关注的线索之一是对方瞳孔的大小：在社交互动中，尤其在微笑的脸颊上，扩大的瞳孔通常意味着享受和欢乐。婴儿对这类线索高度敏感，患失语症的成人（这些人通常由于脑卒中而失去了理解口头语言的能力）也是如此。由于他们关注物理和情绪信息而非言语信息，小孩和失语症患者比我们大多数人更善于识别谎言。

这种转瞬之间的分析功能是无意识的。就像老童谣"鹅妈妈"里唱到的，我们可能很能意识到结果，却意识不到过程。

> 我不喜欢你，费尔医生；
> 我说不出为什么；
> 但这我知道，知道得很清楚，
> 我不喜欢你，费尔医生！

事实上，可怜的费尔医生成了匿名诗人的 OFC 的受害者。或者也可能费尔医生自己的 OFC 刚过了很糟的一天，就冒着会把非文字爱好者搞糊涂的风险写了这首诗。

OFC 也促进决策，并抑制可能产生有害影响的冲动的执行，比如不当的愤怒和暴力。最后，脑科学研究者也把 OFC 与我们在决策过程中平衡短期目标和长期后果的能力相连。

成像研究持续表明药物成瘾者的 OFC 功能异常，并显示出血流以及能耗和激活方面的不良功能模式。[7] 于是，心理测验也毫无疑问地显示出，药物成瘾者更倾向于"在面对长短期利益冲突，尤其是在涉及风险和不确定性的时候，做出适应不良的决定"。[8] 由于大脑系统（包括 OFC）的调节机能很差，这些人似乎被"设定"为仅看重短期得利（比如嗑药带来的愉悦），即使冒着长期痛苦的风险（包括疾病、个人丧失和法律问题等）。

许多对药物成瘾者的大脑成像研究都发现，他们在戒毒后 OFC 的活跃度不足。[9] 与之对应的是，对可卡因成瘾者的心理测验也显示他们决策能力受损。在一项研究中，他们在决策能力的一些关键维度的得分仅有正常人的 50%，只有额叶皮质受过物理损伤的人比他们得分更低。[10]

这看起来可能很像一个悖论：在心理渴求时，OFC 是过度激活的，但并非为了提高决策能力，而是为了启动渴求本身。原来，OFC 的不同部分具有不同的功能：一个部分涉及决策，另一个部分则涉及心理渴求的自动启动和情绪。[11] 在成像研究中，当成瘾者想到成瘾药物时，OFC 会点亮。[12]

在人类和动物研究中，功能异常的 OFC 也与强迫行为有关。即使在移除奖赏之后，OFC 受损的小鼠仍然会持续寻求奖赏和进行成瘾活动。正如那些研究者所述，"这些发现与成瘾者们的报告类似，他们称自己一旦开始滥用药物就无法停下来，即使药物已经不再带来愉悦。"[13]

如果我们考虑克莱尔的理性判断和冲动控制机制（显然包括 OFC）已经受损的可能性，我们就可以开始理解她在前一天的攻击性行为，并赞同她对自己并未"故意"使用可卡因的辩解。在功能不良的 OFC 的影响下，她几乎没有冲动抑制机能。相反，她的身体和头脑中还携带着巨量的混乱且永不止息的愤怒。克莱尔曾在她母亲没有注意到或故意无视的情况下，被她的父亲反复强暴了多年。基于这种经历，可以肯定克莱尔几乎从出生之时起，就遭受了物理和心理上的双重遗弃。那些事件的情绪线索编码在 OFC 的神经模式里，包括那些她甚至无法有意识地回忆起的经历。[⊖]

可卡因会解除对攻击性的抑制。一开始就没有多少冲动控制能力的克莱尔，在药物的影响下变成了一台暴怒机器——自动自发，并且在那时毫无主观意志。

那么当我在办公室里跟她谈话时，我说的"选择"在哪里？那是指她在前一天开始使用可卡因的选择。让我们从大脑活动的角度考虑这个问题。毫不夸张地说，成瘾药物是克莱尔在她三十多年的人生中曾找到过的主要安慰来源。她从青少年时期就开始吸毒，成瘾药物帮助她缓解了剧烈的情绪痛苦、孤独、焦虑和对世界的深刻恐惧。因此，她的 OFC 已经被训练成一想到"解决"，就会对成瘾药物产生强烈的情绪渴求的模式。成瘾研究把这种动态称为显著性归因：给错误需求赋予很高的价值，而贬抑真实需求。这个过程是在无意识中自动发生的。

我们现在可以重构前一天的事件。当克莱尔看到塑料袋里的白色可卡因粉末、针管和注射器时，或者当她想到它们时，她的大脑会高度积极地做出反应。由于 OFC 对我们在上一章描述的激励中枢的影响，多巴胺会开始流进克莱尔的中脑回路，而这会强化对成瘾药物的心理渴求。任何关于负面后果的想

　　⊖　有意回忆的大脑结构在出生后的第一年里才发育，而储存情绪记忆的内隐记忆系统从出生时就存在了。（并且如果它在那时就存在，有可能在出生之前它就已经存在。）

法都被推到一边：本该站出来警告她那些后果的那部分 OFC 已经被束缚住了。此刻，克莱尔那被多年的成瘾药物使用损伤（并且之前可能就已经受损）的 OFC 就会鼓励自伤行为，而不是抑制它。于是她注射了。

　　10 分钟后，她在我的办公室外坐下。某个人说了什么不对的话，或者可能只是她自己这么以为。她的 OFC 无意间回忆起她多次被攻击、侮辱、伤害的经历，并把当时的刺激解释为一种严重的攻击。克莱尔被激怒了。PET 扫描显示，OFC 会分辨出他人愤怒、厌恶和恐惧的面部表情（而非中立的表情），并对它们做出反应[14]——所有那个"冒犯"她的人需要做的，仅仅是字面意义上的"错看了她一眼"。

　　在读完这些描述后，你可能认为我相信药物成瘾者对他们的行为没有责任，也没有选择。那并不是我的看法，我接下来会解释。尽管如此，我希望我在这里已经讲清楚：在现实世界中，选择、意志和责任并不是清晰绝对的概念。人们的选择、决定和行为都在一个语境中发生，并且那个语境很大程度上取决于他们的大脑功能如何。大脑自己也在现实世界中发育，并被个体（在儿童期）毫无选择的条件所影响。

～

　　在这一章里，我们已经看到作为大脑系统的核心部分之一，眶额皮质可以调节我们处理情绪和对它们做出反应的方式，并以多种方式参与到物质依赖之中。首先是情绪上对成瘾药物的过度看重，这令药物成为成瘾者主要并常常是唯一的关注点。它贬低其他目标的价值，包括食物、健康和关系；并且通过被与成瘾药物（或活动）相关的念头激活，促进心理渴求。最后，它未能完成冲动抑制的任务，反之还教唆和助长它的敌人。

　　所有这些都可以解释我与另一个病人唐的一次令人震惊的对话。话题从他坐下等待他的美沙酮处方并随意地跟我聊天开始。

"你说什么？"

唐看着我难以置信的表情，给了我一个狡猾的微笑，就像一个小孩正要对宠溺自己的叔叔坦白自己的小过失一般。"你听见我说的了吧。我在药店外尿在一个人腿上了。我被那家伙搞得很烦，所以我就说：'乔治，你说的全是狗屎。这样够湿了吗？'然后我就尿在他裤子上了。"

我仍然不相信地摇着头。"你那么干了？"

"对啊，我尿在乔治腿上了。"

唐已经三十多岁了，除了美沙酮，他还在服用镇静剂来控制他的行为——这些药效果不错，直到他开始用冰毒。然后就什么都不管用了。

"好吧，你干了。"我说，"你觉得那样合适吗？"

今天唐没有吸毒，于是他在回答我的问题之前考虑了一会儿。

"不，那其实挺蠢的……但……那有点像……像……有了成瘾……我就像是个被困在童年的孩子。"

就是这句话——浓缩版的成瘾神经生理学。攻击能量以暴怒和侵犯的形式表达出来，在孩子身上迅速爆发，这是因为能够允许他们以其他方式解决沮丧的大脑回路还没有形成，冲动控制回路也还没连接起来。从青少年时代就开始吸毒的唐从未成熟过。几十年药物成瘾的生活没有给他的行为和大脑成熟留下什么空间。研究显示，成瘾药物使用者的灰质和白质量会减少，并且这种皮质物质丧失与使用药物的时长有关。唐的经历与这些研究发现吻合。[15]

唐很多年都没有过家，一直靠一点市井小聪明、快速的反应和直觉在这个城市丛林中求生。他无法适应其他任何地方。他发展出了某种狡猾的智慧，但从来没有能力自我控制、进行正常社交，或企及任何程度的情绪平衡。当他发展不健全的大脑机制被成瘾药物吞没时，他就变成一个年龄很小的小孩，如他自己所说，他从未被从童年中释放。

第四部分

成瘾大脑如何发育

———

我们的社会如果能真正重视出生后第一年里孩子与我们的情绪纽带的重要性，

就不会允许孩子在不健康的环境里成长，

也不会允许家长被迫挣扎在无法健康养育子女的环境里。

——斯坦利·格林斯潘（Stanley Greenspan, M.D.）
儿童心理学家，
美国国家精神卫生研究所临床婴儿发展项目前主管

第 17 章

他们的大脑从未有过机会

————

　　我的第一本书《散乱的大脑》出版于 2000 年，主要讨论 ADD，一个我自己也有的问题。而 ADD 恰好也是多种成瘾的风险因素，包括尼古丁、可卡因、酒精、大麻和冰毒成瘾，以及赌博和其他行为成瘾——但这并不是我在这里谈到这本书的原因。我在这里想讲一个这本书即将出版时的轶事。

　　在《散乱的大脑》里，我列出了一些完善的研究证据，显示哺乳动物的大脑发育很大程度上取决于环境影响，而非严格由基因决定，人脑尤其如此。虽然发现得很晚，但这些结论是毋庸置疑的，尤其在脑科学界。它们并非晦涩的学术圈秘密，已经登上了《时代周刊》和《新闻周刊》的封面。

　　那时，我正跟一名从多伦多打来电话的年轻制片人讨论是否接受国家电视节目的访谈。我们过了一遍在电视上我会谈到的内容。我刚要开始谈一些更令我着迷的科研论点时，就被她打断了。"等等，你该不会是要告诉我母亲的瞳孔大小和她看向自己婴儿的方式，会影响孩子的脑化学情况吧？""它不仅能改变，"我说，"而且还是立刻改变！"我说得很兴奋，以为制片人和我一样对发展神经科学的成果着迷。"随着时间过去，如果存在一种模式……""那太荒唐了。"她再次打断了我，"我们不可能播这种东西。"在我能够询问她是基于什么理由抵制近几十年的科研成果之前，她就把电话挂了。

我完全理解为什么那名电视制作人或者任何一个普通人难以接受脑科学的新发现：身 – 脑割裂的观点在我们的文化中很流行，并且我们已经被长期教育去相信基因决定了一个人的一切，从人格特质、行为、饮食习惯到一切与疾病相关的情况。更令人困惑的是，在医学界，这些新知几乎无人了解。尽管顶尖科学和医学期刊上已经发表了数以千计的相关研究论文，还有数不清的主题论文、会议文件，数本优秀的学术专著，探讨许多医学院没有教过的环境对大脑发育的作用，[1] 但这些研究成果却没有被应用到儿童和成人的医疗实践中。不仅仅是大脑发育在医学训练中被忽视了，就连人类的心理发展也是如此。神经学家安东尼奥·达马西奥（Antonio Damasio）曾这样评论："医学生会学心理病理学，却从没学过关于正常人的心理学，这一点简直令人震惊。"[2]

这种忽视对医学实践本身和数以百万计的病人而言，都是一种损失。如果人们能更多地意识到成长经历对大脑功能和人格的影响，那么医学的每一个领域都可以得到充实和发展。而如果更多医生知道我们在这方面需要知道什么，我相信他们会促进整个社会对成瘾进行彻底和应有的反思。

子宫中和童年期的大脑发育是唯一一个重要到能决定一个人是否会易于依赖成瘾药物或进行任何成瘾行为（不论是否关乎药物）的生物学因素。这个观点可能初看令人诧异，却有着充足的科研支持。文森特·费利蒂博士是凯撒医疗和美国疾控中心的一项划时代研究的首席研究员，该研究涉及超过 17000 个美国中产样本。"成瘾的基本成因主要根植于童年经历而非成瘾药物。"他写道，"目前大众对成瘾的观念是毫无根据的。"[3]

声明童年大脑发育对成瘾有最主要的影响，并不是排除基因的作用。而成瘾医学中对基因影响的重视，以及其他医疗领域这样的做法，却会阻碍我们对成瘾的理解。

$\backsim$

"人脑，这个三磅重的控制着我们行动的神经细胞混合体，是世间最神秘伟大的创造。它是人类智力的所在、五感的解释者、行动的控制者，并持续激发着科学家和大众对这个不可思议的器官的兴趣。"

老布什总统用这番话将20世纪90年代命名为"脑的十年"，更鼓舞人心的是，美国继而扩大了对大脑工作原理和发育的研究。当新的研究成果和以前的信息整合起来时，关于大脑发育的崭新而激动人心的观点就出现了。过去的假说被抛弃，新的范式得以建立。当然，还有很多细节尚待发现，就像雅克·潘克塞普教授在《情感神经科学》中谈到的，研究工作可能还需要几个世纪才能完成，但其主要观点是毋庸置疑的。基因在人类大脑发育中起决定性作用的观点，已经被一个根本上不同的观点代替：基因潜能的表达在很大程度上取决于环境。基因确实决定了人类中枢神经系统的基本架构、发展流程和解剖学结构，但那些决定我们多大程度上能良性运行的化学物质、连接、回路、网络和系统，被留给了环境去塑造和调节。

在所有哺乳动物中，我们人类在出生时的大脑发育程度是最低的。新生动物在婴儿期完成任务的能力，远远超过人类婴儿。比如马出生的第一天就能跑了，而大多数人得长到一岁半甚至更大，才能聚集足够的肌肉力量、视觉敏锐度、神经控制技能（包括感知、平衡、空间定向和肢体协调）来完成这项活动。换句话说，马在一出生的时候，大脑发育就至少已经比我们提前了一岁半；以马的寿命来算，提前量还要更多。

　　我们为什么要背负跟马相比如此大的劣势呢？我们可以把这当成大自然的一种妥协。我们进化上的祖先得以直立行走，这使他们的前肢获得了自由，而可以演化出能够进行细致复杂活动的双臂和双手。而手部灵活性和多功能性的进步需要大脑体积的巨量增大，尤其是额叶区域。我们用来协调手部动作的额叶，比我们在进化上最近的亲戚黑猩猩都要大得多。这些区域，尤其是前额叶区域，也负责问题解决、社会和语言技能等帮助人类繁盛发展的技能。当我们变成两腿走路的物种后，人类的胯骨就不得不收窄，以适应直立的姿势。当人类在子宫里长到九个月大的时候，头部成了周身上下直径最宽的位置，也是最有可能在通过产道时卡住的位置。这是很简单的工程学问题：大脑如果在子宫中长得更大，我们就生不出来了。

　　为了确保婴儿能够顺利通过产道，我们的祖先不得不讨价还价，让大脑在出生时保持相对小体积而不成熟的状态。这样一来，大脑就需要在母亲体外经历大量的成长。与黑猩猩不同，人类大脑在出生后的一段时间里，仍然会以与在子宫中同样的速率成长。在出生后第一年的有些阶段里，每一秒钟都有数百万神经连接或突触被建立起来。我们大脑成长的 3/4 发生在子宫以外，多数在早年完成。到三岁的时候，大脑已经达到了成人大脑大小的 90%，而身体只有成人的 18%。[4] 这种子宫外的爆炸式成长赋予了我们比其他哺乳动物都高出许多的学习和适应潜能。如果我们的大脑在出生时就已经严格根据遗传发育完成，额叶的能力就会受限，而无法帮助我们学习和适应人类现在的多样化生活环境和社会情境。

　　高风险，高回报。在相对安全的子宫环境之外，我们发育中的大脑在面对潜在的不利环境时极度脆弱。成瘾就是一个可能的负面后果——尽管正如我们将在讨论基因的影响时看到的，有时大脑可能在子宫中就已经受到了负面影响，而这会提高成瘾和患其他许多危害健康的慢性疾病的可能性。

　　90% 的人类大脑回路在出生后发育完成，这个动态过程被称为"神经达尔文主义", 因为它涉及对那些帮助适应环境的神经细胞(神经元)、突触和回路的选择, 和对其他神经元的废弃。在生命早期, 婴儿的大脑里有比实际所需的多得多的神经元和连接——比最终需要的多出数十亿个神经元。这种过度发育的混乱突触连接需要被修剪, 才能把大脑塑造成一个能够支配行为、想法、学习和关系, 能同时完成其他多种多样的任务, 并能将它们以最佳方式协调起来的器官。哪些连接能够留存很大程度上取决于环境的输入。常用的连接和回路会被加强, 用不到的就会被剪掉: 事实上, 科学家把神经达尔文主义的这个部分称为**突触修剪** (synaptic pruning)。"神经元和神经连接都在竞争中求生和发展。" 两位研究者写道, "经验会导致一些神经元和突触(而不是其他)存活并发展。"[5]

通过这个对不使用的细胞和突触的修剪过程, 被选择留存的有用连接会形成新连接, 成熟人类的特定神经回路就出现了。在很大程度上, 婴儿的早年经历会决定他们的大脑结构如何发育, 以及他们脑中控制人类行为的神经网络如何成熟。儿童精神病学家和研究者布鲁斯·佩里 (Bruce Perry) 曾写道: "成长经历决定了大脑成熟后的组织和功能状态。"[6] 而美国国家精神卫生研究所生物精神病学分支的主管罗伯特·波斯特 (Robert Post) 教授则是这样表述的: "在这个过程中的任何时间点上, 你都有可能接收到好的或坏的刺激, 并定型大脑的微观结构。"[7] 那些在青少年时期或成年后对有害药物慢性成瘾的孩子的问题就发生在这里。这就是那些重度静脉注射药物使用者的真实状况, 比如我在市区东部遇到的那些人。在其他情况中, 问题并不在"坏刺激"上, 而是缺乏足量的"好刺激"。

大脑发展的基因潜能只有在有利的环境中才能完全发挥出来。要想理解这一点, 你只需想象一个各方面都被照顾得很好, 但被锁在黑暗房间中的婴儿。经过一年这样的感官剥夺后, 不论遗传了怎样的潜能, 这个婴儿的大脑都将无法与其他人的大脑相提并论。尽管出生时有完美的眼睛, 但没有光波的刺激, 那三十几个共同工作让我们产生视觉的神经单位将不会发育。如果孩子在五年内都没有看到光线，出生时就存在的视觉神经元件就会萎缩，变得无法使用。为什么呢？因为神经达尔文主义。如果没有在大自然安排的视觉系统发展关键期得到所需的刺激，孩子的大脑就永远不会明白"能够看到"对生存多么重要，最终导致不可逆的失明。

视觉如此，激励－动机的多巴胺回路、依恋－奖赏的阿片回路如此，前额叶皮质的调节中枢（比如眶额皮质）也是如此——换句话说，就是我们在前三章讨论过的所有与成瘾相关的主要大脑系统都是如此。对于这些处理情绪和支配行为的回路来说，起决定性作用的是"情绪环境"。目前为止，这些环境中起最主要作用的是孩子生命中尤其是生命早期的养育者。

⟳

要想让人类大脑以最优的方式发展，三个绝对核心的环境因素是营养、安全和一以贯之的情绪滋养。在工业化的世界里，除了极度忽视或赤贫的情况，孩子的基本营养和居住需求通常可以满足。而第三个主要需求——情绪滋养，是西方社会中最可能缺失的部分，这绝不是夸大这一点的重要性：情绪滋养对于健康的大脑神经生理发育是一个绝对性的需求。"人与人的联结会创造神经连接"——加州大学洛杉矶分校文化、脑和发展中心的创始成员，儿童精神医生丹尼尔·西格尔（Daniel Siegel）这样简洁地描述。[8] 我们很快就会看到，对于与成瘾有关的大脑系统来说尤其如此。孩子必须与至少一个持续可靠、能保护他、心理上投入且相对而言没有压力的成年人有一段依恋关系。

正如我们之前学到的，依恋是我们寻求和保持与他人亲密和接触的驱动力——当达到这种状态时，依恋关系就存在。由于哺乳动物幼崽（尤其是人类婴儿）完全的无助性和依赖性，这是一种被写入哺乳脑的本能驱动力。没有依恋，我们就无法生存；没有安全和无压力的依恋，人的大脑就不能理想地发育。虽然这种依赖性会随着我们的成熟而下降，但依恋关系在我们的整个生命历程中仍然会很重要。

丹尼尔·西格尔在《心智成长之谜》（*The Developing Mind*）中写道：

> 对于婴儿和儿童而言，依恋关系是在大脑急速发展期塑造大脑发育的主要环境因素……依恋是一种人际关系，它帮助不成熟的大脑使用父母大脑中的成熟功能，以便组织自己的功能。[9]

要理解这段话，我们只需要想象一个从未被微笑以待，从没听过温暖有爱的语言，从没被温柔抚摸，也从没和人一起玩耍过的孩子。然后，我们就可以问自己：我们会预期这个孩子变成什么样呢？

婴儿需要的不仅是父母的物理在场和生理关注。正如视觉回路需要光波才能发展，婴儿大脑的情绪中枢，尤其是至关重要的 OFC，需要来自成年养育者的健康情绪输入。婴儿会读取父母的心理状态，对这些状态做出反应，并且他们的发展也受其影响。他们会受到父母肢体语言的影响：抱着他们的手臂的紧张度、语气语调、愉快或沮丧的面部表情，以及瞳孔的大小。在非常现实的意义上，父母的大脑会编写婴儿的大脑，这也就是为什么有压力的父母经常养出压力系统高速运转的孩子，不论他们有多么爱自己的孩子，又有多么努力企图做到最好。

婴儿的脑电活动对养育者的脑电活动高度敏感。西雅图的华盛顿大学进行了一项研究，比较了两组六个月大的婴儿的脑波模式：一组婴儿的母亲正患产后抑郁，而另一组的母亲则具有正常的愉悦水平。脑电图显示出两组之间的显著差异：抑郁母亲的婴儿脑电图模式也有抑郁的特质，即使在他们与母亲互动的时候（这本该是引发愉悦反应的互动）。很明显，这些影响仅在大脑的额叶区域可见，因为这里是情绪调节的中枢。[10] 这与大脑的发育有什么关系？重复激活的神经模式会被写入大脑，并成为这个人对世界习惯性反应的一部分。用加拿大的神经科学家唐纳德·赫布（Donald Hebb）的话说，"一起激活的细胞会连接在一起"。由有压力或抑郁的父母养育的婴儿的大脑更可能被编入负面的情绪模式。

父母情绪对孩子大脑生物学上的长期影响已被好几个研究揭示出来，结果显示临床上抑郁的母亲的孩子，压力激素皮质醇的浓度更高。到三岁的时候，相较于母亲在之后才抑郁的孩子，出生第一年里母亲抑郁的孩子具有最高的皮质醇水平。⊖[11] 我们由此可以看出，大脑是"依赖于经验的"。好的经验会让大脑健康发育，而坏的经验或缺乏好的经验则会扭曲大脑中核心结构的发展。加州圣何塞脑研究实验室的科学家罗恩·约瑟夫（Rhawn Joseph）博士这样解释这一点：

> 异常或贫困的养育环境会使每个突触上的轴突数量（从细胞体上延伸出来，向其他神经元传导电冲动信号的结构）下降到正常值的千分之一，发育会减缓，大脑中数以十亿甚至可能是万亿计的突触将被消除，而正常发育过程中本该被废弃的异常连接反而被保存了下来。[12]

由于大脑支配心境、情绪的自我管理和社会行为，我们可以预期，逆境体验的神经后果会导致在童年遭受痛苦的人，在个人和社会生活中也会有所损失。根据约瑟夫博士所述，其中包括"预测后果、抑制无关或不当的自毁行为的能力下降"。

这些不正是我们上一章在克莱尔和唐身上看到的功能不良吗？这也是我们在所有重度药物成瘾者身上会看到的。

我知道大部分重度慢性药物依赖的成年人在婴儿期或童年期都曾生活在极度恶劣的条件下，这给他们的发展留下了不可磨灭的印记。他们的成瘾倾向性是早年写入大脑的，他们的大脑从没有过机会。

⊖　这些信息应该增加我们对养育工作的尊重，以及社会和文化角度对养育的支持。根据我的观察，没有人会故意抑郁，新生儿母亲的抑郁经常是她的环境中缺乏足够支持的反映。

第 18 章

创伤、压力和成瘾的生物学

———

环境塑造大脑发育的观点相当简单直接，虽然它的相关细节复杂得难以想象。想象一颗麦粒。一颗种子不论在基因上是多么健全，都需要阳光、土质和灌溉这些因素的正确作用，才能发芽并成长为健康的植物成体。在相反的环境下，两颗一样的种子会长成两株不同的植物：一个高大、健壮、多产，一个则矮小、干枯、贫瘠。第二株植物并不是病了，只是缺乏发挥它全部潜能的必要条件。不仅如此，如果它在一生中确实得了某种植物疾病，我们也很容易看出贫瘠的环境是如何促成它的脆弱和易感性的。同样的原则对人类也适用。

成瘾涉及的三个主要大脑系统是基于阿片的依恋－奖赏系统，基于多巴胺的激励－动机系统，和前额叶的自我调节区域，他们都受到环境影响。所有成瘾者的这些系统都在不同程度上运行不良。我们也将看到，第四个涉及成瘾的身－脑系统——压力反应机制也是如此。

与父母之间协调、愉快的情绪互动会刺激婴儿的大脑释放天然阿片类物质。这样的内啡肽激增会促进依恋关系，并促使孩子的阿片和多巴胺回路进一步发育。[1]另一方面，压力会减少阿片和多巴胺受体数量。这些关键系统负责爱、联结、疼痛缓解、快乐、激励和动机等人类的核心驱动力，它们的健康发育有赖于依恋关系的质量。当环境不允许婴儿和儿童体验到一致安全的互动，或者更糟的情况下，当他们被暴露在痛苦的压力源下时，就会导致发育不良。

婴儿大脑中多巴胺水平的波动受父母在场或缺席的影响。对四个月大的猴子来说，只要与母亲分开六天，就会出现明确的多巴胺和其他神经递质系统性的变化。史蒂文·杜博夫斯基（Steven Dubovsky）博士写道："在这些实验中，丧失主要依恋对象似乎导致了大脑中重要神经递质水平的下降。一旦这些回路停止正常运作，大脑就会越来越难激活。"[2]

我们从动物研究中获悉，社会情绪刺激对神经末梢和受体的发育来说是必需的，前者会释放多巴胺，后者则与多巴胺结合，以使其能够工作。即使是成年大鼠，在被长期隔离的情况下，中脑激励回路和涉及成瘾的额叶区域的多巴胺受体数量也会减少。[3]在发育初期被与母亲分离的小鼠则会表现出中脑多巴胺激励 – 动机系统的永久损伤。正如我们所知，这个系统的异常在成瘾和心理渴求的启动中起关键作用。可预测的是，这些失去母爱的动物成年后，会表现出更强的自主使用可卡因的倾向性。[4]并且它们并不需要被极度剥夺才会如此：在另一项研究中，出生第一个星期里每天只与母亲分离一小时的幼鼠，在成年后会比它们的同辈更主动渴求可卡因。[5]因此，婴儿期稳定、一致的父母接触是保证大脑神经递质系统正常发育的关键因素；而缺少这个因素会导致孩子在长大后更容易需要依赖成瘾药物来补足他的大脑所缺乏的。另一个关键因素是亲子接触的质量，我们已经在前一章看到，这在很大程度上受到父母情绪和压力水平的影响。

所有哺乳动物母亲，以及很多人类母亲，都会给予婴儿对其脑化学有长期积极影响的感官刺激。这些感官刺激对人类婴儿的健康生理发育是如此必要，以至于没有被人抱起过的孩子就会死亡。他们是因压力过大而死亡的。对于生活在育儿箱里数周或数月的早产儿来说，如果能每天被抚摸十分钟，他们的大脑就会成长得更快。当我从科研文献中学到这些事实时，我钦佩地回想起我在从事家庭医生工作时经常看到的加拿大原住民病人们的一个习俗。这些母亲在产后检查跟我聊天时，会同时抚摸婴儿的整个身体，温柔地把他们从头按摩到脚。婴儿的感觉棒极了。

人类会拥抱、依偎和相互抚摸，老鼠则会舔舐。1998 年的一项研究发现，从母亲那里获得更多舔舐和其他滋养性接触的小鼠，成年后大脑回路在降低焦虑方面效率更高。它们的神经细胞上也有更多苯二氮䓬（Benzodiazepine）受体，苯二氮䓬是大脑中的一种天然镇静化学物质。[6] 我想起我的很多病人除了对可卡因和海洛因成瘾以外，还从青少年时期就迷上了街上贩卖的"苯二"药物，比如安定，以使他们烦躁不安的神经系统镇静下来。一加元一片，他们就能获得一剂自己的大脑无法供应的人工苯二氮䓬。他们对镇静剂的需求已经说明了他们婴儿和童年时代的经历。

父母的养育也决定大脑中其他关键化学物质的浓度水平，包括血清素——一种能够被抗抑郁药（比如百忧解）加强的情绪信使。与母亲隔离开、被同伴养大的实验室猴子，血清素水平终生比母亲养育的猴子低。这些猴子在青少年期攻击性也更高，并且极有可能过量饮酒。[7] 其他在调节情绪和行为方面具有显著作用的神经递质也有类似现象，比如去甲肾上腺素（Norepinephrine）。[8]即使是这些化学物质水平最轻度的不平衡，也会让个体表现出恐惧和多动这样的异常行为，并终生提高个体对压力的敏感性。接着，这些后天习得的特质又会提高成瘾的风险。

母性关怀缺失的另一个影响表现为催产素[⊖]水平的永久降低，正如第 14 章

○　正如前文所述，催产素（oxytocin）并不是阿片类物质，因此它和对乙酰基酚制剂（Oxycet）、奥施康定（OxyContin）这类麻醉剂没有关系，只是名字相似。

中提到的，催产素是一种与爱有关的化合物。[9] 它对我们体验有爱的依恋，甚至维持有承诺的关系都具有关键作用。难以建立亲密关系的人会有成瘾风险，因为他们可能会转而将药物作为"社交润滑剂"。

　　童年早期经验不仅可以导致"好的"脑化学成分匮乏，也能导致其他危险物质过量。婴儿期和儿童期缺乏母性关怀，以及其他类型的逆境，会导致慢性压力激素皮质醇水平升高。除了破坏中脑多巴胺系统，过量的皮质醇还会缩小大脑的其他重要中枢，比如海马体（一个对记忆和情绪处理非常重要的结构），并以其他多种方式干扰大脑的正常发育，造成终生影响。[10] 早年缺乏母性接触也会导致另一种主要压力化合物终生过量——血管升压素（vasopressin），它与高血压有关。[11]

　　孩子处理心理和生理压力的能力完全依赖于他们与父母的关系。婴儿没有调整自己的压力机制的能力，因此如果没有被人抱起来，他们就会把自己紧张到死。我们会在成长过程中逐渐学到这些调节技能——或者也可能我们没学到，这取决于我们童年时与养育者的关系。反应灵敏、可预测的养育者对我们在神经生理层面发育出健康的压力－反应机制具有关键作用。[12]

　　用一名研究者的话说，"母性接触会改变婴儿的神经生理"[○][13]。依恋关系失调的孩子的大脑生化状况将与有良好依恋和滋养的同龄人截然不同。他们的经验以及他们对环境的解释和反应会因此而更加缺乏灵活性、适应性，并且更不健康、不成熟。在面对影响情绪的药物时，他们更脆弱，也更容易产生药物依赖。从动物研究中，我们可以知道，断奶过早可能会影响成长后的物质摄入：在出生后 2 周就断掉母乳的幼鼠，比它们 3 周后断奶的同伴成年后更倾向于喝酒。[14]

　　○　在人类语境下，"母性"并不必然意味着女性母亲形象或生理上的父母。不论是哪个性别的主要养育人都可以。

重度药物成瘾者的童年经历统计数据已经被广泛报道过，但看来似乎还没广泛到足以对主流医疗、社会和法律系统中关于药物成瘾的理解产生应有的影响。

对药物成瘾者的研究反复发现，这个人群具有极高比例的各种童年创伤，包括生理虐待、性侵犯和情绪虐待。一组研究者进一步评论说："我们估计……其数量级在流行病学和公共卫生中是极为罕见的。"[15] 他们的研究正是著名的童年逆境体验（Adverse Childhood Experiences, ACE）研究，该研究考察了在数千人里，十种不同类别的痛苦环境的发生率，包括家庭暴力、父母离异、家庭中的药物和酒精滥用、父母一方死亡和生理与心理的虐待；然后计算了这些数据与这些被试成年后物质滥用的关系。每种童年逆境体验或 ACE 会将早期物质滥用的风险提高 2 ～ 4 倍。经历过五个或更多 ACE 的被试，比没有这些经验的人物质滥用的风险高 6 ～ 9 倍。

ACE 研究者总结称，几乎 2/3 的成瘾药物注射可以归因于童年期的虐待和创伤事件——别忘了他们调查的人群还是相对健康稳定的，其中 1/3 或更多是大学毕业生，绝大多数至少上过一些高等教育课程。在我的病人中，童年创伤的比例接近 100%。当然，不是所有成瘾者都遭受过童年创伤（虽然最严重的注射成瘾者都有），就像并不是所有被严重虐待的孩子长大都成了成瘾者。

美国国立药物滥用研究所 2002 年发表的一篇回顾文献显示："女性物质成瘾者曾经受害的比例从 50% 到近 100%……我们发现物质成瘾者们的表现符合创伤后应激障碍的诊断标准……同时受到过生理和性侵犯的人使用成瘾药物的可能性至少是只经历过其中一种的人的两倍。"[16] 酒精摄入也有同样的模式：受到过性侵犯的人与没受过的人相比，青少年期开始酗酒的可能性要高两倍。每一种情绪上具有创伤性的童年经验，都会导致早年酒精滥用的可能性提高

2～3 倍。"总体来说，这些研究提供的证据显示，压力和创伤是与早年酒精滥用有关的常见因素，酒精被用于对负面和痛苦情绪的自我调节。"[17] ACE 研究者们写道。

正如很多物质成瘾者所述：他们在自己用药来缓解情绪痛苦。然而事情还不仅如此，他们的大脑发育也被创伤经历损害了。被成瘾破坏的系统（包括多巴胺和阿片回路，边缘系统和情绪脑，压力机制和皮质中的冲动控制区域）只是无法在这些环境下正常发育。

我们已经对特定童年创伤如何影响大脑发育有了一定了解。举个例子，蚓部（vermis）是大脑背侧小脑的一部分，并被认为在成瘾中具有关键作用，因为它影响中脑中的多巴胺系统。童年曾被性侵的成人这个脑结构的成像显示出血流异常，并且这些异常与会造成物质成瘾风险升高的症状有关。[18] 一项对受到过性侵的成年人的脑电图研究显示，其中绝大多数人脑波异常，超过 1/3 的人有癫痫发作。[19]

这些发现使我回想起一个我在家庭医生工作中遇到的 13 岁女孩，她表面上毫无缘由地开始出现一种名为"失神发作"（absence spells）的癫痫症状。她会在短时间内完全失神。有一次，她在棒球内场面无表情、一动不动地发呆，完全听不见队友叫她挥棒的声音。在教室里，她也会出现同样的情况，每次通常持续 10～20 秒。她的脑电图异常，我咨询的神经学家给她开了抗惊厥药物。当我在办公室里私下询问她是否有任何压力时，她只是简短地回答"没有"。

九年后，她不再癫痫发作，并向我透露她的癫痫是在她开始反复被一个家庭成员性侵的时期开始的。就像典型的性侵受害儿童，她当时感到没有人可以帮助她，所以她就"抽离"自己来解决问题。

情况还可以更糟。研究显示，被不当对待的孩子的大脑比正常孩子的小 7%～8%，并且有多个脑区体积小于平均值，包括负责冲动调节的前额叶皮质、胼胝体（corpus callosum, CC）里连接和整合大脑两个半球功能的白质，以及与边缘和情绪机制有关的几种结构（其功能不良会极大地提高成瘾的易感性）。[20] 一项对童年曾遭虐待的抑郁女性的研究发现，她们的海马体（记忆和情绪中枢）比正常人小 15%。这里的关键因素是虐待，而非抑郁——在没有受到过童年虐待的抑郁女性身上，同一脑区并没有受到影响。[21]

我在前面提到了胼胝体异常，而胼胝体可以协助大脑两侧半球合作。创伤幸存者的胼胝体不仅体积更小，并且有证据显示其功能也会失调。结果就是他们的情绪处理被"割裂"开来：大脑的两个半球可能并不协作，尤其在个体处于压力下的时候。人格障碍和物质成瘾者身上都会有一种典型特征，就是他们会在对某人的理想化和对同一人强烈的厌恶甚至憎恨的两极间剧烈摇摆。对方的积极和消极特质无法被同时认知和接受，也不存在中间值。

马里兰州麦克莱恩医院发展性生物精神病学研究项目的主管马丁·泰歇（Martin Teicher）博士提出了一种很有趣的可能，即我们对他人的"负面"观点储存在大脑的一侧半球，而对他人的"正面"观点储存在另一侧。大脑两侧半球缺乏整合意味着，两种不同观点（消极与积极）的信息无法融合成完整的形象。结果，在亲密关系及生活的其他领域中，苦恼的个体就会在对自身、他人和世界的理想化和堕落化的观点间变化不定。[22] 这个逻辑上合理的理论如果能够被证明，就可以解释很多药物依赖者和行为成瘾者的问题。

在这里，我必须怯懦地承认，我有些时候也显得像两个完全不同的人：我对事情的观点可以非常积极，也可以高度消极、愤世嫉俗，并且我大多数时候都这个样子。当我在快乐模式下时，我的负面观点看起来就像一个疯狂的梦境；而当我卡在悲惨模式下的时候，我根本想不起来任何令人高兴的事。

当然，我的药物成瘾患者的情绪和观念比我的摇摆得更严重，也更疯狂。在某种程度上，这种极端的振荡应该是药物造成的，但是它也反映出病人们普遍的痛苦童年经验导致的大脑动态问题。极端的环境造就极端的大脑。

像我这样的行为成瘾者和严重的贫民区成瘾者之间的差异，将我们从社会功能和地位上分隔两端；但事实是，慢性注射药物成瘾者与我们处在同一个连续谱系上，只是他们位于谱系的最远端而已。轻度的失调在童年早期和大脑发育中也可能发生，并且经常导致较轻度的物质使用或非药物的行为成瘾。

⟳

早年创伤也会影响人类对生活中的压力的反应，而压力与成瘾紧密相连，因此值得我们在这里讨论一下。

压力是机体在面对超过个体应对机制的生理和心理要求时产生的一种生理反应。它是机体在面对过分要求时，企图维持内部生物和化学稳定，或称稳态的努力。压力的生理反应涉及全身神经放电和大量激素的释放——主要是肾上腺素和皮质醇。几乎所有器官都会受到影响，包括心脏、肺、肌肉，以及显然，大脑的情绪中心。皮质醇几乎可以影响全身每一个部分的组织：从大脑到免疫系统，从骨头到肠道。它是一个错综复杂的检查、平衡系统的重要组成部分，而正是这个系统使身体能够应对危机。

在美国国立卫生研究院 1992 年的一次会议上，研究者将压力定义为"一种不和谐或稳态受到威胁的状态"。[23] 根据这一定义，压力源是"一个倾向于破坏稳态的威胁，不论它是真实的还是想象的"。[24] 所有压力源之间有什么共同点？在本质上，它们都体现为缺乏机体认为必要的生存要素，或威胁机体失去这些要素。那个威胁本身可能是真的，也可能仅仅是想象的。失去食物来源的威胁是一种主要压力源；而对人类而言，失去爱也具有同样的威胁性。"我们可以毫不犹豫地说，对人类而言，最主要的压力源都是情绪性的。"加拿大压力前沿研究者和医生汉斯·谢耶（Hans Selye）这样写道。[25]

早期压力会在儿童的内部压力系统中建立一个较低的起始点：这样的人比其他人在生活中更容易感到压力。布鲁斯·佩里是得克萨斯休斯敦的儿童创伤学院的高级研究员和阿尔伯塔省级儿童心理健康项目的前主管。他指出："一个早年生活充满压力的儿童会过分活跃，也更容易反应过度。他更容易被刺激，更焦虑，也更苦恼。现在，让我们对比一个日常唤醒程度正常的人（儿童、青少年或成人都可以）和一个日常唤醒水平更高的与他同龄的人，同时给他们酒精饮料。他们可能会经历同样的醉酒过程，但生理唤醒更高的那个人会额外感受到释放压力的快感。这和你在喉咙干渴的时候喝水的感觉是一样的：对干渴的缓解会加强快乐的感觉。"[26]

被性侵过的儿童的激素通路会发生慢性变化。[27] 即使是相对"轻度"的压力源，比如母亲的抑郁（更不用说忽视、抛弃或虐待了），都能干扰婴儿的生理压力机制。[28] 如果再加上忽视、抛弃和虐待，那么这个儿童终生都会对压力更应激。一项发表在《美国医学会杂志》上的研究推断称："仅童年期的虐待经历本身，就会提高神经内分泌（神经和激素）对压力的反应程度，这种情况还会因成年期进一步的创伤而加剧。"[29]

一个事先设定成易被激发产生压力反应的大脑，很可能会给提供短期缓解的物质、活动和情境赋予更高的价值。它对长期后果缺乏兴趣，就像极度口渴的人会贪婪地喝水，即使他知道水里可能有毒。同时，可以给一般人带来满足感的情境和活动可能会被贬值，因为他们一生中从没被奖赏过，比如没有过与家人的亲密联结。这种正常经验的缩水也是早年创伤和压力的一种后果，正如最近的一篇儿童发展精神病学文献总结的：

> 早年的忽视和虐待会导致情感纽带系统（bonding systems）发育异常，并连累个体发展之后从人际关系中获得奖赏和对社会文化价值做出承诺的能力。其他刺激大脑奖赏回路的方式，比如成瘾药物、性、攻击性和威胁

他人，可能变得相比之下更加吸引人，并且个体也更少因担心侵害信任关系而阻止自己。根据负面经验改变行为的能力可能也会受损。[30]

重度药物成瘾者的生活都以不变的高压条件开始，他们太易于被激发出压力反应。这些压力反应很容易淹没成瘾者在情绪唤醒时本已不足的理性思维，并且压力激素还会与成瘾物质"交叉敏化"。一方越多时，另一方就越被渴求。成瘾是一种根深蒂固的压力反应，一个通过自我安抚来应对问题的企图。虽然它在长期上适应不良，在短期上却极度高效。

可预测的是，压力是持久药物依赖的一个主要原因。它会提高人们对阿片类物质的心理渴求和使用，促进成瘾药物的奖赏作用，并激发下一次药物搜寻和使用。[31]"在实验室中，使样本暴露在压力下，是诱发酒精和成瘾药物使用最强大可靠的方式。"一组研究者这样报告。[32]另一组研究者指出："压力经验使个体更易发展出自主药物使用和复用。"[33]

压力也会降低前脑情绪回路中多巴胺受体的活跃度，尤其在伏隔核中，当多巴胺功能下降时，对成瘾药物的心理渴求就会升高。[34]这篇研究文献提出了三个普遍导致人类压力的因素：不确定性、缺乏信息和失控。[35]除了这些以外，我们还可以加上机体无法处理的冲突和与支持性情感关系的分离。动物研究已经证明孤立会导致大脑受体变化，提高动物幼崽使用成瘾药物的倾向性，并降低成体依赖多巴胺的神经细胞的活跃度。[36,37]不像在隔离中长大的小鼠，在稳定的社会群体中长大的小鼠可以抵御可卡因的诱惑，就像布鲁斯·亚历山大的老鼠公园中的房客们也不会迷恋海洛因一样。[38]

人类儿童并不需要在物理隔离下长大就可以遭遇同样的后果：情绪隔离的效果是一样的，有压力的父母也是如此。正如我们即将看到的，孕期母亲的压力对胎儿脑内的多巴胺活跃度有负面影响，并且这种影响会延续到出生后。

有些人可能认为成瘾者编造或者夸大了他们悲惨的故事以获得同情，或者为他们的习惯找借口。在我的经验中，情况刚好相反。通常，他们不太愿意讲自己过去的经历，只有在被问到并且已经与对方建立了信任的情况下才会开口，而这个过程可能需要数月，甚至数年。他们经常认为童年经历和他们自我伤害性的习惯没有关系。即使他们谈到某种联系，也是以一种很疏远的姿态，以便隔离过往经历给他们带来的整体情绪影响。

研究显示，绝大多数身体和性侵害的受害者并不会对他们的医生和治疗师自动自发地吐露自己的经历，[39] 即使吐露，也倾向于忘记或者否认相关的痛苦。一项研究曾对因明确的性侵而在急诊室接受过救治的年轻女孩进行了跟踪调查。当这些成年女性在 17 年后被联系到时，40% 的受害者不是不回电话，就是直接否认了过去的事件。然而，她们对生活中其他事件的记忆显然毫无问题。[40]

记得受害经历的成瘾者经常会责怪他们自己。"我被打得很厉害。"40 岁的韦恩说，"但是我那么要求的。我做了些很蠢的决定。"（韦恩就是在我巡视黑斯廷斯街上的酒店时，会以蓝调歌声"医生，医生，给我消息……"跟我打招呼的那个人。）我曾经问过他，如果一个孩子"要求被打"，他会不会动手？他又会不会为那个孩子"愚蠢的决定"而责备他？韦恩移开了视线。"我不想谈这些废话。"这个在油田和建筑工地工作，因为持枪抢劫坐了 15 年牢的强壮男人说。他移开视线，然后抹了一下眼睛。

看到早年环境对大脑发育的强大影响可能会使我们对成瘾康复感到沮丧无望。但也有可靠的原因令我们可以不必绝望。我们的大脑是有弹性的器官：一些重要的回路在我们的整个一生中持续发展，即使对于那些在童年期"从来没有过机会"的重度药物成瘾者也是如此。在生理意义上，这是一个好消息。更鼓舞人心的是，我们将会看到，在我们身上和内在，有一些可以帮助我们超越神经放电和连接，以及化学物质作用的东西。人的心智虽然主要居住在大脑之中，但它并不仅仅是基于过去的自动化神经程序的总和。在我们的身上和内在，存在着这样一种东西：它有许多名字，其中"灵性"是最常用也最不容易在宗教意义上引起争论的名字。在本书后面，我们会检验它的强大转化作用。

我们在为这趟成瘾的生物基础之旅收尾之前，还需要更直接地讨论一个我已经暗示过的话题：基因的角色。与流行的误解相反，真正的成瘾一点也不由基因决定。接下来，你还会看到更多好消息。

第 19 章

不在基因之中

————

1990 年，北美地区的新闻和广播报道称，得克萨斯大学的研究者发现了酗酒的基因。这则新闻受到了普遍关注，主流媒体充满热情地宣称酗酒即将终结。《时代周刊》是其中走得最远的欢呼者：

> 这一系列研究的影响可能是巨大的。在五年内，科学家就可以研究出对这种基因的完美的血液检测方法，以识别有风险的孩子。十年内，医生手上可能就会有药物能够阻止基因的影响，或者通过改变对多巴胺的吸收控制某些形式的酗酒。最终，通过基因工程，专家将会找到从整体上限制基因对个体产生影响的方式。[1]

受访的研究者从未宣称他们已经发现了"酗酒基因"，但他们确实给大众制造出了这种印象。他们的一些公开发言也加深了那种错误印象。六年后，该研究的首席科学家——药物学家肯尼斯·布鲁姆（Kenneth Blum）发表了一份更克制的评估：

> 不幸的是，我们已经发现"酗酒基因"这类报道是错误的，也就是说，基因和特定行为之间没有一对一的关系。这类误解很常见——读者可能可以回忆起对"肥胖基因"或某种"人格基因"的论述。不用说，根本就不存在特定的以酗酒、肥胖或者特定人格为目的的基因……反之，我们手上真正的问题是，如何理解特定基因与行为特质之间的联系。[2]

这个得克萨斯大学团队实际上定位的，是在酗酒者身上更常见的一种多巴胺受体基因（DRD_2），它会"造成对至少一种形式的酒精成瘾的易感性"——至少他们在检查了一些尸体的大脑后是这么认为的。[3] 尽管如此，即使是这个更谦虚的假说也经不起进一步的研究检验。后续研究没有能够确认任何基因变异和酗酒之间的关联。[4] "在基因对酗酒的影响这个研究领域内最重要的发现，就是根本不存在某个酗酒基因。"成瘾专家兰斯·杜迪思写道："你也无法直接遗传酗酒。"[5]

无论我们想要解决或预防的问题是什么——战争、恐怖主义、经济不平等、婚姻问题、气候变化，或者成瘾，我们对于问题源头的理解都会在很大程度上影响我们的干预行动。我在这里介绍早年环境对个体成瘾易感性的重大影响，并不是为了排除基因的作用，而是为了抵消我所见到的一种不平衡。基因很显然对一些特质有影响，比如性情和敏感度，而这些特质也会影响个体自身的环境体验。在现实世界中，不存在"自然与养育"的争论，只有无尽的复杂性，以及基因与环境影响每时每刻的交互作用。因此，两位匹兹堡大学医学院的精神病学家指出，"并不存在某种稳定的酗酒特质"，由于发展和环境因素，"酗酒的风险会随时间的推移而波动"。[6] 即使与目前所有证据相反，真的有研究结论性地证明了 70% 的酗酒是基因造成的，我也仍然会对那 30% 更感兴趣。无论如何，我们无法改变自己的基因，而目前，用基因疗法来改变行为的想法至多只是一种幻想。有意义的做法是聚焦于我们能立即做的事：如何养育孩子，家长应得到怎样的支持，如何应对使用药物的青少年，以及如何对待成瘾的成人。

目前接受遗传与酗酒间有高度因果关系的人们的共识是，这一障碍的倾向性大概有 50% 是基因决定的。同样的夸大估计也在其他成瘾领域出现。[7] 重度大麻使用被说成 60% ～ 80% 来自遗传 [8]，而长期尼古丁重度使用中的遗传因素影响被计算为令人惊诧的 70%[9]。可卡因滥用和依赖也被报告为"受到基因因素的实质影响"。有些研究者甚至提出酗酒和离婚可能共享同样的基因倾向。[10]

这样高的数值根本不可能。它们背后的逻辑所基于的错误假设并非来自科学，而是来自对"基因有决定我们人生的力量"的夸大信念。在精神障碍的基因理论中，"不科学的信念造成了主要的影响"，一篇回顾研究的作者们这样写道。[11]

—

基因并不是没有影响，它们显然有；只不过它们不能也无法决定即便是最简单的行为，更不用说像成瘾这样的复杂行为了。成瘾基因不仅不存在，而且根本不可能存在。

直到最近，人们还认为人类基因组里有十万个基因。即使是这个数字也不足以支持突触令人惊异的复杂程度，以及人脑的变化性。[12] 人们现在发现，在我们的 DNA 里只有三万个基因序列，比有些低级蠕虫的还少。"我们的 DNA 少到根本不足以解释人脑的布线结构。"加州大学洛杉矶分校的精神病学研究者杰弗里·施瓦兹写道。[13]

基因远非我们命运的匿名独裁者，而是被它们的环境控制，并且在没有环境信号的情况下根本无法起作用。实际上，它们会被环境开启和关闭；如果不是这样，人类生命就无法存在。我们身体里的每个器官中的每个细胞都携带精确一致的信息，然而脑细胞和骨细胞的形态和作用相去甚远，肝脏细胞也不可能像肌肉细胞那样工作。是体内和体外的环境决定了哪个细胞中的哪些基因被打开或激活。"这些细胞的运作方式主要是在与环境的互动中塑造的，而不是基因编码造成的。"细胞生物学家布鲁斯·利普顿（Bruce Lipton）这样写道。[14]

有一个快速发展的新科学领域专注于生活经历对基因功能的影响，称为表观遗传学（epigenetics）。受生活事件的影响，化学物质会依附在 DNA 上，指导基因活动。母鼠会在小鼠生命最开始的几个小时舔舐小鼠，启动小鼠大脑中一个保护它直到成年都不易被压力淹没的基因。缺乏这种理毛活动，那个基因就会保持休眠。表观遗传学效应在早年发育中影响最大，并且现在还被发现能够完全不变地遗传到下一代。[15] 环境引发的表观基因影响会很大程度上调节基因本身的作用。

基因工作的方式被称为基因表达。现在我们可以清晰地看到，如《神经科学杂志》最近发表的一篇文章所述："人的早年经验，包括胎儿期和婴儿期的经验，对其基因表达和成年后的行为模式具有深远的影响。"[16] 其中一个例子与饮用酒精有关。一些猴子身上某个基因上的一个特定变异会减弱酒精的镇静效果，以及它令人不快的对协调平衡的破坏作用。换句话说，有这个基因的猴子在酒后更不容易感觉昏沉，也不太容易像醉酒的水手一样摇来晃去。它们能够喝更多的酒却不会有副作用，因此也更容易喝到彻底醉倒。尽管如此，人们发现在母亲养育的猴子身上，这个基因并不表达——也就是说，它对饮酒行为没有影响。只有在早年由于缺乏母性接触、被同伴养大而经历了许多压力的猴子身上，它才有影响。[17]

对成瘾基因决定论的过度强调很大程度上是基于对收养儿童的研究，尤其是双胞胎研究。我不会在这里列举这类研究中致命的科学和逻辑缺陷，但我会将它们列在附录 A 里，供对此感兴趣的读者参阅。在这里我想要探讨的论点是，孕期压力如何早早开始在正在发育的胎儿身上"编写"成瘾的倾向性。这些信息会给产前照料提供一个新的视角，并有助于解释那些众所周知的事实，比如被收养的儿童在各种可能造成成瘾倾向的问题上都有较高的风险。收养儿童的生理父母对发育中的胎儿具有重要的表观遗传学效应。

耶路撒冷的希伯来大学医学院的研究者们极佳地概括了许多动物和人类研究的结论：

> 在过去几十年中，一个越来越清晰的事实是，不成熟机体的发育和它后来的行为并不仅仅受到基因因素和产后环境的影响，也受到孕期母体环境的影响。[18]

无数动物和人类研究都发现，母体的孕期压力或焦虑会导致子代的广泛问题，从婴儿疝气，到后期的学习困难，以及增强个体成瘾倾向的行为和情绪模式。[19] 母亲的压力会导致抵达婴儿的皮质醇水平更高，正如之前所述，尤其在大脑快速发育的阶段，长期过高的皮质醇水平对大脑的重要结构是有害的。比如，英国最近的一项研究就显示，孕期压力更高的母亲，其子女更容易出现心理和行为问题，如 ADHD 或变得焦虑、恐慌。（ADHD 和焦虑是强大的成瘾风险因素。）"伦敦帝国理工学院的薇薇特·格洛弗（Vivette Glover）教授发现伴侣争吵或来自伴侣的暴力造成的压力尤其具有破坏性。"BBC 的报道称，"专家指出，这是由于通过胎盘的压力激素皮质醇水平偏高造成的。格洛弗教授发现子宫中含有高皮质醇水平的羊水与胎儿的这种损伤相关。"[20] 这项研究的结果与过去的证据一致，即孕期母亲的压力会长期甚至终身影响婴儿的大脑。[21] 这就是父亲需要参与的地方了，因为与伴侣的关系质量通常是女性在压力下最好的保护因素，或者从另一方面来说，是最大的压力源。

在"9·11"世贸大厦遭到袭击期间怀孕的女性和由于目击灾难患上创伤后应激障碍（PTSD）的女性，会把她们受到的压力影响传递给新生儿。到一岁时，这些婴儿的压力激素皮质醇水平已经显示出异常。我们可能会怀疑这是不是母亲的 PTSD 带来的产后影响。然而，皮质醇水平变化最大的婴儿，是那些事件发生时母亲正处在孕期最后三个月的婴儿。因此，悲剧发生时女性所处的怀孕阶段与皮质醇异常程度的关联显示，我们看到的是子宫内的影响。[22] 原来与出生后一样，怀孕期间胎儿大脑系统也会经历敏感的发育阶段。

在怀孕期间体验到母亲的压力的动物和人类，在出生后很长时间其压力控制机制仍然会失调并导致成瘾风险。举个例子，孕期母体的压力可以提高子女对酒精的敏感度。[23] 正如之前所述，多巴胺受体相对匮乏也会提高成瘾的风险。"我们做过研究，其他很多人也做过研究，研究都显示受体区域里多巴胺受体的数量和密度基本上是在子宫里决定的。"精神病学研究者布鲁斯·佩里博士在一次会谈中告诉我。

由于这些原因，收养研究并不能解答基因遗传的问题。任何不得不放弃自己的孩子、让孩子被领养的女性，都是典型的有压力的女性。她的压力不仅来自知道即将与自己的孩子分离，更主要的是，如果没有先感到压力，她永远不会考虑放弃她的孩子：这次怀孕可能并不受欢迎，或者母亲很穷、单身或处在一段糟糕的关系中，也可能她是一个非自愿怀孕的不成熟的青少年，或者她是一名药物成瘾者，或被强暴，或正在面对其他逆境。上述任何情境都足以对任何人造成巨大的压力，结果发育中的胎儿就通过胎盘暴露在高水平的皮质醇下长达数月，而成瘾倾向可能就是其造成的后果之一。

在没有任何科学基础的前提下，人们经常假设如果一种情况"全家都有"，并且在下一代中也出现，那就肯定是基因的作用。然而正如我们已经看到的，比如在我市区东部的病人身上，产前和产后环境可以在每一代人身上不断重演，并在没有基因影响的情况下损害孩子的健康发育。养育风格经常是通过表观基因的方式遗传下来的，也就是说，在生理上确实传承了，但并不是通过DNA从父母传给孩子的。

⟀

那么，为什么狭隘的基因假设会被如此广泛地接受，并且尤其受到媒体的热情拥抱呢？忽视发展科学是一个因素，我们偏好简单快捷的解释是另一个因素，另外，我们企图在所有事情中寻找一对一因果关系的倾向也是一个因素。这些简化的推断并不符合生命不可思议的复杂本质。

我相信，有一个心理现象强烈地刺激人们追随基因理论。我们人类不喜欢负责任：作为个体，不愿为自己的行动负责；作为父母，不愿为子女所受的伤害负责；作为社会，不愿为我们的许多失败负责。基因是中立、被动、非人工的自然产物，它可以免除我们的责任，以及随之而来的不祥阴影——愧疚。如果基因主宰我们的命运，我们就不用责备我们自己或任何人。基因解释帮我们摆脱束缚。我们并没有意识到，自己也可以在没有愧疚或责备的无用负担的情况下，接受或分担责任。

对那些希望科学和社会进步的人来说，更可怕的是，基因论调很容易被用来合理化各种用其他方式很难辩护的不平等和不公正。它具有深刻的保守主义功能：如果某个现象，比如成瘾，主要是由生物遗传决定的，我们就不必被迫正视我们的社会如何支持或不支持年幼孩子的父母，以及社会态度、偏见、政策负担、压力是如何压迫或者排斥特定人群，进而提高他们的成瘾倾向性的。作家路易斯·梅南德（Louis Menand）也在《纽约客》的一篇文章中谈道：

"一切都在基因里"是一个不会威胁到任何事物的解释方式。当一个人生活在整个地球上最自由、最富庶的国家时，他为什么不开心，或者采取反社会行为呢？绝对不可能是系统的问题！所以肯定有什么别的地方有问题。[24]

屈从于人类普遍的回避责任的欲望，我们的文化过度夸大了基因的作用。这使我们在企图主动处理或提前避免成瘾带来的悲剧时，感到极度无力。我们忽视了"没有什么是不可逆地被基因决定的"这个好消息，正因如此，我们还有很多要做的。

第五部分

成瘾过程与成瘾性人格

————

任何一个内心还未完全死亡的人都会很快发现自己被虚浮琐碎的事物诱惑和征服。

任何精神软弱、屈从肉体、易于耽溺感官享受的人，

都只有克服极大的困难才能将自己拽离尘世欲望。

因此，当他企图使自己脱离欲望时，他往往是阴郁悲伤的，

并且如果有人企图阻止他，轻易就会激怒他。

——托马斯·厄·肯培（Thomas à Kempis）
15 世纪基督教神秘主义者

《效法基督》
（*The Imitation of Christ*）

第 20 章

"我不顾一切逃离的空洞"

———

世上有多少人，就有多少瘾君子。灵性导师乔达摩曾在《梵网经》(*Brahmajāla Sutta*) 中指出许多可能令人上瘾的欢愉。

> ……有些沙门和婆罗门……仍沉迷于观听歌舞唱伎、鼓乐吟诗、神话戏曲；……象马牛驼之斗；……军马之事；……诤讼，香油涂身，着香花鬘……说遮道无益之言，如王者、战斗、军马之事，群僚、大臣、骑乘出入、卧起、衣服、饮食、入海采宝之事，互相谈论是非而说……[1]

乔达摩，即世人所知的佛陀，2500 年前在如今的尼泊尔和印度北部授业。今天，他或许会在他的布道中增加：糖、咖啡、脱口秀、美食烹饪、购买唱片、政治左右派别、网络、手机、加拿大或美国橄榄球联盟（CFL、NFL）、冰球联盟（NHL）、《纽约时报》、《国家询问报》、CNN（美国有线电视新闻网）、

BBC（英国广播公司）、有氧运动、填字游戏、冥想、宗教、园艺或高尔夫。归根结底，构成成瘾的并非这些活动或事物本身，而是我们与这些事物的关系。正如我们可以饮酒而不嗜酒，我们也可以进行这些活动而不使自己沉迷其中。与此同时，无论一个活动自身有多大价值，人们都有可能沉迷其中。让我们回忆一下成瘾的定义：任何一种让人欲罢不能，不顾其给自己或周围人的生活所带来的负面影响而反复进行的行为，都可以称为成瘾，不论这种行为是否包含物质使用。成瘾的特征在于：强迫性、痴迷感、受损的自控力、持续性、复发性，以及强烈的欲望。

虽然成瘾的形式和焦点各不相同，但其根源都有一样的动力。阿维埃尔·古德曼（Aviel Goodman）博士曾写道："所有成瘾障碍不论表现形式如何，都有相似的内在心理和生理过程，我称之为使人成瘾的过程。"[2] 正如古德曼博士所言，成瘾并不是各式不同障碍的统称，而是同一种内在过程在以不同形式表达。使人成瘾的过程（我会将这个过程称为成瘾过程）支配所有的成瘾行为，涉及相同的神经和心理功能障碍，差别只在于程度高低。

许多证据都支持这种观点。一种物质成瘾往往能引发其他物质成瘾，而长期的物质使用者很可能习惯使用多种物质，比如，大部分可卡因成瘾者也对酒精成瘾。此外，70%的酗酒者同时也是老烟枪，而老烟枪在普通民众中的比重仅为10%。[3] 我在波特兰诊所中见到的静脉注射吸毒者无一不是尼古丁成瘾者。尼古丁往往是他们使用的"入门物质"，是他们在青少年时期就开始着迷的第一种可以改变他们情绪的化学制品。研究表明，有超过一半的麻醉剂成瘾者，绝大多数的可卡因和安非他明成瘾者，以及许多大麻成瘾者，同时也都是酗酒者。动物和人类研究学者在酒精和其他物质的成瘾过程中，都发现了相同的大脑系统、化学物质和药理学机制。[4]

无论是否与物质相关，所有成瘾都包含同样的心理状态，如渴望和羞耻，也包含同样的行为，如欺瞒、操控以及复用。从神经生物学层面看，所有成瘾行为都会启动大脑的依恋－奖赏和激励－动机系统，而这两个系统又不受负责"思考"和"冲动控制"的大脑皮质调控。在此前关于物质成瘾的章节中，我们已经详细探讨了这个过程。那么，关于非物质成瘾，研究又有何发现呢？

以病理性赌博为例。虽然对这种成瘾的研究仍在起步阶段，但正如一名病理性赌博的研究学者所言："初始研究结果表明，物质和非物质成瘾冲动都涉及相似的大脑区域。"[5]赌徒们的多巴胺以及其他一些神经递质系统呈现出异常。比如，与物质成瘾者相似，赌徒们的血清素（一种帮助调节情绪和控制冲动的大脑化学物质）水平明显较低。一项研究对比了两组21点纸牌玩家玩牌时的生理反应：一组是病理性赌徒，另一组是休闲玩家。相比之下，赌徒组的重要神经递质水平，尤其是多巴胺水平，要高出许多。也就是说，赌徒组大脑的激励－动机系统处于更高的激活状态，这与物质成瘾很相似。[6]病理性赌徒和物质成瘾者在大脑成像中"点亮"的区域相同，两者的行为也很相似，只是赌徒的程度要略轻一些——可能和我更接近。"在过去三年，有超过40人被加拿大不列颠哥伦比亚省的赌场禁入，原因是他们把孩子独自留在车里，自己进了赌场。"一家温哥华报社曾在2006年7月做了这样的报道。有人发现凌晨3点还有孩子逗留在该省赌场的停车场中。[7]

几乎所有追求都会诱发动机和奖励感的上升——购物、驾驶、性、食物、电视、极限运动等，都会激活与物质成瘾相同的大脑系统。例如，一项MRI研究发现，货币奖励"点亮"的大脑区域，与药物使用过程中激活的区域一致。[8]PET扫描显示电子游戏会提高激励－动机回路中的多巴胺水平。[9]个人经历和性格将决定这个人会选择追求什么样的活动，但这些活动的过程都是一样的。对于那些多巴胺受体相对短缺的人，他们的成瘾行为所追求的是那些可以释放出最多多巴胺的活动——这种神经递质令人感到狂喜而振奋。本质上，人们是对自身大脑的化学物质上瘾。比如，当我强烈渴望购买唱片时，我真正渴望的是它所带来的多巴胺水平的飙升。

与暴饮暴食相关的证据则更具说服力。我们可以很清晰地看到，进食这种自然且核心的人类活动，由于受到不良的自我调节机制唆使，也会成为激励 – 奖赏系统的一个错误目标对象。PET 成像研究也显示，进食成瘾者的大脑多巴胺系统发挥了作用。与物质成瘾者相似，肥胖症患者拥有的多巴胺受体数量较少；一项研究显示，研究对象越肥胖，他们所拥有的多巴胺受体就越少。[10] 前文也曾提到，多巴胺受体的减少既是长期物质使用的结果，也是成瘾的风险因素。垃圾食品和糖也具有化学成瘾性，因为它们会对大脑的内在"麻醉剂"——内啡肽产生效果。例如，糖可以快速促进内啡肽的分泌，短暂地提高血清素的水平。[11] 这种效果可以被麻醉剂抑制药物纳洛酮阻断，而纳洛酮可以用来复苏因海洛因吸食过量而昏迷的患者。[12] 它也可阻断脂肪带来的舒适感。[13]

"进食和物质使用障碍具有相同的神经解剖学和神经化学基础，这一点已经日益清晰。"两位成瘾相关障碍的专家如此总结。[14]

暴食者和吸毒者的相似之处不仅在于大脑的激励 – 动机和依恋 – 奖赏回路受损，也在于大脑皮质的冲动调节功能受损。"有证据显示肥胖症患者存在决策缺陷。"《美国医学协会刊物》近期的一篇文章中写道，"比如，在艾奥瓦赌博任务测验中，重度肥胖者的得分要低于物质滥用者，而这个任务依赖于大脑中负责决策的前额叶皮质右侧区域。"[15] 同一作者同时提出，肥胖者会更容易感受到压力，因为他们负责压力反应的激素发生了紊乱，这点在其他成瘾者身上也十分常见。

强迫性购物狂在购物时，也会体验到同样的心理和情绪过程。他们大脑中负责思考的部分会进入休假模式。德国明斯特大学的一个脑成像研究中，科学家们发现消费者在选择同一商品的不同品牌时，他们"与工作记忆和理性思维相关的大脑区域的活动减弱，而负责处理情绪的大脑区域则被高度激活"。[16] 在品牌资本主义下被大肆吹嘘的"市场力量"很大程度上是无意识的，这是广告商熟知的一种成瘾性特征。早期研究还发现，在购物体验中，主管愉悦体验的大脑回路比负责理性思维的大脑回路，产生的放电反应更多。神经学家迈克尔·德普（Michael Deppe）是一名首席研究学者。他指出："商品越贵，购物者越疯狂。当购买昂贵的商品时，与理性思考相关的大脑活动基本降为零……情绪中心的激活显示购物可以释放压力。"[17]

成瘾往往是可以互换的。这一事实进一步论证了统一理论，即不同成瘾中存在一个统一共通的成瘾过程。虽然我最显著的成瘾倾向是购买唱片，但我可以无缝衔接到另一个强迫性活动中。在我们刚刚搬入现住房的那一周（那是24年前的事了），我接生了6个婴儿，时间几乎都集中在晚上。当时我一共接收了15位预产期在那个月的产妇，比一个正常忙碌的家庭医生多接收了10位。我无法拒绝被他人需要。白天，当我不在医院时，我也在自己的办公室工作。你可以想象，我还能有多少精力留给自己的家庭。我也曾同样盲目而狂热地将自己投身于政治工作和其他追求中。有时候我甚至会在同一时间进行多种成瘾活动。成瘾过程十分活跃，它总是在外界寻找并试图赢取更多战利品。但是驱动这一系列行动的焦虑、倦怠，以及对于空虚的恐惧，却很难得到丝毫缓解。

那些不太"被待见"并更有害的成瘾行为的呈现方式也很相似。阿维埃尔·古德曼博士从他的研究领域（性成瘾）和其他成瘾（例如强迫性购买、物质依赖以及病理性赌博）的研究结果中发现了大量重叠，因而得出了这个结论。也就是说，很多性成瘾者也会对其他一种或多种看起来完全不同的东西成瘾。[18]病理性赌博者同样很可能会受到其他破坏性习惯的支配：他们中大约有一半酗酒，大多数对尼古丁成瘾——赌博问题越严重，对烟酒的瘾也越严重。[19]

再者，行为成瘾中也存在耐受和戒断反应的现象，虽然其程度远不及物质成瘾。耐受意味着成瘾者需要越来越多的"剂量"来获得相同的效果，即相同的多巴胺刺激。我疯狂购买CD的行为往往从买一到两张CD开始，然而每一次购买都会进一步加强我的购买欲。一旦我踏入那个罪恶窝点——西科拉唱片行，最终都会带着价值上百加元的唱片回家。戒断反应往往让人感到烦躁易怒、闷闷不乐、不安迷惘。毋庸置疑，物质成瘾的戒断反应包含了化学物质反应，即多巴胺和内啡肽水平的下降。非物质成瘾者在突然中断成瘾行为时，也会体验到相似的症状。他们会体验到从成瘾性自我放纵到抑郁的急剧且势不可挡的转变。

天才作家史蒂芬·瑞德因抢劫银行入了狱，他告诉我："我在尝试检验我在生活中的各种极端需求。"成瘾者们出于极端的需求，往往从一种行为转向另一种行为。正如一个纽约的老警匪剧中所言，"裸城故事千千万"，但成瘾过程只有一个。

⌣

在我写这本书时，我的儿子丹尼尔担任了我的第一编辑。我们在一起工作的过程中，进行了许多有关成瘾的讨论，我也邀请他写下了他的想法。他下面的文字阐述了成瘾过程如何变换各种表现形式，只要这些方式能帮你熬过漫漫长夜。但这个过程的基本属性始终如一。

　爸，

　我记得 14 岁那年，当你告诉我你是个唱片成瘾者时，我嘲笑了你。它听起来太可笑、太荒谬了。听起来像是一个借口。突然，你有了一个"毛病"，有了一个对你的古怪和心不在焉的绝佳托词。于是，家里从不间断的响亮古典乐成了你痛苦的一大证据，马勒乐曲在我卧室天花板上的每次震颤也提示了你的问题的存在。我应该为你感到难过吗？我当时不知道，也并不在乎，不会去想你在试图用 CD 填补什么样的空虚。我知道的只是我从你的行为模式中所获得的推论：对你而言，音乐比家庭更重要，比我更重要。这让我觉得很可悲，也让我对"成瘾"充满了鄙夷和怨恨——鄙夷是因为我觉得这根本就是无稽之谈，怨恨则是因为我在某种程度上知道，它是真实存在的。

　　所以，我从来无法想象将"成瘾"这个词用在自己身上，即使它已经十分显而易见了。

　　我试图说服自己的一部分说辞是："我不可能上瘾。我不像我父亲那样，有核心成瘾问题。"但或许我有过一系列小小的成瘾，只是它们从不持久。它们从未彻底支配或摧毁我的生活。我想象伍迪·艾伦会抓住机会将之以漫画的形式呈现："实话实说，亲爱的，我不可能成为一个酗酒者，因为我从来无法将一件事情坚持下去。"我甚至创造了一个新词——"多动瘾"，来表示一个人无法长时间坚持一个坏习惯。

　　这些看起来似乎完全无害的习惯包括：我在纽约读研究生期间写的博客，和我几年前上的一系列个人成长工作坊。这还只是两个近期的例子。我每次参与活动一开始都十分积极，感到兴奋而充满活力，但最后它们都会变得耗时耗力且适得其反。

　　刚开始时，博客是我进入一个新环境后用来表达兴奋的方式。

　　在攻读研究生最初几个月的紧张阶段里，我有时会在白天或晚上花三到四小时写博客——而不是用这些时间社交、运动或睡觉，甚至做功课，简而言之，不是用这些时间生活。我被一种奇特的创作灵感驱使，在原有尺度上不断突破，在博客中记录越来越多私人生活的细节。就像是苏斯博士的神奇装置一般：我将自己当作原料喂给博客，而它会吐出一个生动精巧、闪闪发光的人工制品，比我熟知的自己的真实生活要有趣得多。我记得你和妈妈，以及我的许多朋友，一度都照单全收，直到它跨越了那条横在自我表达和自恋之间的隐形界线——然后你告诉我我越线了。我在热情洋溢的关注巅峰里冲浪，而突然的触礁让我心中充满了困惑。

　　个人成长课程的过程十分相似，只不过它的作用可能更积极一些。个人成长为我的生活带来了一系列绝妙的改变，但后来它成了我的生活。甚至有一段时间，我生活的目的就是在工作坊中有一些值得分享的事情。然而，这些事情发生的频率太低，让我无法掩盖与日俱增的自己是个冒牌货的感觉。与此同时，我试图向所有人兜售这种成长，说它给我带来了巨大的转变，他们一定也能从中获益。我知道亲朋好友都私下交流说我变得很奇怪，但是我除了继续向他们兜售以外别无他法。

当我处于成瘾中时——好吧，我把成瘾说出口了——我的生活充满了戏剧性，从巅峰的蜜月体验一直到最后跌落谷底。当我意识到这些事情"对我有害"时，它们已经"失控"了。我发誓戒除时，带着一种英勇的悔恨、羞耻，和听起来似乎很清醒的决心。我发誓的这一幕在当初的博客事件里，在这场"彻底改变"了我的个人成长运动中，以及其他各类事件中不断重现。这无疑是成瘾病态吸引力的一部分：不管怎么说，它很有娱乐性。

说来奇怪，只有当我看到自己行为中的空（佛教意义上的空）时，成瘾才真正结束了。我看到这些行为非善非恶，也并不令人兴奋，它们只是我愚蠢地用来麻痹生活之苦的一种"身外之物"。我之所以用"愚蠢"这个词，是因为所有的成瘾最终导致的痛苦，都远远超出了它能减少的痛苦。

所以父亲，事实上我与您并无差别。我的内心也有一个空洞，这个空洞并无奇特之处，只是一个普通人绝望、恐惧和焦虑的工厂。只要一样东西能够给我即时的自我定义、目的或价值感，它就会成为这个空洞试图吞食的对象。它是一个我会想方设法逃离的空洞。我或许不会通过毒品、赌博或贝多芬来填补这个空洞，但是正如您的方式对您有害，我的方式也同样对我有害。如果说我从自己的经历中学到了什么，那就是我必须为自己对于空虚的恐惧负责。这种恐惧不是我所独有的，相反它几乎是普遍存在的。我的空洞就在那里，不会消失。当我认识到这一点，我就不会再将这空洞与我是谁混为一谈，也不会再耗费大量精力想方设法让它消失。反之，我可以对它保持警觉和耐心，以心平气和的方式对待它。

爱你的，丹尼尔

第 21 章

过度关注外界：易成瘾人格

————

"当你喝得底朝天时，会有一种宽慰的感觉。"史蒂芬·瑞德挖苦地说道，
"一种你不能再往下掉的感觉。"我们隔着一个方形的小木桌面对面坐着。椅子
由简单的金属框架和塑料坐垫拼接而成，是典型的快餐厅便宜家具。这个房间
与其他社会机构的附属餐厅无异，只不过隔间的窗户里可以看到狱警正监视着
犯人和访客。

我在温哥华岛的威廉·海德监狱访谈了瑞德，他是一名银行抢劫犯，同时
称自己为一名瘾君子兼作家。咖啡厅里还有一些其他人，有的在独自喝咖啡，
有的正在会见访客。我们边上那桌坐了一名男犯人，正在给他的女访客做肩膀
按摩；朝着海那侧的玻璃墙边上坐了一对土著情侣，正狂热地凝视着对方。餐
厅外面是陡峭的山坡，一路倾斜到海边，山坡两侧布满了野生的黄色金雀花
丛。花丛背后闪现出金属网围栏，围栏顶端缠绕着带倒刺的铁丝。

1999 年，史蒂芬犯下了他所谓"人生中最糟的银行抢劫"案，被送回监狱关押 18 年。他满头白发，肤色红润，留着象牙似的八字胡，看起来一点也不像一个有过暴力行径的罪犯。如今他谈起自己的暴行时，言语间满是羞愧。他在狱中增重了许多。因为在假释审查过程中不太顺利，他今天有些沮丧。他说："我往往用暴饮暴食来应对这种失望。"在我看来，他有些抑郁。

我们讨论了各自的成瘾经历，以及内心隐秘的空虚感。我们不断尝试用成瘾填补这份空虚，却总也无法填补它。也许听起来有些令人吃惊，但是史蒂芬，这个可卡因中毒的瘾君子兼银行抢劫犯所袒露的所有想法和情绪，在我身上都能对上号。

当我问到"瘾君子"（Junkie），也就是他为小说集《成瘾：来自野兽之腹的短笺》（*Addicted: Notes from the Belly of the Beast*）写的一篇自传性文章时，他谈到了"触底"：

> 我已经从地表坠落太多次了，似乎只有在这片狭小而熟悉的混凝土地面上，我才能向一个方向迈 7 步，然后再退 7 步，确定我的脚总会落在地上。[1]

传言说成瘾者们只有"触底"方能反弹，获得彻底戒瘾的动力。这种说法或许对某些人适用，但是因为什么是"底"对于每一个成瘾者来说很不同，所以它无法成为一个普适的原则。对于史蒂芬·瑞德而言，"底"指的是监狱中裸露的混凝土地板。于我而言，"底"是我的成瘾行为对家庭的影响，是每次躲躲藏藏的疯狂购买带来的与日俱增的疏离和羞耻感。我难以想象人们会如何为我在波特兰的患者们定义他们的"触底"，他们已经失去了拥有的一切：伴侣、儿女、自尊、健康，以及一个正常人的寿命。如果自由意味着没有什么再能失去，那么这些住在温哥华贫民区里名副其实的饿鬼可谓十分自由了。

我之前也曾提过，我的生活和我市区东部患者们的生活有显而易见的不同。而不那么显眼的是，我和他们之间也有着许多相同之处：比如驱使我们成瘾的动机，以及我们围绕成瘾"对象"的行为——我的患者们和史蒂芬·瑞德所围绕的成瘾对象是成瘾药物；而我的成瘾对象是唱片购买、公众的关注、患者的感恩、工作中忘我的状态，以及我对其他消费行为，或任何可以分散注意力的活动的持续需求。我和他们一样愿意出卖我的灵魂，只不过我的收费更高一些。他们愿意住在黑斯廷斯一个满是虫子的房间里，而沉迷工作则带给了我一个美好的家；他们的成瘾对象或从他们的血管进入再经由肾脏排泄，或充斥他们的肺部然后消失在空气中，而我的成瘾对象，即 CD 和书则摆满了书橱，其中许多CD 我从未听过，许多书我从未打开过。他们的成瘾把他们带进了监狱，而我对于赞誉的痴迷追求和执着的工作习惯，则使我获得了他人的尊重和可观的收入。

再来说说道德、责任和义务。要说我的患者们抛弃了他们的孩子，我也抛弃了我的——我从未真正在场，并且将自以为是的需求放在了孩子真正的需求之前。要说他们有过欺瞒或操控，我也有过。要说他们一直痴迷于下一次的嗑药，我也一样。要说他们在遭遇恶果的打击后还坚持了许久，我也一样。要说他们反复承诺悔改又一次次地重蹈覆辙，我也不是没干过。要说史蒂芬·瑞德毒瘾复发，导致自己与孩子相隔两地，我也曾一次又一次地在情感上离开我的家人。要说药物成瘾者为了及时行乐而牺牲了爱，我也曾这样做过。

可能有人会提出，我所谓的工作成瘾是对他人有益的。即便如此，这也无法为成瘾开脱。我在一些我所热爱的领域取得的成就，并不归功于我的成瘾，这些成就是即使没有那份成瘾激情也可以获得的。没有所谓的好的成瘾。当我们所做之事不受成瘾的污染时，我们可以把事情做得更好。无论成瘾看起来有多么无害，甚至受到了外界的赞誉，对于每一种成瘾，总有人为它付出代价。

没有任何一个人类的核心是空洞或有缺陷的，但许多人的生活方式却仿佛他们内心如此。如果有人试图抹去成瘾者核心的缺陷和空虚感，这种行为就好像在用一铲铲的尘土填充一个峡谷。人在如此徒劳无功且毫无尽头的事情上投注精力，等于剥夺自己心理和精神成长的精力，剥夺自己本可以投注于灵魂追求或所爱之人身上的精力。

史蒂芬·瑞德曾写道"黑暗……每一个瘾君子内心秘密汇聚的自我厌恶"。[2] 因为当你在成瘾过程中放纵自己时，无论成瘾对象表面看来多么无害，最终都只会加深空虚感，并造成羞耻感。这种羞耻代替了本应产生的与世界的联结感和健康的自我感。羞耻来自自我背叛。"智能城市"（IdeaCity）是一个多伦多的思想、科学进展和文化交流的年度会议。当我被邀请参会时，我彻底认清了这种残缺的空虚感背后的贪得无厌。此前许多年，每每看到汇报者的名单，我心中总是充满苦涩。我满心妒忌并渴望收到邀请，这份渴望源于我对于被需要和被认可的迫切需求。终于，我收到了邀请。我的自我得到了满足，或者说我以为它得到了满足。有一次在多伦多，我刚开始享受这个会议，开始享受和如此多思想开明、充满魅力的人相识，但很快就发现，自己那个占有欲极强的、如饿鬼一般的无情自我又开始在我脑中叫嚣了："这里面有些演讲人已经来过两次甚至三次了。你会再次受到邀请吗？你必须再次获得邀请……"我哭笑不得。这个自我永远无法得到满足，它甚至没有满足这个概念。

当我与波特兰的患者们说起我的成瘾行为以及它给我内心的感受——那些渴望、不堪忍受的迫切、反复的复发以及羞耻感时，他们都会会心一笑并纷纷点头。史蒂芬·瑞德也能理解我在说什么。"我已经在外界事务上耗费了太多时间。"他说，"试探他人……这让我牙疼，我需要从这些外界事物中抽离出来，开始向内探寻。"说到这里，他的声音逐渐减弱，然后补充道："我曾以为唯有孩子和吸食海洛因的人才是真正活在当下的。"这个信条让许多人充满了挫败感：孩子可以全然活在当下，而成人唯有通过化学制品的帮助才能达到这样的状态。

史蒂芬谈到自己对于外界事物的持续关注时也谈到了成瘾人格，或者更准确地说，易成瘾人格。这是真实存在的吗？或许答案不是一个简单的是或否。没有任何一类人格特质自身会导致成瘾，但是有些特质或许会让一个人更容易屈服于成瘾过程。

不论是在生理上还是情感上，如果人们需要不断地通过外界的慰藉来填充身心，那么他们就很容易受到成瘾过程的影响。这种需求体现了一个人自我调节的失败：他无法维持一种相对稳定的内心情绪氛围。没有人生来就具备自我调节的能力，我之前也曾提到，婴儿完全依赖父母来调节生理和心理状态。自我调节是一种发展而来的能力，唯有具备适当的发展条件，我们才能获得自我调节的能力。有些人从未能发展出这个能力，即使在成年许久之后，仍需依赖外界支持来缓解不适和抚慰焦虑。无论这种支持是化学制品还是食物，或是对于关注、认可或爱的过度需求，如果缺少了这些外界支持，他们就无法改善情绪。有时他们会参与一些冒险性的活动，使自己的生活充满刺激。一个缺乏自我调节能力的人会依赖"外界事物"来改善情绪，在自己体验到太多杂乱的内部能量时，依赖它们来使自己平静下来。以我为例，我疯狂购买 CD 的时候，正是那些我觉得情绪低落、坐立不安、百无聊赖的时候，以及我觉得过度亢奋而不知所措的时候。

冲动控制属于自我调节的一个方面。冲动从低级大脑中心升起，大脑皮质则决定允许还是抑制这个冲动。易成瘾人格的一个显著特征是难以承受突如其来的感觉、冲动和欲望；另一特征是缺少分化[3]。分化被定义为"一种在与他人发生情感联结的同时，保持自己情绪功能的自主性的能力"。这是一种能够与他人互动，但同时立足于自己的能力。分化不良的人很容易被自己的情绪所淹没——他们会"吸收他人身上的焦虑，并在自己内心制造巨大的焦虑"。[4]

分化的不足和自我调节的受损，反映了情感成熟度的不足。

心理成熟意味着发展出独立于内在体验的自我感——这是一种幼童完全不

具备的能力。孩子必须学习并理解：他并不等同于自己内心在不同时刻的感受。他仍可以去体会自己的感受，但他的行为可以不受感受所摆布。他可以觉察到与自己当下的感受相矛盾的其他感受、想法、价值观和承诺。他可以有所选择。瘾君子们往往缺少这种"矛盾感觉"的体验。情绪支配了他的观点，他当下的感觉决定了他的世界观，并掌控了他的行为。

在关系中亦是如此：孩子们必须发展出自己的独特性，与他人产生分化，才能逐渐成熟。他必须有自己独立的思考，不为他人的想法、观点或情绪所淹没。他的分化进行得越好，就能越好地与他人交往而不失去自我。一个独立、分化得当的人可以以一种接纳自我情绪的方式回应他人，而不是以顺应或反抗他人为目的来回应。他既不压抑自己的情绪，也不会因情绪而冲动行事。

迈克尔·克尔（Michael Kerr）是华盛顿特区的精神科医生，也是乔治城大学家庭中心的主任。他将两种分化类型做了区分：功能型分化和基本分化，这两种分化在健康和压力方面有着天壤之别。功能型分化指的是一个人通过外界因素来维持功能的能力。一个人越缺乏基本分化，他就越需要依赖关系来维持情绪的平衡。当关系不足以维持他们的情绪稳定时，他们就会将成瘾当作自己的情感拐杖。我在波特兰的患者们中，有的人以前各方面功能尚可，却因为婚姻突然破裂而快速陷入物质使用的旋涡之中。他们的情绪会因为与伴侣的关系而急转直下或扶摇而上。他们很容易感到受伤和被拒绝，他们的物质使用量往往取决于关系中发生了什么。当一段关系结束时，他们会迅速投入下一段关系中。他们常常因伴侣不愿意与他们一起而无法进入康复过程；他们把关系看得比一个健康的自我更重要。不良的分化也容易让人们停留在一段毁灭性的关系中，而这种关系自身就具备了成瘾的特征。

当我在婚姻中感受到压力时，也会从外界（例如工作或疯狂购买中）寻找慰藉——虽然这些压力来自不良的自我调节和缺乏基本分化。

这些就是潜藏于成瘾过程之下的特征：不良的自我调节、匮乏的基本分化、缺失的健康自我、缺陷带来的空虚感，以及受损的冲动控制。这些特征的成因并不神秘，或者更准确地说，那些导致自我调节、自我价值、分化以及冲动控制等积极品质难以得到发展的条件并不神秘。任何园艺师都知道，如果一棵植物不生长，原因很可能是缺乏相应的条件。孩子也一样。成瘾人格是一种未发展成熟的人格。当我们谈到疗愈时，我们需要谈论一个关键问题：如果早期环境阻碍了情绪的健康发展，我们该如何促进成长发生。

第 22 章

爱的不良替代品：行为成瘾及其根源

———

物质成瘾者可选的物质种类有限，相对行为成瘾者，他们的逃避方式要少得多。正如一名我市区东部的医生同事所言："他们拥有的行囊比我们要少得多。"相较之下，行为成瘾的选择可以说不可计数。那么，人们是如何做出"选择"的呢？为什么我的儿子会选择自我成长课程或博客，而另一人会选择性爱或赌博？为什么购买唱片可以让我的多巴胺回路运转起来？为什么我会选择强迫性工作？我去咨询了性瘾研究专家阿维埃尔·古德曼医生这个问题。"这主要取决于什么样的经历可以为我们的痛苦带来解脱。"他说，"对于很多人而言，购买唱片不会是他们的首选，但是我的猜测是音乐对你有一些很重要的意义，它能为你带来深切的情感体验。"

那么为何如此呢？"首先，你可能对音乐有一种遗传敏感性。"古德曼医生表示，"你可能受到了父母所听的音乐类型的影响，也可能存在更早年的影响。

比如，可能在襁褓之中你就常常被独自放在一个房间里，当你没有得到拥抱安抚时，你仍可以听到这个世界的声音，所以听觉成了你与世界发生情感连接的一种重要途径。"

这个来自明尼苏达的精神科医生对我的背景一无所知，但他对我早年经历的形容，却与我对自身的理解十分一致。

我于 1944 年出生于布达佩斯的一个犹太家庭，两个月前纳粹攻陷了匈牙利。在那场战争和大屠杀中，我们遭受了欧洲犹太人所经历的一系列惨绝人寰的迫害。在我出生后的前 15 个月里，我父亲被带去了一个强迫劳动营，生死未卜。我 5 个月大时，我的外祖父母在奥斯维辛被杀害。许多年之后，在温哥华的某日，当时已经 82 岁的母亲，在她离世之前不久才告诉我，在她父母被杀害之后好一段时间里她都十分抑郁，有时下床只是为了照顾我。我常常被独自放在婴儿床里。我在《散乱的大脑》里曾写过这一段历史：

> 在德国军队进入布达佩斯两日后，我母亲匆匆忙忙地给儿科医生打电话。"你们可以来看看加比吗？"她请求道，"他从昨天早上开始就一直哭个不停。""我当然可以来。"医生回答，"但是我也想告诉你，我所有的犹太孩子们都在哭泣。"
>
> 犹太婴孩们怎么会知道纳粹、第二次世界大战、种族歧视或者大屠杀呢？他们知道的，或者说他们所吸收到的，是他们父母的焦虑……他们吸收了恐惧，感受到了悲痛。是他们不被爱吗？他们得到的爱并不比其他任何地方的孩子少。

当父母受困于自己童年时期的心魔或是生活中的外界压力时，他们无法有效调节婴儿的情绪环境——无法将婴儿的情绪维持在一个可忍受的范围中。于是孩子的大脑不得不进行适应：开始隔离、关闭情感，并学习自我安抚的方式，他们摇晃、吮指、吃、睡，不断向外寻求慰藉。这正是根植于成瘾核心的那份始终焦虑不安、始终无法逾越的空虚感。

战争末期，在布达佩斯的犹太人居住区里，在令人难以想象的拥挤和脏乱的环境之中，我病得很重。母亲一度害怕我可能会死于疾病或是营养不良。在我 12 个月大时，她将我偷偷送到了藏在居住区之外的亲戚家里。她将我递给了一名慈祥却全然陌生的非犹太访问者，让他把我带走。那时，她不知道自己第二天是否还能活下来，更别提是否还能再见到我。我的亲戚们非常体贴，他们尽可能地照顾我。然而，我能想象对于一个一岁大的婴儿而言，他们是彻底的陌生人。对于难以承受的情感丧失，婴儿的自然反应是防御性地关闭自己。我的一生一直在抗拒接受爱——不是抗拒被爱，或者说理智上我知道自己被爱着，然而我无法以一种脆弱而开放的方式，发自内心地从情感上接受爱。而那些无法获得或接受爱的人需要其他的替代方式，这时候成瘾就出现了。

音乐给予我滋养和一种自足感。我不需要其他任何人或物。我沉浸其中，仿佛浸泡于羊水之中，它环绕并保护着我。它同时是稳定、随处可得且可控的，我可以在任何需要的时候获得它。我也可以选择表达自己情绪的音乐，或选择帮助安抚情绪的音乐。我之所以在西科拉唱片行扫购 CD，是因为"寻找音乐"提供了兴奋和紧张感（这是一种我可以立刻解决的紧张感）、一种可以即刻获得的奖赏，它们不同于我在生活中所感受到的紧张感与其他渴望获得的奖赏。音乐是一种外界的美与意义的来源，我可以将它视为我自身所拥有的，而无须探索我如何在自己的生活中回避对美和意义的直接体验。成瘾，从这个角度而言，是懒人的超越之路。

我的工作成瘾的源头也很清晰。无论母亲心里有多么爱孩子，正如我母亲全身心地爱着我，当母亲抑郁时，孩子难以避免地会感受到持续的匮乏和深深的忧虑感。一个 11 个月大的婴孩在被递给一个陌生人，而他母亲突然从生命中消失时，他一定体验到了一种天崩地裂的感觉。这种体验也会在心灵留下深刻的印记，并改变大脑的生理构造，这种印记和改变的影响可能会持续一生——当然这并非绝对，我们之后也会对此进行阐述。

因为我没有来自自身的价值感，工作便成了我价值感的来源。在医学实践的过程中，我找到了用武之地，找到了证明我不可或缺的最佳场所。在很长一段时间里，我几乎无法拒绝工作，"被需要"是一种对我充满强烈吸引力的毒品。更何况，我需要通过持续的专注来驱逐潜伏在我心灵周围的抑郁、焦虑和倦怠感。我和所有瘾君子一样，通过成瘾来调节情绪和内在体验。当周末来临，我的传呼机陷入沉默时，我感到空虚而烦躁——这正是瘾君子犯毒瘾的表现。

进食障碍也是由相似的动力造成的。可能有人会问，为什么一个关乎生存的人类活动会变得如此扭曲，破坏一个人的健康，甚至严重到缩短一个人的寿命？虽然人们往往将肥胖症的泛滥归咎于垃圾食品的过度消费和久坐不起的生活习惯，但这些都只是行为表现，其背后是更深层的心理和社会问题。

在人类发展的进程之中，摄取食物的意义已经远远超出其显而易见的膳食角色。婴儿出生之后，母亲的乳房代替脐带，成了他们获取营养的来源，乳房同时也是母亲和孩子维持身体接触的方式。接近父母的身体也满足了孩子基础的情感依恋需求，即我们对身体接触的需求。

当婴儿焦虑或不安时，他们会得到母亲的乳房或奶瓶的塑料奶嘴——换句话说，他们会与一个天然滋养物建立关系，或与一个与之十分相似的物件建立关系。这正是为何情感滋养和进食会在大脑中建立密切的联系。另一方面，情感的匮乏和饥饿一样，会触发对于口腔刺激的渴望或进食行为。有些孩子在度过了婴儿时期后，还保持着吮吸手指的习惯，这往往是他们试图安抚自己的方式，也常常是情绪痛苦的征兆。除生理疾病所致的罕见情况外，一个人越是肥胖，他在生命的关键时期所经历的情感匮乏就越严重。

在我还是一个新手家庭医生的时候，我曾以为人们需要的只是基础的健康信息。当时的我用幼稚的铅笔画在处方本上展示着我的真知灼见，教育那些肥胖人群过量的体脂会如何使心脏负担过重，阻塞血管并提高血压。我以为只要自己这么做了，他们就会在离开我的办公室时心怀感恩，彻底改变，并开始迎接全新而健康的生活方式。我很快发现，他们离开我办公室后，会要求将他们的医疗档案转到一名不那么热衷于教育，对于人类的生存方式更为理解的医生那里去。我逐渐学到，如果不能帮助人们处理他们行为背后的情感动力，那么我们对着人类行为，即便是那些自我毁灭式的行为，再怎么说教也只会徒劳无功。

暴饮暴食的人们不仅在过去遭受过情感丧失，在当前往往也遭受着精神上的剥夺和痛苦，这点几乎毫无例外。一名女性可能可以离开一段不如人意的关系，减重并重获自信，但是一旦回到她的伴侣身边，她就会再次增重。当人们消耗了情感能量却得不到回应时，只能从摄入的卡路里中获得补偿。同样，很多人戒烟后开始暴饮暴食，因为他们对于口腔安抚的渴望无法再被香烟满足，他们失去了减压利器尼古丁，因而处于多巴胺匮乏的状态中。

如果说现在的孩子们患肥胖症的风险要比以往大很多，这绝不仅仅是因为他们沉溺电视或电脑而导致活动不足。其主要的原因在于：在和平时期，从未有过任何一代人承受着如此巨大的压力，并如此缺乏来自成人的滋养关怀。因为父母不像以往那样，在离家很近的农场等地工作了，孩子们缺少和父母的真实接触，电视和电脑则成了替代品。这些娱乐也代替了以前整个家族、部落和村庄所提供的那种社群感。当一个孩子拥有来自成人的情感滋养时，他可以获得一种强大的自我感，而无须被动地通过食物或娱乐来安抚自己。

肥胖症的流行体现了一种心理和精神上的空虚，而这种空虚已经成了这个消费社会的核心。我们感到无力而孤独，因而变得被动。我们生活得十分匆忙，因此渴望逃避。在佛教的修行中，修行者们学习如何缓慢咀嚼，学习觉察每一口食物、每一种味道。进食成了一种正念觉察练习。而我们的文化中，进食习惯恰恰相反。食物成了一种普遍的安慰剂，许多人通过暴饮暴食来麻木自己。

性瘾的根源也可以追溯到童年经历。研究性瘾的专家阿维埃尔·古德曼博士指出：大部分的女性性瘾者，以及40%的男性性瘾者，都曾遭遇过童年期性虐待。[1]古德曼博士称："人类的适应性很强。"对于我们来说，被拥抱的感觉如此重要，导致我们将任何可以让我们感受到丝毫温暖和接触的东西，都视作爱。如果一个人认为自己只能通过性才能被人需要，那么她成年后就很可能会通过性，来证明自己是被爱或是被需要的。那些没有经历过童年虐待的性瘾者，则很可能感受过更加不易觉察的被性化的体验。他们也可能因为觉得自己不被爱，而认为只有通过性才能获得些许抚慰。

所谓女性瘾者，其实让她上瘾的并非性，而是她在被渴望和需要时大脑分泌的多巴胺和内啡肽。她的性滥交并非一种堕落，而是一种适应童年经历的方式。与其他类型的成瘾一样，性瘾只是在帮助人们获得他们极度匮乏的东西。多巴胺和内啡肽本应由爱来提供，但她们只能通过性来获得，并且和所有成瘾一样，这种获得都只是暂时性的。因为她们的早期关系变化无常，给她们造成了太多痛苦，所以她们在渴望接触的同时，对真正的亲密却充满恐惧。这就是性瘾者很难维持一段关系的原因。莫妮克·贾德（Monique Giard）是一名温哥华的心理学家，擅长性瘾治疗。她说："在一段长期关系中，你不得不去面对自己。而要面对自己最深的恐惧，则是一件可怕而痛苦的事情。"通过一次次地更换伴侣，性瘾者避免了亲密关系可能带来的风险。正如我不断地想要购买唱片，性瘾者不断地渴望新鲜伴侣所带来的多巴胺分泌。

和所有成瘾一样，强迫性的性行为让成瘾者可以回避消极情绪。贾德女士指出："要处理负面想法和情绪是需要很强的自制力和勇气的。而成瘾行为的核心功能就在于，它帮助我们用积极的情绪来替代消极的情绪。"[2]

成瘾从来无法真正替代我们的需求，它只是短暂地取代了这些需求。成瘾满足的是虚假的需求，所以无论成瘾如何频繁地回应这些需求，我们永远也无法感到满足。我们的大脑会一直觉得不够，无法放松，也无法去关注那些真正重要的事情。这种感觉就好像你刚刚吃完一顿大餐，却仍然感觉饥饿，于是又立刻开始四处搜索食物。自童年起，行为成瘾者的眶额皮质，以及与其相连的神经系统就受到了误导，使得成瘾者将一些错误的需求置于了真实需求之上（我们将之称为"显著性归因"）。这也是为什么行为成瘾者会那么拼命地想要即刻满足自己的需求，仿佛那就是自己最本质的需求。

滚石《你不能永远得偿所愿》的歌词倒过来，就正好可以描述成瘾：你有时候可以得到你所要的，但是你再怎么尝试，也无法得到你真正需要的。

在威廉·海德监狱里，囚犯史蒂芬·瑞德听完我在襁褓中的故事后，摇了摇头，看起来更加沮丧了。他说："你虽然有这些创伤性的早年经历，但你是自由的。你有自己的职业。在我身上从未发生过那样创伤性的事件，但我却一次又一次地进了监狱。因为我自身的缺陷、性格弱点和道德上的失败，我几乎大半辈子都在监狱中度过。"

我的看法与史蒂芬对自己的苛刻评价截然不同。我在生命最初的一年半时间里有过这样严峻的经历，但除此之外，我后来的成长环境是相对稳定的。我在一个中产阶级家庭中长大，我父母都健在，并且都是知识分子。尽管他们有自己作为人类的瑕疵，但是他们尽可能为他们的孩子，以及对方，提供了充满爱和滋养的环境。而史蒂芬的童年却充斥着焦虑和恐惧：他母亲 15 岁时结婚生下了他，他父亲则是个脾气火暴的酒鬼。他的整个童年都在贫困、羞愧、恐惧和不安全感中度过。他说："如果有任何事情打扰到了我父亲，他就会立刻暴跳如雷。"

史蒂芬 11 岁时，他的社区医生将他带到了郊外，给他注射了吗啡，并就此开始了一段长达数月的、基于药物控制的性剥削关系。第一次被注射吗啡时，还是少年的史蒂芬从未体验过体内如此大量的阿片制剂的涌动，这是他自身系统所无法生成的，这种体验让他充满了敬畏。我问他："那是什么样的感觉？"他回答："就好像一个温暖而湿润的毯子，像是一个安全的地方——一种先于痛苦和危险的，甚至先于生命出生时的拉扯、踢拽和嘶吼的安全感。"一个性工作者曾告诉我，她第一次尝试海洛因时的感觉，就好像一个温暖而柔和的拥抱——她所幻想的是一种婴儿般的快乐。而史蒂芬所说的"温暖而湿润的毯子"甚至回到了更早时我们仍在子宫中的感觉——或许那是他最后一次体验到安全感吧。

我曾有过相似的体验，虽然没有他们那么强烈。我在四十多岁时曾服用过一种可提高大脑血清素含量的抗抑郁药物。我当时被一种从未想象过的美好感觉包围，仿佛我所有的脑细胞都沐浴在一个正常的化学环境之中。我还记得当时我跟自己的嫂子说："所以这是人类本应有的感觉。"只有当你知道不再抑郁是什么样的感觉，你才知道自己之前有多抑郁。由于早年压力对大脑生理结构的影响，这些化学物质给史蒂芬和我带来了全新的体验，为我们揭示了无比重要的真相。

那么，我们又如何解释像我儿子丹尼尔一样，成长在一个相对舒适的环境之中的人们的成瘾行为呢？他们的父母并不存在虐待或忽视的行为，尽到了父母的职责，我们又该如何解释这些人的成瘾呢？要回答这个问题，我们就需要重温婴幼儿时期，孩子的大脑要达到最佳发展状态所需的关注的质量。

在此之前，我想要简单说说"指责父母"这个棘手的话题，只要我们强调早年养育环境的重要性，就很容易被视为在指责父母。指责父母之所以让人们如此警惕，也是天性使然。一旦被指责不够爱自己的孩子，或作为父母没有尽全力，任何人都会自然地竖起防御。这其实也是在抵制一些过度简单化的大众心理学，因为 50 年代到 80 年代期间流行的某些精神分析理论宣扬了一种对于父母，尤其对于母亲的指责和恶意。

然而，问题不在于父母们没有尽全力，不论我们说的是谁：史蒂芬的父母，我的父母，或者我和我妻子作为父母。我此前也曾提及，即使是我的成瘾患者们，说到这个话题也不免悲痛不已、伤心落泪：让他们感到最为羞耻和悔恨的事情，就是认为自己为人父母十分失败。那么问题出在哪儿呢？问题在于，作为父母，我们所尽的"全力"受限于自身的问题和局限，正如我的孩子们所接受到的抚育受限于我自身的局限。在大多数情形下，我们的问题和局限源于我们自己的早年经历，而我们的父母也一样。我们从人类和动物研究中得知，抚养方式往往会从一代传承到下一代。在动物实验中，我们发现亲代养育是有生物遗传性的，这是一种通过分子机制而非基因发生的遗传。换句话说，一个婴儿所接受到的抚育会让他产生特定的大脑回路，进而影响甚至决定他会如何抚育下一代。这种神经传递很可能包含了催产素（也就是俗称的"爱情激素"）的传递，它是母婴依恋关系的关键所在。[3] 了解以上事实后，我们就知道没有任何人应该被指责。我此前也曾说过，责备的态度毫无用处，正如苏菲派诗人哈菲兹（Hafiz）所写，责备只会恶化那个"令人伤心的游戏"。

我在《散乱的大脑》（我所写的关于注意力缺陷障碍的书）发表后，收到了很多指控，控告我在责备父母。我在解释自己的 ADD 时（ADD 也是成瘾的一大危险因子），提到了我婴儿时的经历。我写道："我母亲与我没有机会拥有正常的母婴体验。基于当时的可怕情形，她整个人处于麻木的状态，所有精力都被基本求生占据了。母亲即使充满了深切的爱意，也很难与孩子建立**同调**（attunement）。"

第一条对《散乱的大脑》的评论出现在《多伦多之星》上："马泰说都怪他母亲。"

责怪，与美一样，取决于一个人的主观判断。

〜

借用罗伯特·波斯特博士的话来说，大脑发展不仅会受到"不良刺激"的负面影响，也会因"良好刺激"不足而受到影响。正如伟大的英国儿童精神科医生温尼科特（Winnicott）所言："一些好的事情本应发生，却没有发生。"高压下的父母无法与孩子同调，而这种高质量的同调是孩子的大脑回路发展自律功能必不可少的。同调指的是，一个人能够与另一人在情感状态上保持同步。问题不在于父母是否爱孩子，而在于父母是否可以在情感上保持在场，让孩子感到被理解、被接纳、被回应。同调是真正意义上的爱的语言，它是一个尚未发展出语言功能的孩子感受到爱的重要渠道。

同调是一个微妙的过程。它充满直觉性，并且很容易因为父母的压力、抑郁或是分心而受到影响。一个家长可能十分重视孩子，全然地"爱"孩子，却仍无法做到同调。比如说，如果父母抑郁，婴儿就会体验到生理上的压力反应，但这并不是因为他们不被爱，而是因为他们的父母无法与他们同调。那些自己儿时就缺少了同调体验的家长，也会更容易缺乏同调的能力。缺乏足够同调体验的孩子，可能会感受到爱，或知道他们被爱，但在更深、更本质的层面上，无法真正感到被看见或是被欣赏。丹尼尔一直都敏锐地感知到自己生活中似乎少了一些什么，但是无法准确描述到底少了什么。有一次他这样描述他的童年经历：

> 我知道我成长在一个充满爱的家庭里，这点毋庸置疑。我知道我被

爱，但与此同时，爱以一种变化的、令人困惑的、不可预知的方式到来，这让我时刻保持警觉，让我总是渴望一种更加简单而直接的爱的形式。我感觉自己必须精于此道，必须知道怎么牢牢抓住它不放，才能得到更多的爱。

我并不吃惊于儿子的叙述。我的痴迷工作和其他成瘾行为，导致作为家长，我只是偶尔在场，何况婚姻中的压力也耗费了我和妻子大量的精力。所以丹尼尔觉得他必须努力才能获得关注，他觉得自己得到的爱是有条件的，他觉得自己的情绪常常得不到父母的觉察、分享或回应。

关系中如果同调不足，会导致孩子的神经和心理自我调节系统的发育受损。儿童精神科医生丹尼尔·西格尔曾说过：

> 从婴儿早期开始，我们的情绪调节能力很大程度上就依赖于我们对重要他人的感知，即我们是否感到重要他人同时也在体验相似的心理状态。[4]

自我调节指的不是"端正的行为"，而是一个人维持相对稳定的内部环境的能力。一个具有良好的自我调节能力的人，在面对生活的挑战、困难、失望或是满足时，情绪不会在两极间迅速转换。他无须依赖于他人的回应、外界的活动或物质的帮助，来让自己好受一些。而一个自我调节不良的人则更需要向外界寻求情感抚慰，所以婴儿时期缺乏同调体验的人，在成年后有更大的成瘾风险。当史蒂芬·瑞德说"我耗费了太多时间在外界事物上，在不同人之间"时，他所表达的也是同一个意思。

一组灵长类动物实验也证实了稳定的、无压力的亲子互动的重要性。这个实验包含了三组猴子母婴。研究员设定了三种实验条件，猴子妈妈们需要在这三种不同条件下觅食。第一个实验情境中觅食的难度高，但难度同时是稳定而可预见的。第二个实验情境的觅食难度低且稳定可预见。而第三个情境的觅食难度则是不可预见的：一会儿难度低，一会儿难度高。然后研究员们在实验期间观察了母婴关系的质量，以及三组猴宝宝在成熟过程中的"性格"发展，和它们一生中应激系统的生物化学水平。

高难度的实验条件并没有让猴子妈妈们感受到压力，从而影响她们对婴儿的抚育，真正起作用的是变化的实验条件，或者说不可预知的条件。处在变化条件下的猴子妈妈们表现得"反复无常而不稳定，有时甚至出现了忽视抚养的行为"。它们的孩子们也与其他两组不同，这些猴宝宝们成年后变得十分焦虑，不喜欢社交，并且应激反应很强，而这些特质都会增加成瘾的风险。生物水平上，这组猴子脊髓液中的压力激素终其一生都处于较高的状态，这表明它们的压力机制出现了异常。[5]这也增加了它们的成瘾风险，因为动物和人类都会试图通过一些物质或行为来调节自身的压力体验。[6]显然，这种差别的产生不是因为另外两组的猴妈妈们是"更好的"家长，而是因为变化无常的觅食条件给猴妈妈们带来了压力，不确定性触发了生理和情绪上的压力，压力让它们在哺育过程中受到了影响。

对于孩子而言，缺乏情感上同调、能够稳定回应他们的家长，往往是他们面临的一个主要压力源。即使家长人在身边，但如果情感上缺席，这对孩子而言也仍然是一种缺失。这种缺失被称为近乎分离。近乎分离指的是，家长受到外界压力的干扰，而导致与孩子同调接触中断的情况。当孩子们经历近乎分离时，他们所体验到的生理压力水平，与他们在经历物理上的分离时所体验到的十分接近。[7]随后，他们大脑的神经递质和自我调节系统的发展，尤其是压力管理回路的发展，会受到干扰。这些大脑系统的发展一旦稳定形成，就很容易增加成瘾的风险。我们甚至可以在年幼的孩子身上观察到成瘾的倾向。猴宝宝们会在母亲缺席时，依恋上一个无生命的、由金属丝网做成的"替代母亲"，而人类宝宝们在缺乏足够的来自父母的同调接触时，则会对看电视或者进食等自我安抚的行为上瘾。

所以孩子缺失的不是父母的爱或承诺，而是被看到、被理解以及被共情的体验。在这个四分五裂、充满压力的社会中，家长们不再有来自部落、宗族、村落、家族或者社区的支持和帮助，他们不得不独自承担抚养孩子的工作，这也导致亲子关系的同调缺失变得日益普遍。

虽然有大量研究指出成瘾与童年逆境体验，例如虐待、忽视和创伤之间的联系，但是关于同调的研究却只出现在少量研究儿童发展的文献中。我认为其中可能有两点原因。第一，研究儿童成长过程发生了什么糟糕的事件，相对来说比较直观。研究同调就要困难得多，因为人们往往很难回忆起那些本应发生却没有发生的事情，这些事情也很难被研究员观察到。第二，人们也是近年来才慢慢地意识到显著的虐待经历对于成瘾的影响。所以要研究相对不易察觉的同调问题，可能需要更多的时间。

当家长们试图理解他们成年子女的成瘾行为时，他们往往也很难联系到同调匮乏上。作为家长，很多时候我们以为，只要我们能感受到对孩子强烈的爱，孩子就一定能以最纯粹的方式接受到这份爱。更别提那些自身没有过同调体验的家长，他们可能很难觉察到自己难以为孩子提供同调接触。我访谈了一对夫妻，他们的两个儿子均已成年，且都存在物质成瘾问题。这名母亲坚称："两个孩子的童年期是我们生命里最快乐的时光。"父亲也补充道："我们的生活中没有任何压力，我们的婚姻也一直很幸福。"在整整一个小时的交谈后，他们才披露了父亲的大麻使用。这名努力供养家庭、全身心投入的父亲，其实常年使用大麻，这个习惯一直延续到孩子青春期。他不认为自己的大麻使用是一种成瘾行为，也不认为它导致了自己与孩子情感上的疏远。母亲则来自一个极为恪守宗教信仰的家庭，因此她对丈夫每天抽大麻的行为充满怨恨，多年来却又一直压抑着她的愤怒。直到我们的谈话发生的那一刻，母亲才表达了她的愤怒。她的信念在我们的文化中十分普遍：她坚信只要她不表达她的负面情绪（例如愤怒），那么她的孩子们就不会受到影响。

　　显然，父母间外显的敌意会伤害到孩子，然而被压抑的愤怒和不快同样可能伤害到孩子。一般来说，所有我们未处理好的问题，都会延续到孩子身上。我们未解决的情绪问题也会成为他们的问题。一名心理治疗师曾和我说："孩子浸泡在父母的无意识中，就仿佛鱼儿浸泡在海水中。"上文这对父母对家庭一直全心投入，只不过在有些情况下，再多的爱也无法为孩子提供一个同调、无压力且充满滋养性的环境。

　　如果我们因此就下结论，说所有药物成瘾都源于虐待或忽视，而所有行为成瘾都源于早年压力和同调匮乏问题，则过于武断。虽然这个判断很多时候或许符合事实，但是每个个体的情况不同，我们很难做一个清晰的划分。许多非物质成瘾者在童年时期也经历过虐待或颇为严重的忽视，比如，来自父母的忽视和成年肥胖症的发展二者之间就有很强的关联。[8] 但忽视未必是有意或外显的：孩子早年期间父母的压力和抑郁会带来相应的同调匮乏，因此也会导致相似的影响。在童年逆境体验的研究中，研究者发现童年期虐待经历也会增加一个人成年后患肥胖症的风险：被调查者中体重越高的人，报告曾经历过虐待的比例也越高。[9] 与此同时，正如上文所提到的那个家庭一样，有些没有经历过虐待或忽视的人，也可能发展出严重的药物成瘾问题。此外，那些在青少年这个关键期受到了不良朋辈影响的孩子们，也有更大的成瘾风险。只不过很多情况下，在朋辈影响产生之前，亲子关系中就已经存在问题了。[10]

～

　　透过成瘾的角度，我们可以更好地理解许多社会现象。例如，我们可以看看康拉德·布莱克（Conrad Black）在道德和法律上的彻底沦陷。这名加拿大的企业巨头和国际新闻大亨，在芝加哥法庭上被判欺诈罪和妨害司法制度罪。如果媒体的报告和他的传记有那么一点儿靠谱信息的话，布莱克的行为与我所见过的瘾君子的行为十分相近，只不过他的影响范围要大很多。他的行为十分符合被成瘾驱动的特征。他的童年因情感剥夺和虐待而充满黑暗，而这些经历也充分解释了他行为的驱力。[11]

康拉德·布莱克此前因他的英国爵位而为人所知——布莱克勋爵，一个他渴望许久并追求得手的尊称。他的雄心壮志是亲近大西洋两岸保守派的政界和商界精英们，并试图与玛格丽特·撒切尔和亨利·基辛格等人交好。他在刚刚成为商界和社交圈内升起的耀眼新星时，就被判了重刑。他被人描述为无良、虚荣、傲慢、渴望权利，并对金钱充满了贪得无厌的欲望。他的传记作者们认为，他几近疯狂地一味追求着权力、地位、金钱，以及上流社会的名望。不知这是一种恩赐还是诅咒，他聪明过人且能言善辩，可以随时扳倒任何冒犯到他的人。英国杂志《新政治家》称赞其中一本布莱克的传记"全面地描绘了一个怪物，一个自觉甚至有些讽刺的怪物。"

所有人都具有为善或为恶的潜能。关键在于，一个有着巨大潜力的孩子，是如何成为一个这样的人，驱使自己走向如此戏剧化的上升和坠落的。《环球邮报》的专栏作家雷克斯·墨菲（Rex Murphy）曾指出了布莱克与生俱来的众多天赋和社会优势，他写道："布莱克有着得天独厚的优势。令人费解的是，为什么一个各方面如此富裕的人，竟然选择了这样一条路。"为什么这样一个人会把自己的野心定义为"那个空洞的词语——'更多'，更多金钱，更多房子，更多有名的朋友，就是要更多"。我认为成瘾最能解释康拉德·布莱克令人困惑的一生。

瘾君子永远不会感到满足。无论他获得多少，拥有多少，他的精神和情绪状态始终是匮乏的。在这种饿鬼的状态下，我们永远无法满足。在令人上瘾的"需求"面前，顾忌不复存在，留下的只有无情。而忠诚、正直和节操也失去了意义。

布莱克的妻子，芭芭拉·艾米尔·布莱克，是他在贪得无厌的道路上的伴侣。艾米尔原本沉迷于可待因，后来因为她富有的丈夫，开始沉迷于奢侈品和限量品购买。有报道称，她的衣橱里收藏了价值几十万加元的鞋，足以媲美伊梅尔达·马科斯（Imelda Marco）的鞋类仓库。同时，她的衣橱里还有"一箱箱按照颜色和品牌分类的未开封的丝袜"。芭芭拉·艾米尔在 2002 年接受《时尚》（*Vogue*）的采访时曾说："我对奢侈的追求无休无止。"这是一个有些自嘲，但同时十分准确的白白。

布莱克的童年可以说是锻造成瘾心智的完美熔炉。据他的传记作者说，年幼的布莱克从未亲近过母亲。在他的自传中，善于言辞的布莱克对母亲做出的最温暖的描述是：她是一个"快乐而善良的人……相较于他（布莱克的父亲）的冷漠，她挺平易近人的"。布莱克所崇拜的父亲是一个孤僻、缺席、抑郁还酗酒的男人。而布莱克是一个有些书生气、拘谨敏感，同时十分聪明的孩子，他与布莱克家随和热烈的家族氛围有些格格不入。他的父母也承认他们无法理解这个有些早熟的孩子。他的父母和家人朋友说："我们有一个古怪的孩子，我们也不知道该如何对待他。"[12]

年轻的布莱克并没有在家里受到虐待，而是在多伦多的顶级男校——上加拿大学院（Upper Canada College）受到了虐待。上加拿大学院是一所为名门望族的男性后裔提供国际教育的私立中学，旨在教导学生世界运转的法则。在学校里，教官的殴打不分青红皂白且残忍至极。布莱克提及他有一次被一名老师用沉重的手杖殴打，将之描述为一次"凶残而野蛮的攻击"，把他打得体无完肤。自那以后，布莱克曾多次将上加拿大学院比作纳粹集中营。他把他的一些老师称为纳粹地方头目，把他的同学称为特遣队，也就是纳粹军官的囚徒帮工。他无处求助。据他回忆，他的父母在情感上如此疏离，以至于"他们从未真正理解为什么我在上学期间终日惶惶不安"。

布莱克儿时的一名友人回忆，青春期前的布莱克"在烦躁时就会挥舞刀子，还会在墙上踢出大窟窿"，这些行为会让大多数父母感到担忧并寻求专业的干预。在布莱克 25 岁时，他患上了严重的焦虑症、过度呼吸症、失眠和幽闭恐惧症。在他成年时，所有导致成瘾的因素都已累积在了一起：父母的同调缺失、心理压力、冲动控制受损，以及情感上的痛苦。

如果布莱克出生在另一种社会和经济条件下，他很可能已经在酒精或成瘾药物中寻求慰藉了。然而，他出生在一个充满特权的世界中，又有着与生俱来的超凡魅力，这使布莱克自然而然地将权力、财富、地位和"尊重"作为了成瘾目标，并会为了追求这些而不择手段。

不论是谁，如果试图剥夺瘾君子的毒品，都会让瘾君子感到无比愤怒。这种愤怒是由强烈的挫败感引起的。我亲眼看见过阿片成瘾者的愤怒，当我的妻子试图阻拦我买唱片时，我也亲身经历过这种愤怒。布莱克选择的成瘾药物是权力和地位，包含社会、经济、政治以及智力层面上的，这就是为什么他会对那些阻挠他的人们心怀恶意。有些商业伙伴批评布莱克的公司一心谋私，在布莱克眼里，这些批评他的人则成了"治理公司过程中的恐怖分子"。在芝加哥对他提起诉讼的检察官则是他眼中的"纳粹分子"。历史学家拉姆齐·库克（Ramsay Cook）对布莱克的第一本书评价不高，于是这名杰出的学者在康拉德口中成了"一个不公正且傲慢的小笨蛋"，有着"蟑螂般的职业道德"。布莱克所拥有的《卡尔加里先驱报》曾发生过罢工，卡尔加里市的天主教主教曾为这些罢工的工人提供精神支持。于是，身为媒体大亨的布莱克痛斥这名主教，称他是一个"自以为了不起的蠢货小主教"，一个"需要被驱魔的首选人物"。

布莱克常常用"小"字来表达他的嘲讽，这个"小"字可能准确地表达出了他内心深处对自己的核心感受。很多时候我们的嘲讽其实在告诉我们，自己是什么样的人。一个有权势的人，可能表面上自尊很高，但是如果他的自尊建立在外在事物的基础上，建立在如何让人钦佩或害怕的基础上，这样的自尊只是一个空壳。心理学家戈登·诺伊费尔德（Gordon Neufeld）将之称为有条件的自尊：取决于外部环境的自尊。内心的空洞越大，他希望被关注、被重视的冲动就越迫切，而对于地位的需求也就越强烈。相较之下，真正的自尊不需要来自外界的任何东西。真正的自尊不是"因为我做过这件事，做过那件事，所以我是有价值的"，而是"无论我做没做过什么，是不是对的，有没有掌握权力，是否积聚了财富或成就，我都是有价值的"。

自尊指的不是一个人在意识范围内如何看待自己，它指的是一个人的情绪和行为中所体现出来的自我尊重的品质。表面上积极的自我形象和真正的自尊并不相同。很多情况下，这二者甚至并不兼容。许多自以为是、自我膨胀的人，恰恰是那些在内心缺少真正的自尊的人。为了弥补内心深深的无价值感，他们产生了对于权力的强烈渴望和夸大的自我评价，这二者本身可能也会成为成瘾的焦点所在，因为它们可以帮助人们成为布莱克"勋爵"。布莱克的狂妄和自负遭到了嘲笑和憎恨，但是这种狂妄和自负其实都只是他的一种自我补偿，补偿他不足的自我接纳和深层精神世界的匮乏。荒诞派奥地利作家罗伯特·穆齐尔（Rober Musil）如此描述他的一个人物形象："他的生活建构在一个伟人的形象之上，然而这个形象只不过是一个添补他内心缺失的替代品。"[13]对于这种形式的自大，我心里再熟悉不过了。

"权力就像成瘾药物。"普利莫·莱维写道。

> 没有尝试过的人不知道它们的滋味如何，但是一旦有了第一次的尝试……我们会不由自主地渴望并依赖更大的剂量，这是与生俱来的，而对于现实的否认，以及仿佛回到儿时梦中的全能感，也是与生俱来的……持久的强权会导致这些显著的症状：扭曲的世界观、教条式的傲慢、对奉承的迫切需求、对控制的执着，以及对法律的蔑视。[14]

莱维的话岂不适用于布莱克勋爵，以及我们文化中的许多其他人吗？

我常常听患者们抱怨他们的朋友，抱怨这些朋友只有在自己为他们提供毒品或金钱的时候，才会对自己忠诚。一名因持枪抢劫而入狱了12年的年轻原住民透露，在过去一年半的时间里，他将自己在监禁期间积累的 24 万加元的个人遗产和石油产地使用费挥霍一空。"你花了那么多钱，一定是给身边所有人都提供了成瘾药物。"我说。"是的。"他苦涩地回答，"我当时有许多朋友，而现在我甚至乞讨不到一元钱。"而那些超级富翁们的友谊可能也是建立在物质基础上的。康拉德·布莱克曾经通过各种奢华的聚会和晚宴，花了许多时间与一些人建立友谊。当他被这些人遗弃，被"那些在伦敦、纽约和棕榈滩接受过他款待的人唾弃和回避"时，康拉德·布莱克也唏嘘不已。

布莱克不止一次把自己比作李尔王，这绝非偶然。李尔王是莎士比亚笔下的君王，他最终因自己将权力和虚假的奉承与爱混为一谈而失败。

成瘾永远也无法代替爱。

In the Realm of
Hungry Ghosts

第六部分

成瘾的现实

———

我们现在所做的毫无用处，且永远不会起作用。

我们需要改变整个方式。

围绕问题边缘进行修补是无法带来任何不同的。

——亚历克斯·沃达克（Alex Wodak，MD）
酒精与物质服务中心主任
澳大利亚悉尼圣文森特医院

第 23 章

错位与成瘾的社会根源

———

我认为对于美国梦的追求不仅徒劳，而且具有自我毁灭性。因为它最终会摧毁一切，摧毁与之相关的所有人。从定义上看，它注定如此。因为它滋养一切，却唯独不包含那些真正重要的东西：正直、伦理、真相、我们的内心和灵魂。为什么？原因很简单：因为生命在于给予，而非获得。

——小胡伯特·塞尔比（Hubert Selby Jr.）

《梦之安魂曲》（*Requiem for a Dream*）

渴求灵性的伪纳粹诗人拉尔夫，在医院里跟我说了一些话。这些话会让许多如我们一般正直的公民感到羞愧难当。他想通过成瘾药物获得解脱，我当时试图挑战这个想法。"你一直在谈论自由。但是如果你整日追求成瘾药物，只为了获得那几分钟的满意，你到底有多自由呢？这怎么能叫自由呢？”

拉尔夫耸耸肩：“我还能怎么办？你又做了什么呢？你每天早上起床，就有人给你做熏肉和鸡蛋早餐……”

我打断他：“是酸奶和香蕉，我自己做的。”

拉尔夫不耐烦地摇摇头：“好吧……酸奶和香蕉。然后你去上班，见几十个病人……你把所有钱都存进银行，然后你细数自己的谢克尔⊖或达布隆⊖。所以到最后，你做了什么呢？你收集了你所认为的自由。你在寻找安全感，你认为安全感可以给你自由。你收集了一百谢克尔的金子，对你来说，这些金子可以让你住进一座豪宅，你也可以把另外六周的收入存起来，增加你的银行存款。

“但是你所寻找的是什么呢？你整日下来追求的是什么呢？你所追求的其实与我无异，也不过是那么一丁点儿的自由或满足感，只不过我们所用的方式不同罢了。如果不是因为金钱可以让人们感受到片刻的自由，让人们感觉良好，人们又是为了什么而想要挣钱呢？所以，他们怎么就比我更自由了呢？

“每个人都在寻找快乐和幸福的感觉。但是我宁愿做一只流浪狗，也不愿以他们的方式寻找他们所谓的自由。”

我让步了：“你说的很多地方都很对。我有时会陷入各种毫无意义的活动之中，只为了获得片刻的满足。有时候它们甚至会让我感觉更糟。但是我相信在你所追求的毒品和我所追求的安全或成功之外，有一种更大的自由存在。”

拉尔夫看着我，仿佛一名充满善意但精通世故的叔叔看着他天真的侄子：“所以那个自由是什么？我们所追求的终极自由是什么？”

我犹豫了。我可以照实回答吗？“停止追求的自由。”我最后说。“我们一生都在试图满足欲望或者填补空虚，这种自由让我们可以从这些需求中解放出

　⊖　古代犹太人用的银币——译者注
　⊖　西班牙旧时用的钱币——译者注

来。我从未体验过这种全然的自由，但是我相信它的存在。"

拉尔夫却很坚持："如果可以有所不同，那就一定会不同。事实就是如此。我这么说吧，为什么有些人也没有什么特别的长处，却能得到他们认为能给自己带来幸福的东西呢？而另一些人，自身没有任何过错，却什么也得不到。"

我很赞同，这个世界有太多的不公平。

"所以，谁能说我的方式就是错的，他们的方式就是对的呢？差别在于权利的不同，不是吗？"

拉尔夫的世界观很受物质成瘾者的拥护，我曾从许多成瘾者那儿听到相似的观点，即便他们没有拉尔夫这么能言善辩。但显然，他们对于成瘾的合理化遗漏了一些很关键的东西。失败主义者们认为所有追求都源于人类自私的核心，但是他们的观点否认了一些更深层的人类动机：爱、创造力、精神追求、对自主的追求，以及希望有所贡献的冲动。

尽管拉尔夫的观点中存在明显的破绽，但或许我们也应当认真考虑这名药物依赖者阐述了哪些现实情况，以及我们从他这面黑暗之镜中又会看到怎样的自己。尽管我们有时候假装事实并非如此，但是在这个物质主义的文化中，我们中的许多人的言行举止都验证了拉尔夫所表达的愤世嫉俗的观点：人们是自私自利的，这个世界所提供的只不过是短暂而虚幻的满足。这个瘾君子从他所处的狭窄的社会边缘处看到了我们的样子，或者更确切地说，看到了我们选择成为什么样子。他看到，在对物质的疯狂追求和幻想中，我们与他无异，只不过我们比他更虚伪。

如果说拉尔夫的观点是愤世嫉俗的，那么社会对于瘾君子的观点也相差无几——我们认为瘾君子们是有缺陷、咎由自取的，他们应该被孤立、隔绝，只有我们自己是好的。

如果诚实面对自己，我可能会问：我对于更伟大的自由的执着追求，在多大程度上只是一个更有特权的、假装开明的瘾君子的故作感伤，一种我合理化自己的成瘾行为的方式——我知道自己上瘾了，但是我在努力追求自由，所以我与你不同。然而，如果我真心相信这种自由，我又何必为之辩护呢？我为何不直接在我的生活中实践或展示它呢？

～

我在第 1 章中写过：在心底深处，我和我的病人并没有太大差别，有些时候我简直难以面对，是多么小的心理差别，多么少的上天的恩典，使我与他们区别开来了。患者们衣衫褴褛的样子、污浊腐朽的牙齿、眼中永不满足的饥饿，以及他们的要求、抱怨和过度依赖，有时也让我反感。在这些时候，我会审视自己在生活中的不负责任、自我忽视（对于我，这种忽视更多是精神上的，而非生理上的），以及我如何将虚假的需求置于真实的需求之上。

当我对他人过于挑剔时，这往往是因为我在他们身上看到了一些自己不想承认的部分。这里我所说的不是我对他人行为的客观评价，而是那种自以为是的个人判断，一种影响我看法的有色眼镜。例如，如果我憎恨自己身边的人过于"控制"，那么很多时候可能是因为我无法坚持表达自己的需求。有些时候我可能会对一个人有所不满，也许是因为他身上有一些我自身也具备的特点，一些我既不喜欢也不愿意承认的特点，例如控制欲。我在前几章中也曾提到，某些早晨我会痛斥右翼专栏作者。我的观点基本不变：我认为这些作者的观点基于对事实高度选择性的解读，并根植于对现实的否认。然而，我对他们的情感却是每天波动的。有时我怀着强烈的敌意摒弃他们，有时我又觉得他们的观点也是一种看待事物的方式。

表面上，我们的分歧显而易见：我反对他们支持的战争，厌恶他们呼吁的政策。我可以告诉自己我和他们不同。然而，道德评判的本质与这些显而易见的不同无关，它真正揭露的是作为法官的审判者和被审判者之间潜在的相似之处。我对他人的评判往往可以准确地衡量出我内心对自己的真实看法。我的刻意盲目，令我谴责他人自欺欺人；我的自私，令我痛斥他人一心为己；我的不真诚，令我审判他人的虚伪。我相信，人们对彼此施加的道德批判，以及社会对成员激烈的集体批判，也都是如此，它们都反映出了作为评判者的我们自己身上的一些部分。同样地，社会对于成瘾者，尤其是药物成瘾者的严厉态度也是如此。

—⁓

　　"成瘾的特征是什么？"心灵导师埃克哈特·托利问道，"其实很简单：你觉得自己无力停止。你感觉它比你更强大。它还给你提供了一些虚假的快乐，一种最终会演变成痛苦的快乐。"[1]

　　成瘾给我们的文化带来了毁灭性的影响。我们中的许多人都背负着伤害自己和他人的强迫行为，并且对它们的有害性缺乏认知，或者无力停止它们。有些人沉迷于积聚财富，另一些人则沉迷于掌控权力。无论男女，都对消费主义、地位、购物或盲目的迷恋关系上瘾，更别提赌博、性、垃圾食品，以及对"年轻"的身体形象的崇拜等更为明显而普遍的成瘾了。《卫报周刊》的报道便指出了这一点：

　　美国人现在（2006 年）每年花费 150 亿美元在整容手术上，这种对于美的狂热追求令人蹙眉（前提是那些打了肉毒杆菌的美国人，还能用他们僵硬的脸皱眉）。这个数字是马拉维国内生产总值的两倍，是美国在过去十年为艾滋病项目所投入资金的两倍以上。这种需求的暴增已经生产出了新一代的痴迷者——"美容瘾"（beauty junkies）。[2]

　　《美容瘾》（*Beauty Junkies*）是《纽约时报》作家亚里克斯·库琴斯基（Alex

Kuczynski）的一本新书，亚里克斯是一名"坦白自己正在康复中的整容成瘾者"。凭借我们的科技造诣，我们成功地制造出了许多新的成瘾方式。一些心理学家近期描述了一种新的临床病理现象：网络性瘾。

医生和心理学家们在治疗成瘾方面或许不见得总有成效，但我们十分擅长创造新的名词和类别。斯坦福大学医学院近期的一项研究发现，约 5.5% 的男性和 6% 的女性对购物成瘾。此项研究的首席研究员是洛林·科兰（Lorrin Koran）博士，她提议将强迫性购买列为诊断精神疾病的指导手册《精神疾病诊断与统计手册》中一项独特的疾病。这种"新型"疾病的患者会受困于一种"不可抗拒的、侵入性的、非理性的冲动"，去购买一些他们并不需要的物品。

我并不讥讽因购物成瘾而造成的危害，我没有任何立场这么做，但我十分赞同科兰博士的观点，她准确地描述了强迫性购买的潜在后果："严重的心理、财务和家庭问题，包括抑郁、沉重的债务和关系的破裂。"[3] 但是强迫性购买显然不是一个独特的现象，它只不过是贯穿我们文化的成瘾倾向的又一表现形式。它也体现了成瘾过程的核心特征，虽然不同成瘾的对象不同，但基本特征却是相同的。

在 2006 年的《国情咨文》中，当时的美国总统乔治·沃克·布什指出了一种新的成瘾。他说："我们有一个严重的问题，美国对石油上瘾了。"布什先生在自己的整个金融和政治生涯中都与石油行业有着千丝万缕的联系，所以他如此赤裸的坦诚或许是极具变革性的。不幸的是，布什先生仅仅从地缘政治的角度阐述了这个问题：美国依赖一种境外资源，而"自由的敌人"可能会切断这种资源的供应。所以，美国需要开发其他能源。问题不在于成瘾本身，而在于物质供应上可能存在的风险——这是典型的瘾君子逻辑。

我们的整个文化、工业和职业都是围绕着这些"体面"的成瘾建立起来的。无论从医疗保健支出、生命损失、经济压力还是其他角度来衡量，这些成瘾都令药物成瘾望尘莫及。

我们已将成瘾定义为一种满足短期欲望的行为，一种尽管会带来长期的消极后果，却仍持续复发的行为。我们社会的成瘾对象即便不是石油，也是石油所带来的便利设施和奢侈品。这种社会范围的成瘾所带来的长期不良影响是显而易见的，其中包括了环境破坏、气候变化和环境污染对人类健康的影响，以及由对石油的需求或对石油财富的依赖引发的诸多战争。拉尔夫和他的瘾君子伙伴们因为毒瘾而受到唾弃和排斥，但是与他们相比，这种为社会所认可的成瘾让我们付出了更大的代价。

石油只是众多行业中的一个例子：我们可以想想我们对于消费品、快餐、糖类谷物、电视节目，以及专门报道名人八卦的光鲜亮丽的杂志等物品的成瘾，而它们又给我们的身心以及大自然造成了怎样的危害。并且，这些只不过是美国作家凯文·贝克（Kevin Baker）笔下"从赌博和享乐主义中滋生的成长型产业"中的几个例子而已。作为赌城和享乐之城的拉斯维加斯，在 2006 年接待了近 4000 万游客，该城自 2000 年以来，人口增长了 18%。全美收入最高的独立餐厅是一家叫"拉斯维加斯之道"的餐厅，它的特色包括：游戏机、泳池边的等离子电视屏幕，以及提前编程好的 iPod，并且这一切都被包围在"佛像、律动的音乐和华美的装饰"[4] 之中。我怀疑无论是这家餐厅的主人还是顾客，大约都没有意识到其中的荒谬之处。"道"传递的是有关不执着和放下的古老智慧，佛陀教导的是平静安详的正念觉察。而他们却使用道和佛来抬高食物、酒精以及游戏的价格，并支持成瘾，这简直荒唐至极。

我们甚至无须在此提及对于尼古丁和酒精等物质的依赖，它们是为法律所允许的：就规模而言，它们所造成的负面影响远远超过了违禁药品带来的损害。尼古丁和酒精有致命性，而我们对它们所进行的大规模营销和广告，难道不是恰恰反映了成瘾现象吗？烟草公司的行为就像是那些自己上瘾了的毒贩一般，被盈利的成瘾所驱使。

2006 年 8 月，美国地方法官格拉迪斯·凯斯勒（Gladys Kessler）裁定，大型烟草公司在其产品对于身体健康的影响方面蒙骗了公众：

> 被告人以欺瞒的方式，热忱地推销和贩卖他们的致命产品，一心关注自己的商业利益，而忽视了这种利益带来的人间悲剧和社会代价。[5]

我们在治疗与吸烟有关的疾病上花费了数千亿美元。据《纽约时报》报道，目前美国有 4400 万成年烟民，其中 4/5 的人对烟草上瘾。"在美国，每年有 44 万烟民死于烟草使用，另外还有 5 万人因吸入二手烟而丧命。"[6]

我怎能将我的病人们——这些在市区东部的后巷里被警察推向墙角搜身的不起眼的小毒贩们——的不当行为，与那些受人敬重的公司董事会成员的不法行为相提并论呢？2007 年 5 月，大型制药企业普渡制药承认了对他们的刑事指控，他们声称自己的产品奥施康定（OxyContin）比其他阿片类药物更不容易成瘾，而后来他们自己承认该说法"误导了医生和病人"。《纽约时报》指出，"这一说法成了一场激进营销活动的关键，让普渡制药在一年内售出了超过 10 亿美元的奥施康定。然而，不论是吸毒老手还是新手，包括青少年都很快发现，不管他们是咀嚼、吸食粉末还是针头注射，一片奥施康定所带来的快感几乎可以匹敌海洛因。"[7]

所以我们可以看到，物质成瘾只是人们盲目依恋有害生活方式的一种特定形式。我们因瘾君子顽固地坚持使用对自己和他人生命有害的东西，而不断谴责他们。然而，作为一个社会集体，我们有着同样的盲目性，以同样的方式在合理化这些物质，那我们又如何能鄙视、排斥和惩罚这些吸毒者呢？

问题本身已经提供了解答。我们鄙视、排斥和惩罚瘾君子，因为我们不想看到自己与他们的相似之处。以他们为镜，我们的面容一目了然。我们害怕面对自己。我们对瘾君子说，这面镜子不适用于我们。你们与我们不同，你们不属于我们。拉尔夫的批判尽管有瑕疵，但如此逼近真相、令人不安。正如铁杆瘾君子追求成瘾药物，我们的经济和文化生活很大程度上也在迎合人们逃避精神和情绪痛苦的渴望。《哈泼斯杂志》的长期出版人路易斯·拉帕姆（Lewis Lapham）的嘲讽用在此处颇为恰当："消费市场销售的是即刻缓解痛苦的承诺，包括缓解思想、孤独、怀疑、体验、嫉妒和年老之苦。"[8]

加拿大统计局的研究发现，31% 的在职成年人（19 ～ 64 岁之间）认为自己是工作狂。他们过于重视自己的工作，"过度投入，也更容易被工作压垮"。《环球邮报》报道称："他们睡眠困难，更容易感受到压力，身体状况欠佳，感觉没有足够的时间陪家人。"维什瓦纳特·巴巴（Vishwanath Baba）是麦克马斯特大学的人力资源和管理专业教授，他指出，工作未必能给人们带来更大的满足感。"这些人用工作来占据自己的时间和精力"[9] 是为了补偿自己生活中的匮乏，这和药物成瘾者使用物质的目的一样。

每一种成瘾的核心都是空虚，一种基于极度恐惧的空虚。成瘾者对当下充满恐惧和憎恨，因为当下承载了太多过去的负担和对未来的恐惧。他们疯狂地追求，只为了下一次，在那一瞬间，大脑注入了他们所选择的药物后，可以获得短暂的解脱。我们中的许多人和瘾君子一样，徒劳地想要填补精神的黑洞、内心的空虚。在那处空虚里，我们与灵魂、精神以及那些持久意义和价值的来源失去了联系。而我们的消费主义文化，这个让我们痴迷于获取、行动和形象的文化，只会加深这个空洞，让我们更加空虚。

我们中的许多人在沉默时会体验到持续而具有侵入性的、无意义的思想旋涡，这本身也是一种成瘾——它也起到了同样的作用。埃克哈特·托利写道："心智的主要任务之一就是去战胜或消除情感上的痛苦，它也因此而不断保持活跃。然而，心智最多只能暂时地掩盖痛苦。事实上，它越是努力地想要摆脱痛苦，痛苦就越强烈。"[10] 即使让我们每天 24 小时都暴露在噪声、邮件、手机、电视、网络聊天、媒体、音乐下载、游戏，以及内心和外界喋喋不休的声音中，也无法彻底淹没我们内心的恐惧之声。

———

　　我们之所以不愿意直视这些铁杆瘾君子，不仅是为了避免看到自己，也是为了逃避自己的责任。

　　我们已知，注射成瘾药物的人们大多经历过童年的虐待和忽视。换句话说，成瘾者不是天生的，而是后天形成的。他的成瘾是所处环境的产物，而他无力选择或改变这种环境。他的一生传达出了他所处的多代家庭系统的历史，他是这个家庭系统的一部分，而他的家庭则是一个更大的文化和社会的一部分。就像在大自然中一样，社会中的每一个微观单位都映射出整体的一些部分。药物成瘾也是如此，少数人的问题事实上反映出了整个社会的罪恶。

　　例如，众所周知，美国因毒品相关犯罪而入狱的罪犯里，有相当一部分非裔美国男性。2002 年，美国监狱中有 45% 的囚犯是黑人。司法部的数据表明，有 1/3 的黑人男性会在一生中的某个时刻入狱。[11] 在联邦监狱中，大约有 57% 的囚犯曾因毒品而被定罪。1996 ～ 2002 年间，毒品罪犯增加了 37%，是此期间监狱人口增长的一大来源。[12] 黑人青年的命运揭露了整个社会的问题。与此相似，我在波特兰的患者中，加拿大原住民占了相当大的比例，而在加拿大的吸毒人口和监狱中，这个群体的比例也非常高。

　　罗伯特·杜邦博士是美国前禁毒官员，他认为这个现象源于传统文化面对酒精和毒品问题的一种"悲剧的脆弱性"。他将土著少数民族对于成瘾的易感性描述为"全球酒精和毒品滥用问题里最令人悲哀的悖论之一"。

　　当我们看到美洲原住民因酒精和其他物质使用甚至香烟使用而遭受的痛苦，或者当我们看到澳大利亚原住民所遭遇的相似痛苦时，我们不得不面对这样一个惨痛的现实：传统文化还没有做好经受这一切的准备，就被暴露在了现代药物下，暴露在了对吸毒行为宽容的态度里。[13]

然而，少数群体的物质使用，或许存在一些比"宽容的态度"更加具体而有力的理由。事实上，鉴于少数群体的高监禁率，我们很难看出所谓"宽容的态度"到底在哪儿。

正如本书第一部分对于塞丽娜、西莉亚和安吉拉的故事所做出的描述一样，研究表明，注射成瘾药物的女性成瘾者中，绝大部分人都经历过十分严重的童年虐待，而这些女性中三分之二是原住民。在过去几十年里，与非原住民女童相比，加拿大的原住民女童更容易在其原生家庭中遭受性虐待。这并非由于加拿大原住民的"本性"。事实上，儿童性虐待的现象几乎不存在于那些居住在自然栖息地的部族中。在欧洲殖民化以前，北美的原住民中也没有这样的现象。而当前这个可怕的数据则说明了原住民社会与主流文化之间的关系。

西蒙弗雷泽大学的心理学教授布鲁斯·亚历山大认为：错位是成瘾的先兆。他所说的错位，是指个体在心理、社会以及经济层面上与家庭和文化的脱节，这是一种被排斥而孤立无援的感觉。"只有长期经历严重错位的人才容易成瘾。"他写道。

严重的错位与成瘾有很强的历史关联性。在中世纪的欧洲，尽管人们在节日里饮酒和醉酒的现象十分普遍，但是很少有人会成为"醉汉"或"酒鬼"，大规模的酗酒在当时并不是一个问题。然而，15世纪以来，随着自由市场的兴起，酗酒的风气也逐渐蔓延，在18世纪自由市场开始占据主导地位后，酗酒也最终成为一种肆虐的流行疾病。[14]

杜邦博士也表示了赞同，他提及在前现代社会中，虽然物质的过量使用是被允许的，但"这种过量使用发生的频率很低，并且在家庭和社区中受到管理……前现代稳定的社区可以说是酒精和药物使用的黄金时代"。[15]

随着工业社会的兴起，错位也出现了：传统关系、大家庭、宗族、部落和村庄都遭到了破坏。巨大的经济和社会变化将人们与他们最亲近之人以及社区的联系彻底撕裂。这些变化将人们从家园中驱逐，并粉碎了带给他们道德和心灵归属感的价值体系。由于全球化的发展，同样的进程在世界的各个角落发生。许多国家在争相效仿西方国家的成就的过程中，忽视了西方社会模式所引起的混乱、失调和疾病，并未从中吸取教训。

在所有受到错位影响的群体中，少数群体受到的打击是最沉重的，比如杜邦博士提及的澳大利亚和北美原住民，以及被带到北美的黑奴后裔。后者不仅与自己的家乡、文化以及社区分离，还被迫与自己的家人分离。即使在废除奴隶制很长时间后，非裔美国人仍持续遭受种族的压迫和偏见，以及经济的贫困，这给许多非裔美国人的家庭生活带来了难以承受的压力，而这些因素与成瘾的联系显而易见。为什么毒品交易对于这些失业、受教育程度低的年轻黑人有如此强的诱惑力？显然，因为他们早已被排除在"美国梦"的经济承诺之外了。

加拿大原住民被剥夺、驱逐、剥削和直接虐待的历史众所周知，这里也毋庸赘言。在欧洲入侵之前，北美原住民也能获得烟草和其他成瘾物质；在如今的墨西哥和美国西南部的地区，他们曾经也能获得酒精；性、进食和赌博等更是唾手可及，其他可能导致成瘾的活动就更不用提了。然而，正如亚历山大博士所指出的那样，研究原住民的人类学家"没有提到任何可能被称为成瘾的事物……虽然原住民也使用酒精，但他们只会适量地、仪式性地使用，而非成瘾性地使用"。

随着欧洲人向北美的大规模移民和欧洲大陆经济转型的发生，原住民的流动自由也随之丧失。他们的家园遭到无情而不间断的掠夺和破坏，这使他们失去了传统的生计来源和精神生活，遭受了持续的歧视并变得潦倒贫困。原住民儿童自记事起便被迫离开家园，疏远家人，被"监禁"在"文明化"的机构中。而在这些机构中，他们的命运是遭受文化的压制、情感和身体的虐待，以及频繁的性虐待。如果我们的社会能够承认它对原住公民巨大的历史、道德以及经济上的亏欠，那将是一件令人鼓舞的事情。虽然这种承认偶有发生，但总体上，我们的社会仍然在对这个群体进行经济上的剥夺，否认他们的历史权利，并施以居高临下的控制。加拿大人肩负着自告奋勇承担的改善阿富汗人健康、教育和福祉的"使命"，却无法保障自身第一民族人民的这些基本需求。许多加拿大原住民的生活环境、健康状况，以及所经历的社会剥夺，即使用第三世界国家的标准来衡量都是极其恶劣的。这些备受折磨、经历了错位、丧失了权利的人们的创伤痛苦会代际传承。塞丽娜和她母亲住在市区东部黑斯廷斯的同一家旅馆并非偶然，她们也并不是我唯一的一对原住民母女患者。无论是在美国还是加拿大，在北美的所有群体中，没有一个群体遭受了比原住民女性更大的心理和社会压迫。[16]

自我在市区东部工作以来，我常想，我们曾经向第二次世界大战期间被拘留的日裔加拿大人表示道歉，而如果要以相同的方式为我们第一民族的人民所遭受的剥夺和困难表示道歉的话，我们就必须抱有巨大的悔悟，并愿意做出慷慨的补偿。或许这就是我们从未为此承担责任的原因。

由于人类文化和关系无法迅速适应经济的快速发展和社会的变化，错位仍然是持续加速的现代生活的一大特征。家庭生活的破坏和稳定社区的流失，影响了社会的各个方面。即使是核心家庭，也面临高离婚率、单亲家庭或双职工家庭所带来的巨大压力。如今的许多孩子，即使是那些来自充满爱的家庭、没有经历过虐待的孩子，也失去了与养育者的情感依恋。这给他们的发展带来了灾难性的影响。随着儿童与成人的联系越来越少，儿童变得越来越依赖彼此，这是一种对自然法则的大规模文化颠覆。

无论是动物还是人类，所有哺乳动物的文化中都有同样的自然法则：年幼者一直在成年者的庇护之下成长，直至成年。年幼者不应该需要通过依赖彼此获得成熟。他们不应该需要在同辈中寻求主要的养育、榜样、提示和指导。年幼者并不具备充当彼此的指南针，互相提供方向或价值观的能力。我的朋友、心理学家戈登·诺伊费尔德用同伴导向（peer orientation）一词来形容这种现象。同伴导向所导致的广泛且可预见的后果是，北美年轻人中出现了越来越多不成熟、格格不入、暴力以及性早熟的现象。

同伴导向导致的另一个后果则是青少年根深蒂固的成瘾行为。以人类和动物为对象的研究也一再显示，广泛的同伴接触以及丧失成人依恋会增加成瘾倾向。例如，与被母亲抚养的猴子相比，被同伴抚养的猴子更容易饮酒。[17]《物质和酒精依赖》期刊上的一篇综述中提到："同伴关系可能是最强有力的社会因素，可以预测青少年物质使用的开始和提前升级。"[18]

人们普遍认为，同伴关系之所以会导致物质使用，是因为孩子相互之间树立了不好的榜样。这或许是一部分原因，但是更深层的原因是：一般情况下，那些需要依赖同伴来获得情感接纳的青少年，往往更易受伤，更易因彼此的不成熟而被刺伤，因而也会以更冷漠的方式与彼此相处。比起与养育者有着紧密联结的孩子，他们更容易感受到压力。

孩子并非天生残忍，但他们是幼稚和不成熟的。因此，他们常常嘲弄、取笑和拒绝。孩子们如果无法获得成年人的引导，就会试图在同伴中寻找，并最后发现自己不得不隔离情感来保护自己。在我和戈登·诺伊费尔德博士合写的一本书⊖里，我们将这种情感隔离称为"一场危险的情感逃离"。和经历过虐待

⊖　《每个孩子都需要被看见》(*Hold On to Your Kids: Why Parents Need to Matter More Than Peers*)。

的孩子一样，这种情感封锁很大程度上增加了他们物质使用的动机。

—

简而言之，成瘾过程更容易发生在那些经历过错位的人身上——无论是否经历过虐待或忽视，他们在人类社会坏境中的位置被打乱了：他们是未曾获得同调体验的孩子、同伴导向的青少年，以及受到历史剥削的亚文化成员。

要了解一个社会的真正本质，像领导人那样仅仅指出这个社会的成就是不够的。我们还需要看到它的不足。那么，当我们看到温哥华市区东部的毒品贫民窟，以及其他城市中心类似的区域时，我们又看到了什么呢？我们看到了我们经济和社会文化中肮脏的底面，看到了我们希望珍重的人道、繁荣和平等的社会形象的反面；我们看到我们在尊重家庭和社区生活以及保护儿童方面的失败；我们看到我们拒绝为原住民伸张正义；我们看到那些遭受了绝大多数人无法想象的苦难的人们，而我们对他们充满恶意。我们并没有睁开双眼去看那面举在我们眼前的黑暗之镜，相反，我们闭上了眼睛，以避免看到镜中映射出的自己讨厌的样子。

托拉犹太律法（Torah）上说，摩西的兄弟亚伦奉命带两只毛山羊到神面前。他需要在两只羊上分别放一支签，标记它们的命运。他在其中一只上标记了人们的罪恶，"用以赎罪，打发人送到旷野，归于阿撒泻勒"，这就是那只替罪羊，它被驱逐，只能逃入荒野。

而药物成瘾者就是今日的替罪羊。我们文化中的许多方面都在诱使我们远离自我，唆使我们通过一些外在活动，从无聊和忧虑中转移注意力。只不过，顽固的药物成瘾者们放弃了伪装，终其一生在逃避。而我们其余这些人，不同

⊖ 《圣经·利未记》16：10 节选。——译者注

程度地保持着伪装，并且为了成功地伪装，将他们驱逐到了社会的边缘。

"你们不论断人，就不会被论断。"一名圣人曾说：

因为你们怎样论断人，也必怎样被论断；你们量出来的量，就是你将得到的量。为什么看见你弟兄眼中有刺，却不想自己眼中有梁木呢？你自己眼中有梁木，怎能对你弟兄说"容我去掉你眼中的刺"呢？先去掉自己眼中的梁木，然后才能看得清楚，去掉你弟兄眼中的刺。 ⊖

在接下来的章节中，我们将一起用心体会上面耶稣的话，并思考我们对成瘾所持的立场。我们将看到他的慈悲与科学成瘾知识的完美结合。

⊖ 《圣经·马太福音》第 7 章节选。——译者注

第 24 章

重新审视我们的敌人

————

保罗·吉莱斯皮（Paul Gillespie）警长是多伦多性犯罪部门的负责人，他从网络色情制品供应商手中解救了许多儿童。《环球邮报》报道了他从警察部门退休的消息——即使工作了六年，他仍无法习惯自己在这份工作中所目睹的恐怖情景。

保罗·吉莱斯皮仍然无法习惯他在网上看到的那些视频，无法习惯视频中儿童被强奸和猥亵时所发出的哭喊声。作为加拿大最有名的反儿童色情犯罪警察，保罗称："这些电影的音效简直恐怖至极。"然而，最让他心碎的是那些绝望而无声的孩子们的形象。他说，这些图像里的婴儿们"没有尖叫，只是默默接受。他们有一双死人的眼睛。你可以看出他们的精神已经崩溃了。这就是他们的生活"。[1]

死人的眼睛，崩溃的精神——这名充满同情心的人用这句话总结了受虐儿童的命运。即使受虐儿童可以获救（他们中的绝大多数无法获救），他们作为受虐儿童的命运也不会在那一刻终止。他们中的许多成长为青少年，但心灵仍未得到修复，许多人成长为成人，但眼中仍透着死亡。警察和法院仍旧十分关心他们的命运，但到那时，他们曾经令人心痛的乖巧脆弱模样早已不复存在。他们成了满脸沧桑的硬汉，潜伏在社会边缘，成了小偷、强盗、扒手，成了自暴自弃的妓女，为了成瘾药物或一点零用钱贩卖后座性服务，或成了在街角或廉价旅馆房间贩卖可卡因的毒贩。他们是顽固的静脉注射药物成瘾者，他们中的许多人会漂泊到加拿大西部温哥华的市区东部，因为那里气候温暖，还是一个毒品圣地。在这里，他们成了吉莱斯皮警长的缉毒小组密切关注的人群。在这里，每日上演的剧情与北美各地的城市无异：警察们在后巷对他们搜身，没收他们的吸毒用具，并进行一次又一次的逮捕。

有些受虐儿童长大后变得十分棘手。他们邋遢、肮脏、狡诈、善于操控，令人反感。他们害怕和蔑视权威的同时，又总是激起权威的敌意。警察往往以粗暴的方式对待他们。警察并非天性粗暴，但是，当一群人被剥夺了合法权利，而另一群人却几乎不受任何权力约束时，人道的交往互动自然变得难以实现。我在黑斯廷斯街口被警察拦下过两次，所以有过一点切身体验：一次是因为我乱穿马路，另一次是因为我在人行道上骑自行车。当一名警官意识到我不是市区东部的居民时，他的语气立刻从粗鲁轻蔑变成了礼貌。我好几次曾想，如果我的驾照上没有一个像样的地址，如果我生活在一个受约束的隔离贫民区，而统一制服的武装力量在那里拥有无上的权力；如果我依赖干被警察打压的成瘾药物，而我的生计依赖于他们必须起诉的活动；如果我没有可靠的家人朋友，也没有在我陷入麻烦时会为我辩护的人——这一切将让我感到多么彻底的无助。

我也见过警官以平静友善的方式对待我的访客，但是我知道这不是他们对待成瘾者的一贯态度。

市区东部的成瘾者们敏锐地意识到，当他们与权威（不论是法律上还是医学上的权威）发生冲突时，他们毫无权力。"谁会相信我，我只是个瘾君子。"——当患者们抱怨在监狱或黑暗的街道里被殴打，以及在急诊室被医生或护士粗鲁地无视时，这是我反复听他们说的一句话。对于成瘾者而言，这种经历进一步增加了无力感，让他们从童年时期就开始感受到的无力进一步蔓延。

成瘾者们因为物质依赖相关的罪行而被一次次地带上法庭，就像在规律地进出旋转门一般。一些法官注意到，成瘾是这些人的一种防御反应，用以抵御他们崩溃之前不得不忍受的体验：海洛因可以止痛，而可卡因则可以振奋他们麻木的精神。一些法官会充满同情心地与他们对话，敦促他们改变，为他们提供我们的社会和司法系统所提供的狭窄的救赎途径。其他法官则似乎把他们视为社会的恶徒歹人。不论是充满同情心的法官，还是将他们判定为恶人的法官，最终都只能将成瘾的罪犯们送进监狱。当他们被囚禁在被恐惧和暴力所统治的监狱里时，很多人会再次经历他们早年以及此后所反复经历的那些痛苦：无助和孤立。虽然从积极的一面来看，偶尔的监禁可以让他们从强迫性的成瘾药物使用中获得短暂的停歇，然而，一旦被释放，他们中的绝大多数就会复吸，并继续非法活动以维持这些习惯。

第 25 章

自由选择与选择自由

———

有一个观点认为，成瘾者可以自由地选择停止成瘾行为，而严厉的社会或法律手段可以阻止他们继续成瘾行为。然而，这并非易事。面对成瘾冲动，人们无法简单地"直接说不"。

我们可以进行自由选择的舞台之一是社会世界这个充满互动、机遇和关系的世界；另一个舞台则是我们的内心世界。第一个舞台由唯物主义文化塑造，我们无须徒劳地假装所有人都拥有平等的自由：找个铁杆成瘾者随便问问，他们都深知自己处于社会的最底层。

史蒂夫是一名 40 岁的成瘾者，他已经在监狱里度过了 18 年的成人生活。最近的一天清晨，他坐在我办公室里，眼睛时而盯着窗外，时而盯着墙壁或天花板，避免与我对视。他很愤怒，并惧怕自己的愤怒。仇恨从他心底涌出，他先是仇恨每天要在药剂师的监督下被迫喝美沙酮，然后又表达了对于自己受制于权威和他人的仇恨，这些人包括医生、药剂师、旅馆员工以及社工。他所表达的受挫感并不新鲜：在他的叙述中，他的人生故事的底色就是不公正。他说："自由有价。如果一个人必须依赖福利支票才能不沦落街头，这样的可怜鬼自然只能任人摆布。他没有任何自由可言。所以我总要听命于人。这和在监狱里没什么差别；唯一不同的是，在外面我偶尔能搞到女人。"

尽管史蒂夫有些自怨自艾，但他的看法也有些道理。我们在社会上享有的自由取决于我们可以在多大程度上成功获得我们想要的，取决于我们的地位、权力、种族、阶级和性别。然而，在心灵的内部世界里，自由的意义则全然不同。它是一种不屈从于即时的冲动，能够选择长期的身体和精神健康的能力。如果缺少这种能力，那么任何关于"自由意识"和"选择"的讨论都毫无意义。

托马斯·德·昆西曾将他的鸦片成瘾形容成"锁住卑微奴隶的链条"。成瘾的链条是内在而隐秘的。它先束缚住一个人的思想，再束缚身体。我们已经了解到成瘾过程会占据强大的大脑回路，使大脑活动屈服于那些适应不良的行为。我们也已经看到，在成瘾大脑中，大脑皮质中理性的、负责冲动调节的部分，早在成瘾发生以前就已发育不良，并且这些部分的发育会因物质使用而进一步受损。因此，成瘾中的自由困境可以被描述为：一个人在很大程度上被无意识的力量和自动化的大脑机制所驱动，导致他自由选择的能力受到了极大的限制。

已有大量关于强迫症的研究关注到自由选择的问题，而强迫症和成瘾有许多重要的相似之处。从这些研究中，我们可以学习到许多关于精神自由的知识。杰弗里·施瓦茨博士是加州大学洛杉矶分校（UCLA）医学院的一名精神病学教授，他几十年来一直致力于研究强迫症，并在两本引人入胜的书中描述了他的发现。[1] 在患有强迫症的情况下，大脑的某些回路无法正常运转，一些部件似乎"锁"在了一起：就好像汽车的变速器卡住了，一旦打开发动机，车轮就会自动启动一样。在强迫症患者身上，能够将思维的引擎和行动的车轮相分离的神经系统齿轮卡住了。非理性的思维和信念不断触发重复的行为，尽管这些行为无用甚至有害。强迫症患者在理智上十分清楚自己想洗手一百次的冲动毫无道理可言，但他就是无法阻止自己。由于神经系统的离合器卡了壳，想要再次清洗的念头就会自动引发洗手行为。施瓦茨博士和他在 UCLA 的同事通过脑部扫描，证实了这个机制的存在，并称之为"脑锁"。

强迫症可能是大脑会违背个人意愿支配行为的极端例证，但强迫症患者与我们的差别并不大。我们的很多行为也源于绕过意识觉察的自动化程序，并可能违背我们的主观意愿。正如施瓦茨博士指出：

> 精神生活的被动层面完全取决于大脑的机制，它支配着我们每天的生活基调，甚至每分每秒的体验。在处理日常琐事时，我们的大脑确实像机器一般运转。[2]

那些我们以为是自己自由做出的决定，很可能来自无意识的情感驱力或潜意识的信念。这些决定很可能被童年时期植入大脑的机制所支配，由那些我们毫无记忆的事件决定。一个人大脑的自动化机制越强大，他大脑中能够施加有意识控制的部分就越弱小，而他在生活中可以行使的、真正的自由就越少。在强迫症和其他许多情况下，无论一个人多么聪明或善良，功能不良的大脑回路都很可能压倒理性的判断和良好的意愿。被压力或强烈的情绪淹没时，任何人都会有所反应，这种反应来自根植大脑的自动机制，而非大脑皮质有意识和意志的部分。因被驱动或触发而行动的我们，并不自由。

一个周五的深夜，我电话采访了施瓦茨博士。我们关于成瘾的讨论可能会让一个旁观者对我们翻白眼：两只夜猫子和工作狂，在电话里三句不离本行——典型的"同类相知"。施瓦茨博士说："当你深入了解大脑在做什么，了解有意识的经验和大脑之间的关系时，你会发现研究数据与人们普遍相信的原则相悖。我们无法通过个人意识让自己进入某种特定的思维状态之中。

"自由是十分微妙的。你需要付出努力，花精力专注于不去自动化地行动。虽然我们的确拥有自由，但是唯有当我们努力觉察，不仅觉察心智的内容，也觉察它的过程时，才能行使自由。"

我们的思维如果不受意识管理，就容易按照自动导航模式运转。它并不比一台根据预编程，只要按下特定按钮就可以执行任务的电脑自由多少。我们可以通过以下例子来说明自动化机制和有意识的自由意志之间的区别。前者就仿佛在应激的愤怒之下用拳头猛击墙壁，而后者则会以正念的觉察告诉自己，"我感到内心有很强的愤怒，我很需要击打墙壁"。后者甚至会进一步觉察，"我的大脑在告诉我我需要击打墙壁"。后一种心智状态让你可以选择不去击打墙壁，而如果没有这个选择，你就毫无自由可言——你有的只是受伤的拳头和满心的懊恼。埃克哈特·托利指出："自由意味着意识，一种高度的意识。如果没有这种意识，你就毫无选择。"[3]

我们可以说，在精神世界里，自由是一个相对的概念：只有当我们的自动化心理机制服从于有意识的觉察时，我们才有选择的能力。一个人所体验的自由会随着情境、互动和时刻的变换而不断改变。任何一个大脑自动化机制超负荷运转的人都缺乏自由决策的能力，尤其当他大脑中促进有意识选择的部分还受损或发育不良时。

我们说过成瘾本身是一个连续谱，连续谱的一端是无可救药地沉迷于毒瘾的静脉注射吸毒者。大多数人处于这个连续谱中的某一点，其中一端是对于破坏性习惯的沉迷，另一端则是全然的觉知和不执着。同样地，自由选择也可以被视为一个连续谱。事实上，很少有人能够真正处于完全正向的、全然觉知并始终自由的那一端。

和物质世界一样，在精神世界里，有些人也有更多自由。例如，当涉及住所或食物的选择时，断言一个街头流浪者与华尔街大亨同样自由，会显得十分荒谬。而在情感自由和有意识的决策这个领域中，一个身无分文的隐士也许比一个追求地位成瘾的百万富翁享有更大的自由度。因为这个百万富翁仍在补偿他潜意识中的童年伤害，他被一种永不满足的、对于敬畏和仰慕的渴望驱使。重度药物成瘾者则很可能在精神和物质这两个世界里都处于底端：在心灵自由的图腾柱的底端，也在社会经济阶梯的底端。而我们其余的人都不稳定地、或高或低地栖息在他们上面。

在许多方面，成瘾者与强迫症患者一样没有自由。一旦他们产生使用某种物质的冲动，脑锁现象就会出现。患者们一次次地告诉我，当有人将快克、"速球"⊖或海洛因提供给他们时，他们根本无法抵挡这些诱惑。同样地，当他们感到有压力、不安、寂寞、烦躁、无聊或兴奋时，他们也无法克制自己不使用。即使是我，一个没有任何物质依赖史的人，也很难抵挡冲动所带来的巨大精神压力。当购买 CD 的冲动开始在我脑中翻腾时，我毫无抵抗之力。尽管我一次又一次地下决心，一次又一次地做出承诺，但最终放弃抵抗似乎总是更容易一些。我一次次放弃挣扎，跑到西科拉唱片行，把钱交给藏在唱片堆里的无情的音乐贩子，以缓解我的精神压力。虽然我很清楚自己在这件事上有决定权，但是我常常感觉自己无能为力。身为一个中产阶级，一个中年专业人士，我来自一个充满爱的家庭，也热爱自己的生活（大部分时间如此）。如果我都会感受到这种无力感，那么住在波特兰酒店的病人们又能有多自由呢？

再次重申，自由是相对的。我相信我比铁杆药物成瘾者有更多的自由。

强迫症患者和成瘾者都会体验到一种淹没性的紧张感，只有当他们屈服于自己强迫性的冲动时，这种紧张感才会消退。而一旦这么做了，他们就会获得一种短暂却巨大的解脱感。考虑到二者在精神自由缺失上的共性，成瘾很可能就是一种强迫——除了一个本质上的区别：与成瘾者不同，强迫症患者从他们

⊖　速球（Speedball）：海洛因和可卡因的混合体，用于注射。

的强迫行为中无法获得任何快感。他们非但没有成瘾者那样的渴望，反而认为这是令人不快和痛苦的。

乍一看，成瘾者似乎难辞其咎，因为他"享受"自己的行为，而强迫症患者则备受折磨。事实上，成瘾者所获得的短暂享受使戒除恶习变得更加困难，而强迫症患者们则往往很愿意改掉习惯，只不过他们往往不知道如何去做。这种短暂却极具诱惑力的愉悦体验，使成瘾者在康复中处于不利地位，即使所谓的"愉悦"不过是对精神痛苦和心灵空虚转瞬即逝的解脱。

当然，有许多成瘾者尽管有着令人望而生畏的童年经历，以及长期自我毁灭性的物质或行为习惯，却仍然顺利地康复并重塑了自己，成了有意识、有效能感、富有同情心的社会成员。他们的转变证明了人们重获自由的可能性。但在实际操作中，我们无法要求所有的成瘾者都**应该**能做出这样的选择。

研究和思考什么样的自我认识、优势、环境、好运以及气质的结合，可以让一些人摆脱顽固的成瘾，是十分有帮助的。然而，将人们相互比较却是没有帮助的。我们不能用一个人的成功去评判另一个人的失败。尽管我们有许多相似之处，但从受孕的那一刻起，我们都被自己独特的基因构成和生活经历塑造。没有两个人的大脑是一样的，即使是双胞胎也会有所不同。我们无法将一个人的痛苦与另一个人比较，也无法比较两个人忍受痛苦的能力。除了这些显而易见的影响因素以外，还有许多更为微妙的、相对不可见的因素，也很可能会对我们的精神力量和选择能力产生积极的影响：或许是很久以前他人一句善意的话、一个偶然的机遇、一段新的关系、一个瞬间的领悟、一段关于爱的记忆，或对信仰的开放等。那些克服了重度成瘾的人们的成功值得庆祝，他们的经验值得被分享，但是他们的例子不应该被用来谴责那些未能追随他们脚步的人。

更加草率的，是以生活经历相对正常的人为标准来评判成瘾者。大脑研究学者马丁·泰歇说："以成人的行为控制标准来衡量未成年人是不合理甚至虚伪，同样，以未受过创伤和神经损伤的人为标准来衡量受过这些损伤的人也是不公平的。"[4]

一个人究竟有多少选择的自由？答案只有一个：我们不知道。我们对于人性，对于它应该或不应该怎样，可能会有自己特定的信仰，不论是否有关灵性。这些信仰可能可以坚定我们帮助他人寻求自由的决心，也可能变成有害的教条。不论如何，最终我们都需要谦卑地承认其中的不确定性。我们无法通过窥视一个人的大脑来衡量他做出觉察和理性选择的能力，也无法预估当处于高压下时，他的大脑 – 思维系统又会如何运作。我们无法评估情绪痛苦对不同人的心理会产生多大的负荷，也无法知晓一个人可能享受过何种隐藏的使他们受益的体验，而这种体验可能是另一个人从未享受过的。所以如果我们简单地要求每个人"直接说不"，并因为他们无法拒绝就对他们进行道德评判，就过于轻率了。

如果从大脑发育的角度来理解，自由选择不是一种普遍或固定的属性，而是一个统计概率。换言之，视一个人特定的生活经历，他在精神领域中获得自由的概率可能较大或较小。一个获得了温暖抚育的孩子，比一个遭受了虐待和忽视的孩子更容易发展出情绪自由。两位美国的精神科医生兼研究者这样写道："大脑映射出我们的个人经历。简而言之，孩子身上会映射出养育他们的世界的样子。"[5]正如我们所见，顽固的成瘾者在母体子宫内的体验和他们的早年经历，很可能降低了他们获得自由的可能性。而这些孩子摆脱自动化机制和冲动、获得基本的精神自由的可能性也相应更低——不是完全没有可能，只是可能性更低。

如果我们珍惜人类转变的潜力，那么真正的问题就在于：我们可以如何鼓励并支持成瘾者，使他们即使曾经历过糟糕的开始和痛苦的一生，也仍可以有选择自由的动机和能力。换句话说，在大脑早期发育条件受限的情况下，我们可以怎样促进之后大脑的健康发展。下面，我们先来看看在大脑中，尤其是成瘾的大脑中，选择的体验是如何产生的。

在第 16 章中，我指出大脑的执行部分，也就是大脑皮质的功能，更多在于抑制而非发起行为。行为冲动是在大脑底层系统中产生的，而大脑皮质更多发挥的是审查和许可的功能。正如一名著名的研究者[⊖]所言：这不是自由意志的问题，而是"否定自由意志"的问题。

那么，冲动和行动之间的时间相差多久呢？大脑功能的电学研究表明，这中间的时间间隔大约为半秒钟。在这半秒钟里，我们几乎意识不到大脑想要做什么。换句话说，从冲动作为一个物理信号在大脑中产生，到我们有意识地觉察到这个冲动，这之间存在一个滞后期。在一个功能良好的大脑皮质中，从意识到冲动到肌肉执行冲动，这之间只有 1/10 秒到 1/5 秒的时间。⁶ 令人惊讶的是，大脑皮质只有在这段短暂的时间里能抑制那些它认为不恰当的行为，也就是说，只有在这段间隔中，我们能阻止自己因愤怒而动手或出口伤人。正是在这电光石火之间，我们可以看到自己即将付诸的行动，并在必要时阻止它。

很多人曾经眼睁睁看着自己做出明知无益或自我挫败的举动，却无能为力。这正是脑锁的体验：离合器卡住了，我们无能为力，无法阻止行为马达的

　⊖　布里斯托大学神经心理学教授理查德·L. 格雷戈里（Richard L. Gregory）。

启动。任何一个人在体验到疲劳、饥饿等生理性压力，或情绪压力时，大脑都很可能无法维持中立。在成瘾者的大脑中，这个问题更加严重。因为即使在正常情况下，他们的神经回路也是受损的。要理解成瘾背后的原因，我们可以看看在冲动进入意识层面的那一瞬间发生了什么。这个瞬间比起有意识的选择所需的时间，也就是我们决定不做什么所需要的时间，要更长一些。在这一瞬间，大脑会进行所谓的"前注意分析"。前注意分析是一种无意识的评估，大脑回路将判断目标是否关键，是否有价值，是否是自己想要的。大脑皮质则时刻准备根据这个前注意过程所设定的目标重要性，来选择那些可以实现目标的行为。

成瘾者的大脑可能重视什么呢？回想一下，我们的大脑很大程度上受到早期经历的影响。如果孩子们对情感滋养的需求未得到满足或遭到拒绝，大脑的依恋－奖赏和激励－动机机制就会使人发展出适应不良的行为。用著名研究学者雅克·潘克塞普的话来说："如果不是关联了某种自然的奖励过程，物质成瘾就不会发生。"成瘾物质和行为为成瘾者提供了短暂却迅捷的满足，这些行为习惯和大脑回路不断维持着他们的成瘾。

潘克塞普博士在一次个人采访中称："这些习惯的结构非常坚固。一旦在神经系统中形成，它们将指导行为，并使人无法自由选择。成瘾者之所以会成瘾，是因为他们形成的习惯结构完全聚焦于异常奖励，即成瘾药物的奖励上。他们被牢牢套住，无法摆脱心理上的禁锢。"

因此，在做选择时，成瘾者的大脑会过度高估成瘾物质或行为，而低估更加健康的选择。当倾向于成瘾的冲动升起时，原本负责审查不恰当行为、行使"自由说不"的职责的大脑皮质就瘫了。脑锁开启，能用来"说不"的那几毫秒一闪而过。

我在市区东部的一名戒毒医生同事就曾听患者这么说过："这整个决策的过程……甚至不能算是一个真正的过程。你只是决定使用成瘾药物而已。你不会有什么其他的想法。你没有真的……没有真的在权衡利弊，那种感觉是压倒性的，你知道吗？你只能简单地执行，并无视其他的一切。"[7]

我写这一章时，也就是 2006 年 10 月 29 日这一天，温哥华医院呼叫了我。我的一名患者，我暂且称他为特伦斯，被强制送出院了。"他违约了。"他的护士有些抱歉地告诉我。特伦斯是一名 32 岁的海洛因和可卡因成瘾者，患有多种疾病，也是 HIV 携带者。我认识他几个月了。与他交谈时，你会感觉他的每一个请求都是一种操纵，他的每一句话都藏着隐秘的目的，他的每一个互动都有不可告人的动机。我怀疑他无法意识到自己在别人面前的样子。用尼采的话说：他用撒谎来逃脱现实，因为他曾被现实伤害。从孩提时代起，操纵和不诚实就成了他的自动化防御方式。他一定很惧怕没有了这些防御，他将一无所有。

上周他因传染病住院，两天后他在附近超市因偷盗被捕。警察把他带回了医院，他在那里签署了一份不离开医院且不从事任何违法行为的承诺书。但今天他偷了一名护士的夹克、钱包和钥匙，然后失踪了数小时。最后护士拿回了夹克，但是钱和钥匙都没了。尽管他的传染病尚未根除，但医院也只能让他出院。

特伦斯的行为模式并没有改变，尽管这些模式带来了许多灾难性的后果：多年来，他疏远了曾与他共事的每一名护理人员，他一次次地破坏自己的健康和治疗。除波特兰酒店外，温哥华没有任何设施愿意让他入住。在他即将从病房办公室偷取护士夹克的那一刻，如果我们可以窥视他的大脑，我估计掌管冲动控制和意志的区域几乎没有活动，而刺激和兴奋所带来的多巴胺回路的活动则很可能占了主导地位。偷窃让特伦斯被逐出医院，而偷窃与其说是他意志决定的结果，不如说是他无力拒绝导致的后果。他的大脑中没有一个强大的、可以"自由说不"的机制。他随后会懊恼不已，但下一次又会重蹈覆辙。所以他到底有多少自由可言呢？

所有成瘾行为中，都存在成瘾者对成瘾对象、行为、关系等的过分高估和脑锁现象。正如我们所见，成瘾药物本身对大脑的影响，进一步增强了脑锁现象在成瘾者身上的表现。成瘾药物进一步损害了大脑中那些已经受损的执行自由意志的部分。在第 14 章部分引用的一段话中，美国国家药物滥用研究院主管诺拉·沃尔科夫博士写道："这种反常行为在传统上被视为成瘾者自主做出的糟糕'选择'。然而，近期的研究显示重复的药物使用会导致大脑中的长期变化，并破坏自主控制。"[8]

我的患者们体验过各式各样的负面后果。他们失去了工作、住所、配偶、孩子和满口的牙齿；他们被监禁、殴打、虐待和强奸；他们经历了 HIV、肝炎、心脏瓣膜和脊柱感染；他们患有多发性肺炎、脓肿和各种溃疡。他们曾见过亲友因吸毒过量或疾病而死亡。他们对吸毒后果的严重性再了解不过，也不需要任何人来进一步胁迫或说服他们。然而，除非有什么彻底改变了他们对生活的看法，否则他们不会放弃自己使用成瘾药物的冲动。

In the Realm of
Hungry Ghosts

第七部分

疗愈生态学

————

问题不在于真相太过残酷，而在于从无知中解放时的痛苦宛若生育之苦。

追求真理吧，直到你无法喘息。接受重生带来的痛苦。

这些思想需要我们穷尽一生去理解，且在酒醉时刻间尤为难解。

——纳吉布·马哈福兹
《思宫街》

第 26 章

慈悲与好奇的力量

—————

　　结尾的几章旨在加强读者对于成瘾心智的理解，并为康复提供支持，但它们并不是发作中的物质成瘾的治疗指南。在那些可以改变大脑的化学药品的影响之下，让成瘾者维持自我关怀的态度和有意识的精神努力，以治愈他们成瘾的心智，是一件不可能完成的事情。下面提供的信息和建议仅能作为补充材料，无法替代任何成瘾的治疗项目或者自助团体。

⌒

　　我本希望在书末能有一个令人振奋的结尾。在这个关于成瘾自我疗愈的章节中，我原想描述一下我如何克服了自己的成瘾倾向。不幸的是，这样的故事或许读来令人积极愉悦，但恐怕要被归档为虚构类文学作品了。

在写本书的过程中，我的成瘾不断复发：疯狂购买，欺瞒，深感羞耻，然后感到无限空洞。不论我如何痛下决心改过自新，我都再也没回到"十二步戒瘾法"团体中，也没有在其他的康复治疗中坚持下去。正如自称加拿大"最出名瘾君子"的迪恩，在纪录片《毒：一个成瘾城市的故事》的开头发誓在录制结束时会彻底戒断，他没做到，我也没做到。或者说，我最近才做到，近到我根本没法像航母上身着防弹衣的士兵一样，高呼"任务完成！"。用"接到任务"这个词可能还确切点。

我们教的往往是自己最需要学习的，而有时我们给予的正是自己最需要获得的。若不是因为我可以如此近距离地观察自己，研究成瘾几乎是不可能的。我也可以非常诚恳地说，我真的在这个过程中学到了很多。不论我多么努力，我发现自己始终无法彻底战胜自己的成瘾倾向。同时我意识到这也无妨。战胜和打败，这些都是战争的比喻。如果像研究指出的那样，成瘾源自我们的情感核心，那么要打败它们就意味着我们要向自己发起战争。然而向自己的一部分开战，即使是针对那些适应不佳、功能不良的部分，也只会导致内部失调，引发更多痛苦。

今年冬天有一天，金姆护士和我见了一名海洛因和可卡因成瘾的 31 岁女性，我且称她为克拉丽莎。克拉丽莎之前的三个孩子都被儿童保护机构带走了，而如今她又怀孕了。她坦白自己正处于吸食可卡因后的亢奋之中——事实上她也无力隐瞒，因为她坐立不安、颤颤巍巍的肢体动作，断断续续的表达，以及过度的情绪反应已经让一切再明显不过了。

"但是我即使不吸的时候也这样。"她辩称。这也是实话，因为她同时患有 ADHD。

"我恨自己。"她说，"我知道自己已经怀孕几周了，但是我还在嗑药。我总是搞砸，我觉得自己太可悲了，从不考虑孩子……"金姆护士和我默默听着她喋喋不休地从自我责备一直说到对工作人员的抱怨，再说到对营养品和新的两居室公寓的要求。这段长篇大论进行到一半的时候，她却突然不吭声了，然后她深吸了一口气，掩面而泣，呜咽道："我害怕，我真的好害怕。"

克拉丽莎坐在窗边的沙发上，她含泪的目光略过护士和医生，最后落在了外面的大街上。她穿着吸引嫖客的聚拢型胸衣，半裸的胸部因孕期激素而胀大，在胸衣中微微颤抖着。短短几个问题后，这个忧心如焚的年轻女性吐露了她的一生，一个再熟悉不过的、可谓俗套的市区东部的人生故事。就像其他故事一样，这个故事也有毒到让人听了就浑身发麻。

克拉丽莎在一岁到四岁间遭受了父亲的性虐待，接着又被数个男人性侵至少女时代。在她五岁的时候，她母亲因为吸毒过量而死亡。"我母亲在怀我的时候仍在嗑药。"她说，"而如今我又重蹈覆辙。"

金姆护士和我听着她的述说，尽我们所能提供咨询并计划接下来的可行步骤。首先是安排一个能确定怀孕周数的超声波检查。克拉丽莎希望如果孕期不超过 12 周就终止妊娠，而如果超过了早孕流产期就戒毒并搬到孕妇收容所去。我们支持她停用可卡因，但同时告诫她，药物戒断反应会对胎儿不利：在孕期用低剂量的美沙酮替代海洛因会更好。在金姆护士把克拉丽莎送去市区东部一个叫作"她方"（Sheway）的产前护理中心前，我给克拉丽莎的经济援助工作者写了几张纸条。"只是一点建议。"我说，"如果你觉得你听得进去的话。"克拉丽莎在走出办公室时，回过头来看了我一眼，说："我听得进去。"

"你之前说了恨自己和觉得自己可悲的话。如果我们尝试用真诚的好奇替代那样苛刻的评价，去看看你为什么做了你所做的事的话，会如何呢？如果你使用成瘾药物，是因为你害怕没有它就无法承受痛苦的话，又如何呢？你所经历的一切让你有无数理由感到受伤。这不是你'搞砸了'，你只不过还没找到任何不同的应对方式。如果你的孩子在有同样的经历后药物成瘾，你会如此苛刻地指责她吗？"

"不会。"克拉丽莎说，"我会爱她……我会爱之深，责之切。"

"责之切就算了吧。"我告诉她，"她所需要的就是你的爱。和你一样。"

克拉丽莎再度落泪，问之后她可否再回来跟我聊聊。"当然了。"我说，"但需要在你不这样精神恍惚的状态下。当你处在嗑药后的亢奋中时，你是无法接收任何信息的。"

"我青少年时期的咨询师也是这么跟我说的。"克拉丽莎抗议道，"他说如果吸高了就别回来，但我觉得这不对。"我默默看了她一会儿，心生不忍："好吧，你什么时候要过来就过来吧，什么状态都行。"

克拉丽莎笑逐颜开："这正是我希望听到的。"

当我自己的个人和灵性生活处于相对平衡的状态时，对成瘾病人心怀恻隐并非难事。我对他们的生活经历和自我认知感到好奇，且大多数时候我可以避免评判他们。如同对待克拉丽莎一般，我的目的是让他们看到一种新的可能：他们可以用不评判的态度和慈悲的好奇和自己共处。

但是当我自己也处于成瘾阶段中时，情况就完全不一样了。当充满腐朽气息的羞耻感四下侵蚀时，我只能试图用虚假的欢愉或自我合理化的狡辩掩藏内心的自我厌恶。只可惜这样的自欺欺人从来无济于事。和我那些物质成瘾的饿鬼同伴们身上发生的一样，这样的消极自我评价如一摊烂泥，只会让我们有更强烈的逃离或忘却的欲望。于是，这个成瘾 – 羞耻 – 成瘾的旋涡就不断循环往复。

关于成瘾者，布鲁斯·佩里博士曾说："我们需要对有这样问题的人有充分的爱心、足够的接纳和极度的耐心。"我们也需要用同样的爱、接纳和耐心对待我们自己。又如雅克·潘克塞普博士所建议的：要成功处理成瘾问题，就要让情绪恢复健康的平衡；我们必须给自己"一个思考的机会"。而沉浸在自责和羞耻之中的我们，是无法进行任何有创造性的思考的。

迈向清醒的首要任务是将这样充满慈悲的好奇指向自己。许多教导，不论是灵性作品还是心理文献，都告诉我们要以这样的方式对待自己。"要培养慈爱之心，我们首先要学习用诚实、爱和慈心对待自己。"

如果从慈悲而好奇的态度出发，就可以把"为什么"从僵化的指责，转化为一种开放无偏见的，甚至带有科学探究性的询问。不是往自己头上猛砸谴责的板砖（例如"我怎么这么蠢，我什么时候才能学会"之类），而是问自己："为什么明知这种行为的糟糕后果，我却再次重蹈覆辙了？"这样的提问可以成为一种温和而令人获益良多的探索。我们脱下审讯者拘泥刻板的制服，像有同理心的朋友一般对待自己。审讯者一心想要审判、定罪、惩罚，而这名朋友只想知道我们身上发生了什么。有人建议用 COAL 这个缩写来形容这种慈悲的好奇态度：好奇（curiosity）、开放（openness）、接纳（acceptance）和爱（love）——"嗯，我好奇什么使你又这样做了？"

这么做的目的不是为自己开脱或合理化，而是获得理解。开脱只是另一种形式的评判，它和谴责一样令人虚弱。当我们试图为自己开脱时，就会希望能够得到法官的垂怜，或者蒙混过关。开脱是为了逃避责任，而理解帮我们承担责任。当我们不必防御别人甚至防御自己时，我们才能开放地看到事情的本来面貌。当我的成瘾行为不再意味着我是一个失败的、不配拥有尊重的、肤浅且没有价值的人时，我才能无所拘束地承认我的成瘾。我可以彻底承认成瘾的存在，也可以正视它如何摧毁了我真正的人生目标。

丧失自我关怀是我们能遭受的最重大的损伤之一，自我关怀与我们感知自身痛苦，以及对疗愈、尊严和爱抱有希望的能力紧密相连。那些如今看来适应不良、自我伤害的行为，往往是我们在过去某一时刻为了忍受当时的痛苦体验而努力做出的自我调整。如果人们对自我安抚的行为上瘾，那仅仅是因为在他们的自我形成的关键阶段，他们对安抚的需求没有得到满足。这种理解可以帮助我们从聚焦过去的恶毒的自我批判中解脱出来，并支持我们为现在承担责任。

因此，我们需要慈悲的自我探索。

———

如果我以不评判的方式去审视我的成瘾行为，用充满关爱的好奇去询问"为什么"，我会发现什么呢？更准确地说，我会发现自己是谁？我的全部真相又是什么？真相是我是一个受人敬重、有三十年医疗经验的资深专家、配偶、家长、咨询师、公众演说家、活动家和作家吗？那么那个焦虑不安、内心空虚残缺、不断向外索求的男人，那个竭尽所能希望可以填补那份永不满足的饥饿感的男人，又是谁呢？在威廉·海德监狱的餐厅里，同为成瘾者兼作家的史蒂芬·瑞德在我们的谈话中曾说："要从关注外界回归到审视内心……光是想到这点都让我牙疼。"事实上，这种无意识的压力真的造成了我的牙疼——我小时候夜里磨牙极其严重，严重到五年级快毕业时，我的大部分牙已经被磨得只剩下一点儿牙根，牙髓几乎全都暴露在外了。

在我那些积极的品质，例如自信、力量、热情和承诺之下，我内在核心四周潜伏着翻滚的原始焦虑。如果我可以诚实面对自己，并准备好接受脆弱，在我生活的许多阶段中，我早就会像克拉丽莎一样宣称："我害怕。我真的好害怕。"我的焦虑伪装成我对自己的体形或财务稳定性的担忧、我对于爱与被爱的怀疑、我的自我蔑视，以及我对生活意义和目的的存在主义悲观感。这种焦虑有时也会以一种相反的、自大的姿态呈现出来。它渴望被仰慕，被视为独一无二。它的本质无形无相，但我很确信，远在我识得事物的名称之前，它就已经在我胸腔中形成了。

我有任何理由焦虑吗？究其本质，这种长期的焦虑与所谓的"理由"毫无关系。首先，它源自生存本身。随后，当我们学会如何思考后，它便将思维和解释也纳入旗下，为己所用。健康的焦虑源于面对危险的恐惧，好比羚羊面对饥饿的狮子时的感受，或一个孩童找不到父母时的感受。健康的焦虑扎根于当下的体验，而长期焦虑却非如此。它在我们具备思维能力之前便已存在。我们可能会以为自己是因为这样那样的事，比如身体意象、当今世界的现状、关系问题、天气等而焦虑。但事实上，无论我们编造什么样的故事，焦虑就在那里。焦虑总是会找到可供自己附着的目标，然而它却是独立于这些目标的存在，这和成瘾是一样的。只有当我们开始觉察它时，才能慢慢识别山它的颜色。我们常常压抑它，将它掩埋于各种想法、身份、行为、信念和关系之下。为了隐藏它，我们在它四周堆砌各种活动和个人特征，并错误地把这些活动和特征看作真实的自我。然后，我们就会竭尽全力试图说服这个世界，让人们相信我们编织的故事就是事实真相。然而，无论我们的专长和成就多么真实，它们也改变不了我们的空虚感。唯有当我们承认这些专长和成就只是为了掩盖焦虑时，我们才能感受到它们的真实。

"感觉自己不完整"是成瘾者的基线状态。成瘾者会有意无意地断定自己是"不足的"，认为自己本身不足以应对生活提出的要求，也无法表现出能被世间接受的样子。没有成瘾物质的支持，他就无法承受自己的情绪。他必须逃离痛苦空虚的体验，无论是通过工作、赌博、购物、食物还是性——任何能填充思绪的活动都可以。在我的第一本书《散乱的大脑》中，我形容了这种持久的心灵饥渴：

英国精神科医生 R.D. 莱恩（R.D. Laing）曾于某处写过，人类的三大恐惧是死亡、他人和自己的心。我惧怕自己的心，一刻也无法与之独处。我的口袋中必须得放一本书来救急，以防我被困在任何地方等待，即便只是在银行或是超市结账处的短短一分钟。我总是不停给我的大脑投喂一些废品，仿佛它是一只穷凶极恶的怪物，一旦没有可嚼的东西，就会在瞬间将我吞噬。[1]

我曾将自己永无止境的不足感归咎于 ADD。虽然它确实是 ADD 的一个显著心理特征，但这种想要逃离当下的冲动同时也是一种常见的、普遍的人类特性。在成瘾的大脑中，它更被放大到了不顾一切的程度，并成了指导选择和行动的压倒性力量。

"但是我没感觉自己不顾一切。"有人可能会说，"我只是太热爱自己做的事，因而完全不想停止。"工作狂们往往这么认为，我也曾经这么认为。"那些需要我感受到，然后才能治愈的痛苦和哀伤在哪儿？"——我曾经这么挑战过一名治疗师。"我怎么尝试也无法勉强自己去感觉到任何东西。有感觉就是有感觉，没感觉就是没感觉。"我当时忙着用无休止的各类活动刺激和安抚自己，持续地加班让我头脑飞转，我的心被这些糖果塞满，没有留下一丝任何感觉可以渗入的缺口。

我的工作狂状态和唱片购买行为，仅仅是我内心感到不适时选择的最可靠的两种逃避方式。我也曾有过其他同样强迫和冲动的行为。我现在可以看到这些行为之下，无处不在的焦虑和空虚。情绪上，它们表现为经年累月的轻度抑郁和易怒；思维上，它们以愤世嫉俗的方式出现，是我所崇尚的健康的怀疑和独立思考能力的阴暗面；行为上，它们伪装成轻躁狂或萎靡，让我持续渴求着活动的刺激，或者就干脆不省人事。当日常的逃避机制不足以满足我时，我就陷入了成瘾模式之中。如果我的痛苦再深些或资源再少些，如果我再不幸一些，缺少周围滋养的环境的话，我就很可能不得不寻求药物的慰藉。

当我们可以将慈悲的好奇指向自己时，我们就能看清事物的真相。一旦我看到自己的焦虑并可以识别它是什么，我迫切企图逃避的感受就会减轻。我很清楚，构成我的焦虑的，是一种强烈的威胁感和对于被遗弃的恐惧感。而这些感受早在 1944 年，在布达佩斯的犹太居住区里，就已深深植入了我的大脑。作为一个困难历史时期中担惊受怕的婴儿时，我就已经形成了这些大脑模式，那么我现在为什么逃离它们呢？那些深嵌在我大脑回路中的无言的故事，已经不可磨灭地成了我大脑的一部分。它不必消失——事实上，它也不会消失，至少不会彻底消失。但是我可以改变我和它的关系，可以以一种更亲密的方式与之共处。我甚至可以找回一些主控权：我可以觉察它，而不让它控制我的心境或行为。同样，我也无须彻底消除我的成瘾冲动。我的成瘾冲动源于早年形成的大脑模式，想要彻底清除本就不可能，但是我同样可以改变和它的关系。而这种改变需要以停止评判和自我谴责为基础。

精神科医生兼精神分析师安东尼·斯托尔（Anthony Storr）曾谈过允许埋藏的情绪以没有恐惧的方式复现的价值：

> 当一个人受到鼓励去感知并表达他最深层的感受，同时可以安全地知道他不会被拒绝、责难或被期待表现得有所不同时，某种思维的重排和处理过程就可以发生，并带来内心的安宁。那是一种终于触及深邃的真相的感受。[2]

当自我关怀让真相得以浮现后，我们要做的第一步是什么呢？必然就是所有匿名戒酒协会和其他十二步戒瘾法中所教授的第一步。十二步法并不适用于所有人，也未必是脱离成瘾的唯一途径，但它的基本原则和其他任何成功的康复疗法都是共通的。

"我们承认我们面对酒精十分无力；我们的生活已经变得无法掌控"——这是匿名戒酒协会的传统表达。当我们可以觉察到所有成瘾行为背后基本的相似之处时，我们就可以进一步说："我承认我对于成瘾过程十分无力。"或者说："我完全承认我的欲望和行为已经失控，而我无力对此进行调节。这导致我在生活中的许多重要领域功能受损，一片混乱。我不再否认这些欲望和行为对我、我的同事或我所爱之人的影响。我承认我的失败——我无法持续地、诚实地直面它们。"（我的朋友安妮是一名匿名戒酒协会的长期会员，她提醒我警惕勿将"我们承认"改为"我承认"。她说："第一个词用复数是有原因的。因为如果一个成瘾者感觉自己孑然一身，只能靠自己，他一定会无所适从的。"）

虽然我之前在私下和公开场合都或多或少承认过我的成瘾倾向，但直到最近，我才终于真正踏出这第一步。这背后有三重困难。第一，因为我一直以自己的心智为傲，所以我十分抗拒承认自己对任何精神过程的无力感。更何况，我的自我天生善于利用事物来促进自身的价值感。所以即使当我公开披露自己的成瘾模式时，这种披露也成了一种自我宽慰——我是真挚、诚实、"勇敢"的。对于这样的自我披露，听众往往报以颔首、微笑和掌声。但是真正的勇气不在于谈论成瘾，而在于积极地做些什么。而直到最近，我才终于做好承担这个责任的准备。

第二，当我关注最为显而易见的强迫行为，例如疯狂购买唱片、阅读或是拼命工作时，我仍可以无视成瘾模式对于我的生活功能的渗透。当我将之局限于为数不多的几个问题时，我可以否认成瘾在我日常生活各个方面的体现。我可以安慰自己，我还是能够做好很多事情，完成很多工作的，所以我没有任何理由承认自己的失控。换句话说，我并不想承认，有时我的生活已经因自己的行为而失控了。当我们缺少慈悲的好奇心时，这种坦白只会带来强烈的羞愧感。

第三，每当我在亲密关系中感觉呆滞或疏离时，我总感觉自己是有缺失的。我无法正视是自己内心创造出了这样的缺失感这一事实。比如，我曾归咎于我的妻子蕾伊。我怪她不能满足我的期待，却没有承担我自己的责任。我糟糕的自我调节和不足的自我分化（这里的自我分化指的是，我在和蕾伊以及他人的互动过程中保持自我意识的能力），让我们的关系充满负担。于是我放纵自己用成瘾自我安抚，并以"未满足"的需求为由合理化自己的行为。换句话说，我自己执意拒绝成为一个成熟的、有自我调节能力的成人，而这导致的后果反而被我用来当作追求成瘾的理由。我在写到这里时，脑海中浮现出了一只追着自己尾巴猛咬、原地打转的小狗形象。

若要前进就必须要突破这堵否认之墙。因我顽固狡猾的心智，可能是好几堵墙，而我甚至不想承认这些墙的存在。

In the Realm of
Hungry Ghosts

第 27 章

内心的气候

神不会改变人的命运，除非人先改变自己的内心。

——《古兰经》(13：11)

我们对有机体的理解不能脱离它存在、运行和死亡的环境系统，对自然过程的理解也不能孤立于其物理和生物环境。从生态学角度来看，成瘾过程的发生并非偶然，也并非源于遗传因素。它是特定环境背景的产物，并被这个环境中的多种因素维持。生态学将成瘾视为一种可变、可进化的动态表现，是一个人的社会、情感环境与其内心世界在一生中持续互动的结果。

因此，疗愈必须考虑那些支撑成瘾冲动和行为的内心状况：信念、记忆、心理状态和情绪等，以及其外部环境。在生态学的框架中，成瘾的康复并不意味着从一种疾病中得到"治愈"，而是意味着成瘾者可以开始创造新的内外部资源，以支持用崭新而健康的方式，来满足自身真实的需求。这种康复同时包括发展新的大脑回路，以促进更具适应性的反应和行为。

乍看之下，改变一颗混乱不安的心是一项艰巨的任务。作家普鲁斯特曾写道："当心被它自身压垮，当探险者本身就是他需要探险的黑暗领域时，那种不确定感将会多么深邃啊！"在杰弗里·施瓦茨博士位于洛杉矶的强迫症诊所里，曾有一名患者说过相似的话："我们想寻获的恰恰是我们用于寻找的。"正如他们指出的，如果一个人的精神生活完全被自动化的大脑功能和底层的情绪动力所支配，想要从成瘾中康复就是不可能的。不过，这些力量虽然很强大，甚至在许多情境下对很多人起决定性作用，却并非台前唯一的演员。幸运的是，人类的心智远不止于那些自动运作的大脑机制，事实上，大脑自身在人的一生中都是可以不断发展的。

大脑的发展并不局限于儿童时期，而是贯穿于我们的整个生命周期。它的发展很大程度上依赖于它的使用。例如，伦敦出租车司机的大脑海马体（一个很重要的记忆结构）的一部分，就远大于常人。这个脑结构的尺寸增长和他们在英国首都密集的交通网络中驾驶的年限成正比。[1]依神经学家和大脑研究学家安东尼奥·达马西奥所言，"大脑回路的结构在持续发生变化。这些回路不仅受初始经验的结果影响，也不断地被后续经验重塑和改造"。[2]

有两种促进健康的大脑发育的方式，即改变外在环境以及调整内在环境。这两种方法对于成瘾康复都至关重要。玛丽安·戴蒙德（Marian Diamond）博士是一名十分有声望的大脑研究学者，工作于伯克利的解剖－生理学院。她曾断言："直到晚年，哺乳动物的大脑都仍能对环境改善做出反应。"[3]在她的研究室里，从刚出生直到年老的老鼠们被安置于各种程度的社会隔离、刺激以及环境和营养状况中。验尸报告显示：那些生存环境更好的老鼠的大脑皮质更厚，神经细胞更大，神经连接结构更复杂，血液供给也更充足。即便是那些已过中年的老鼠，在短短 30 天的区别对待后，也出现了显著的不同：实验组的幸运儿们的脑神经连接是对照组的两倍长。戴蒙德博士在她的《丰饶遗传：环境对大脑解剖的影响》（*Enriching Heredity: The Impact of the Environment on the Anatomy of the Brain*）⊖一书中曾报告了相关结果。她写道："我们发现，无论在哪个年龄段，环境的丰饶或贫乏都会产生相应的解剖学影响。" 4

最鼓舞人心的是，戴蒙德博士发现，即使是那些在胎儿或婴儿时期就被剥夺的动物，遇到更丰富的生活条件也会产生变化，并对此前的匮乏进行自我补偿。"因此，"她写道，"我们不应该放弃那些从生命初始就经历了糟糕境况的人。视损害的程度和严重性，丰富的环境很可能可以促进他们大脑的发展。" 5 自玛丽安·戴蒙德的开创性研究以来，丰富的环境所具有的影响力被一再证实。例如，老鼠们在一个优质环境中居住一段时间后，会获得新的大脑连接，以及高达 20% 的大脑皮质的增长。用研究者的话来说："这是一个非凡的改变！" 6

在人类身上，我们也同样可以期待成人大脑能从环境中获得有益的影响。人们都熟知环境因素对身体的其他器官和部位的影响。如果我们不使用，肌肉就会发生萎缩，而如果能够好好锻炼，肌肉量和其强度就都会增长；运动和健康的饮食可以改变心脏的供血；有氧运动可以提高肺容量。那些在身体和头脑上更为活跃的老年人和其他同龄人相比，产生的心理机能衰退要少许多。两位神经学家 1999 年曾在《科学美国人》中这么说过："与旧教条不同，人类大脑在成人期也会制造新的神经元。" 7

在生命早期，人类大脑对于环境变化的反应性，即脑可塑性，十分之高。因此，那些在出生时大脑一侧受损的婴儿，即使失去了整个脑半球，也能得到

⊖ 并且之后又发表在一本面向大众的非学术著作《心智的魔法树》（*Magic Trees of the Mind*）中。

补偿。他们的另一侧大脑可以发展到让他们拥有几乎对称的面部活动的程度，脚部也只会轻中度地跛。随着年岁的增长，脑可塑性开始下降，但不会完全消失。人们脑卒中后能够恢复，正体现了成人的神经适应性。在脑血管意外，或者脑卒中的情况下，脑组织往往因为出血而受损。虽然那些死去的神经细胞无法复活，但是患者往往可以再次使用因脑卒中而瘫痪的肢体。新的大脑回路开始运行，并建立新的连接。近期，这个过程已被应用于脑卒中患者的康复治疗中，并取得了显著的进展。

杰弗里·施瓦茨博士和他的同事在 UCLA 的工作中发现，强迫症患者的大脑可以成功建立新的回路，以替代先前功能不良的回路。我完全同意施瓦茨博士的提议，即在 UCLA 使用的这个方法可以被调整并用于成瘾强迫的康复。我们会在下一章对此进行进一步的讨论。"毋庸置疑，"施瓦茨博士写道，"大脑毕生都在自我重塑，它保留了自我改变的能力。这种能力不仅是被动因素（例如富饶的环境）的产物，也是行为和思考方式改变的结果……同时，所有企图开发大脑潜能的治疗方法，若想改善大脑的性能和功能，都需要患者付出艰巨的努力，无论患者是受脑卒中、抑郁、抽动症还是强迫症的折磨。"[8]成瘾者也一样需要付出艰巨的努力，甚至是更为艰巨的努力。成瘾的不同之处在于：它强迫、诱使人们做出的行为本身，是可以带来快感和奖赏的。

施瓦茨博士所说的"心力"是一种刻意的心理力量（conscious mind effort）。它可以从生理上重塑功能受损的大脑回路，改造功能不良的情感和理性回应方式。如果改变外在环境可以改变大脑的生理机能，那么改变心力同样可以。施瓦茨博士解释道："意图和关注可以给大脑带来真实的、物理性的影响。"[9]在研究中，为了考察自主性的心理力量的影响，研究者激活的大脑部位是前额叶皮质，它是大脑情绪自我调控系统的中央部门。据我们所知，这个部位也是成瘾者大脑受损的部位。在 2005 年发表于皇家学会《哲学汇刊（生物科学）》上的一篇文章中，作者们讨论了身心的交互影响。他们把影响自我情绪调节的关键心理活动称为"冷静的自我观察"。他们写道："一个人的关注方式（正念或非正念），影响着这个人的经验和大脑状态。"[10]

正念觉察意味着我们不只关注思维的内容，也关注那些影响这些思维的情绪和心理状态，即在处理心中的内容素材时，也持续觉察自己的心理过程。正念觉察是一把关键钥匙，它可以解开大脑因成瘾心智的自动模式所受的束缚。

⟜

弥漫于所有成瘾行为背后的主导情绪是恐惧和怨恨——它们是不幸的生活里不可分割的小团体。其中一种情绪会促使另一种情绪启动：恐惧事情的现状，并怨恨现状；恐惧生活，并怨恨生活的艰难；恐惧令人不适的心理状态，并怨恨那些使人不快的情绪和想法经久不散；恐惧我们永远不会变好，并怨恨我们无法达到自己想要的状态；恐惧当下和将来，并怨恨我们无法控制命运。我的一个病人曾说："成瘾是逃避现实，逃避承认有些事情的力量比自己更强大。因为无法承认这点，无法承认自己害怕，或者不知道怎么办，不知道该如何活下去——你无法承认，所以就嗑药来逃避。然后你开始与不存在的人们共存，与行尸走肉般的人们共存。"

只要成瘾药物或行为的效果延续，怨恨和恐惧就会被暂时压制，但随后这些情绪必然会反弹，且势头比之前更为猛烈。这是一个没有尽头的循环，因为成瘾的生命总有法子找到新的食物来源，以喂养焦虑和怨恨的巨兽。哲学家和作家尼采曾描述过这样的状态："他无法摆脱任何，无法克服任何，也无法抵制任何——一切都令人痛苦。人和物太近地阻挠他，经验过深地打击他，而记忆也成了一个不断糜烂的伤口。"[11]

要如何打破这个循环呢？佛陀曾道："诸法是心所前导的，心所主宰的，心所造的。"⊖我们用心创造了我们所生活的世界。佛教所教导的并非改变心，而是成为那个不偏不倚的、慈悲的观察者。传统佛教的心灵学说中不具备我们所知的关于大脑发展的科学知识，而大脑的活动很大程度上形成了我们通常所理解的心。然而，它指出了心可以决定我们的知觉、行为和体验。当我们可以有意识地观察我们心智的运作时，我们就可以逐渐把心从对周遭惯性、程序化的解读和反应中解脱出来。若想驯服成瘾的大脑，就需要对它进行反思，而不可一味抵触。佛陀教导："如同雨水渗漏盖得不善密的屋舍，欲贪渗漏未修习的心。如同雨水不渗漏盖得善密的屋舍，欲贪不能渗漏善修习的心。"⊖大脑研究证明，正念觉察可以弱化有害思维的桎梏，给大脑回路带来积极的生理变化。这对成瘾疗愈有着非凡的意义。

我们可以区分两种不同的心理功能：觉察（冷静的观察者）和混乱的自动化过程（意识的、半意识的或潜意识的）——这两种心理功能影响着我们的情绪状态、想法和大多数行为。最早认识到这二者区别的是一名加拿大的科学家——伟大的神经外科医生怀尔德·彭菲尔德（Wilder Penfield）。彭菲尔德写道："虽然意识内容很大程度上依赖于神经活动，觉察本身却非如此。在我看来，我们可以合理地推测心（mind）或许是一种独特的、不同于大脑的本质存在。"

自动化的心是大脑回路的应激性产物，它不断地根据过去的条件解释当前的状况。它难以区分过去和现在，尤其当处于情绪唤起的状态时。当前的一个触发事件就会启动数十年前，在一个人生命的脆弱阶段里，就已被植入的情绪编码。一个人乍看之下对当下状况的反应，其实是他对过往情绪经历的重历。

这个存在于身体、大脑和神经系统内，不易觉察却无处不在的过程，被称为内隐记忆。与之相对的是外显记忆，它帮助我们回忆时间、事实和情境。心

⊖⊖ 出自《法句经》。——译者注

理学家兼研究者丹尼尔·夏克特（Daniel Schacter）曾说过，内隐记忆的激活发生在"人们被过往经历影响，但没有觉察到他们其实正在回忆的时候……我们如果觉察不到有什么东西在影响着我们的行为，就很难做什么来理解或对抗这个力量。内隐记忆之所以可以对我们的精神生活产生如此强大的影响力，正是由于它微妙和不易觉察的本质"。[12] 当一个人产生任何"过度反应"，或者说以一种看起来与眼前情况不符的过度夸大的方式做出反应时，我们就可以确定是内隐记忆在起作用。激发反应的并非当下的刺激，而是一些过往被掩埋了的伤痛。我们中的许多人在回顾自己的一些情绪爆发时会充满困惑，我们问自己："见鬼了，那到底是怎么回事？"那就是内隐记忆的作用，只是我们在当时没有意识到。

心的另一种存在方式则是像上文我们提到的，如一名不偏不倚的观察者般存在。它觉知当下、活在当下，不受被提前编码的生理因素影响。它通过大脑工作但是不受限于大脑。对很多人而言，它或许处于蛰伏状态，但从不会彻底消失。它超越了过去条件所塑造的大脑回路的自动化功能。"最后，"彭菲尔德写道，"我的总结是……目前没有证据可以证明仅凭大脑就可以执行所有心的工作。"[13]

⁓

以一种慈悲的好奇关注内心，方能认识自我。

通过有意识的觉知来获得自我认识和自我掌控，这种方式可以加强心作为一名不偏不倚的观察者行动的能力。不同灵性传统教授的冥想技巧众多，其中最简单善巧的是佛教徒称为"纯然注意"（bare attention）的训练方式。尼采将佛陀称为"那个知识渊博的生理学家"，说他的教义比起宗教信仰更像是一种"心理卫生"。对于佛陀寻求从怨恨中解脱灵魂，尼采写道："非道德如是，乃生理学如是。"我们大脑的许多自动化过程都和想要或不想要些什么有关,这和儿童心理世界的运作方式很相似。我们永远都在需要和渴求、评价和拒绝。心理卫生包括留意所有自动抓取或拒绝的冲动,而不受制于它们。不仅以纯粹的关注观察外界发生之事,也同时观察内心发生之事。

埃克哈特·托利建议:"如同你会关注那个激发你的反应的人或事,请对你的反应也保持同等程度的关注。"在正念状态下,一个人可以选择去觉察情绪和念头的潮起潮落,而不沉沦于它的内容。不是"他这么对待我所以我很痛苦",而是"我留意到怨恨的感受和报复的欲望不断地在我心中泛滥"。虽然纯然注意是作为冥想练习被发展出来的,但它的使用不仅限于正式的冥想练习。它指的是以有意识的关注觉察任何因身体内部或外部、生理或情绪的刺激而引起的心理活动。上文提及的《哲学汇刊》那篇文章的作者描述道:"纯然注意是一种对我们外部和内部所发生事件的连续不断、了了分明的觉察。它之所以被称为'纯然',是因为它仅仅关注五感或心中出现的知觉,关注这些纯粹的事实,而不对它们做反应。"14

成瘾者很少质疑那些他想要逃离的痛苦情绪或感受的真实性。他很少检验自己体验和理解周遭世界的角度,也很少检验自己倾听或看待周围人的方式。他一直处于一种应激状态中——他回应的不是外部世界,而是自己对世界的解释。这种痛苦的内部状态从未被检验过,焦点全在外界:我可以从外界获得什么来让我感觉好受些,即使只是好受那么一小会儿?纯然注意可以让他意识到:情绪和感受的意义为何、力量多大,全然取决于他自己。最终他会意识到自己无须逃离。或许他需要改变自身处境,然而他会发现心灵的炼狱并不存在,他也无须以钝化或刺激自己的心的方式来逃离。

成瘾的人常说:"我不知道我到底是谁。"如果说一个成瘾者比常人更难拥有健康的自我感,那是因为在成瘾的大脑中,反应模式、情绪和思维造成了自我感觉的剧烈波动。因为调节欲望和痛苦感受的能力受损,所以成瘾的心缺乏稳定性。因此，成瘾者们所经历的心理振荡和波动也比大多数人的要剧烈许多。思维模式和情感状态以猛烈的速度和广泛的范围展开对彼此的凶猛追逐。生活摇摇欲坠，而成瘾行为和药物是成瘾者们为了增加生活的稳定感所做出的尝试。许多成瘾者以成瘾定义自己，没有成瘾就会觉得漂泊不定，无所适从。这种成瘾不限于物质依赖，工作狂和其他行为成瘾的人也是如此。他们害怕放弃自己的成瘾，不仅因为它们可以带来片刻的缓解，更因为少了成瘾，他们无法想象自己是谁。

纯然注意让我们能够以一种更客观的方式存在，让我们立于奔流不息的思绪、反应和情感的生灭之外，让我们可以强化那个有意识地去观察、了解和做决定的部分。它让我们可以观察到我们自导自演的内心戏的原貌，观察到我们的内心戏的独特"架构"。

精神科医师和冥想导师马克·爱泼斯坦（Mark Epstein）写道："纯然注意的强大转化潜能来自，它以一种看似简单的方式，要求我们将反应与核心事件本身区分开。"

很多时候，大脑处于一种应激反应状态下。我们将之视为理所当然，从不质疑我们对自身反应的自动化认同，于是我们就只能任凭充满恶意和沮丧的外部世界，与极端崩溃和恐怖的内心世界主宰我们的体验。通过纯然注意，我们从自动认同恐惧或沮丧转换到一个更有利的位置，在这个位置上我们可以像对待其他事物一样，以平静的好奇来关注恐惧或沮丧。这种转换可以带来巨大的自由。练习纯然注意的人不会逃离困难的情绪，也不会紧紧抓住令人迷恋的情绪，反之，他们渐渐开始能够容纳所有的反应：为它们提供空间，却不完全认同它们……[15]

鉴于成瘾的根本就是试图逃离痛苦情绪或执着于抓取快乐，纯然注意可以化解成瘾的心产生的动机。

我在下一章中给出的建议是通过直接处理情绪来达到减压的目的，它或许看起来和纯然注意相冲突，因为纯然注意是让我们觉察转瞬即逝、变化无常的情绪的本质。但事实上，二者的本质都在于用心关注我们心中所发生之事，既不压抑感受也不被感受所支配。

$\frown$

我们已经得知，痛苦的早期经历塑造了成瘾的神经生理学结构，造成了令人倍感煎熬的心理状态，而成瘾承诺可以缓解这种状态。然而你如果能以有意识的关注留意自己的心理过程，就会发现一件令人惊奇的事：我们当前的不幸并非源自我们的过往，而源自我们认识和体验当下的方式，而我们往往让过去决定了自己如何认识和体验当下。一个人可以从殴打中存活下来，但如果他确信自己被殴打是因为自己活该，或者因为这是一个残酷的世界，那么他恐怕无法维持心理健全。一个孩子可以从性侵中康复，但如果她觉得虐待是自己应得的惩罚，把事情怪到自己头上，她就将永远虚弱无力；如果她认为自己只能通过性行为来获得爱或接纳，她则将无法成为一个可以自尊自爱的成人。一个受忽视的孩子或许无助，然而真正的损害发生在他开始相信自己将会永远无助的那一刻。忽视、创伤或者情感丧失所造成的最严重的伤害不在于当下的折磨，而在于它们所导致的一种扭曲的解释世界的方式，这个孩子此后会一直以这种方式解释他的世界。很多情况下，这些病态的内隐信念在我们的生活中形成了一个恶性循环。我们对早期事件做出无意识的解释，赋予它们意义，然后又按照这些意义来编纂我们当前的经历。不知不觉中，我们开始根据过去的叙事编写未来的故事。

我母亲在我满一周岁之前就把我从布达佩斯犹太居住区中送走了。虽然这个决定很可能拯救了我的人生，但我只能以婴儿唯一知道的方式体验它：被抛弃。它给我留下了一个永久的核心感受：我绝不能开放表达情感或表现脆弱。当我的妻子蕾伊对我说不，或在行为上惹恼我的时候，我的自动化信念是我被一个我渴望爱的人拒绝或抛弃了。而我的机械化反应是情感抽离和退缩。这是年幼孩童在体验到和父母的情感或物理分离时十分常见的反应。成瘾让一个人"坚不可摧"——它通过行为、物件或药物，让我们可以随时安抚痛苦、恐惧、爱的渴望等脆弱的情感。这是一种逃避亲密的方式。正念觉察可以将那些隐藏的、源于过去的视角带入意识之中，让它们不再限制我们的世界观。埃克哈特·托利写道："你停止对心念及其条件模式的认同的那一刻，你回归当下的那一刻，也是选择开始的那一刻。在那个时刻来临之前，你都是无意识的。"一旦我觉察到自己程序化的、想要从亲密中退缩的防御性冲动，我就可以选择是否执行这样的冲动。只要我尚存一丝理智，我又怎么会这么去做呢？当下的觉知可以帮我们从过往中解脱。

"失控的心念比最糟的敌人对你的伤害更深。"佛陀说，"善巧的心念能给你带来父母所不能及的助益。"〇

我并非要将冥想和正念描述为能治百病的灵丹妙药。要将一群仍在吸食可卡因的瘾君子或酗酒者赶到一起上冥想课，简直是异想天开。想要进行这样的练习，一个人需要有心理资源、愿意认清情绪的承诺、获得教导的途径，并且他的生活中要有一定的心理空间。这样的练习很难，尤其在初学阶段。然而，对于那些生活被成瘾所害，但还未被彻底控制的人，这些练习可以照亮他们前行的道路，帮助他们走向完整（wholeness）。

当有人问起我对于冥想的看法时，我惯用的回答是："我和冥想有着深远的关系。我每天都会想着它。"这是真的。数年来每日我都能听到静默独处对我的召唤，而我几乎每日都置若罔闻。就好像约拿不断从上帝的召唤中逃离，

〇　出自《法句经》。——译者注

直到被鲸鱼吞入它腐败的肚中。我如约拿一般，不断地逃离内心的纪律。我易成瘾的、有 ADD 的大脑总想从外界寻找逃离自身的方式。因此，我几乎总是在两种状态间切换：要么就过分一心多用地忙碌，要么就彻底瘫倒，而且既不放松，也不高兴。而冥想要求静止和自我观察，所以我从来也不会满心欢喜地张开双手想要拥抱它。

然而，在最近的一个禅修营中，我获得了突破：我意识到我对冥想练习有过分的期待，对自己也是——我想要精于此道。我期待发生令人精神振奋的事情，想获得深刻的顿悟。现在我知道这是一个温和的过程。我们不需要精于冥想，无须有所收获，也不必追寻任何特定的结果。和所有其他技术一样，唯有练习才能带来进步，而甚至进步都不是重点。唯一的重点就是练习。我发现的是当我练习冥想的时候，我可以在生活中获得更多安宁。我更冷静，可以更好地与自己的情绪共处，对他人更慈悲，对于外部刺激的反应也不那么激烈。换句话说，我成了更能自我调节的人，而无须依赖成瘾行为来安抚我。

正念练习自身无法让因成瘾而发热的头脑冷静下来，但它是常规疗法以外一种极有价值的辅助，不论是对成瘾还是其他困扰。这是一种对此时此刻的内心直接施加影响的方法。"正念可以改变大脑。"精神科医师和大脑研究学者丹尼尔·西格尔指出："你关注当下的方式是怎么改变你的大脑的呢？我们关注的方式可以增强神经可塑性，改变对经验做出反应的神经连接。"[16]

我们可以在一天的任意时刻练习正念，它不仅局限在冥想蒲团上。练习正念的技巧有许多，但最终它们的核心都是关注每时每刻的体验，而不寻求分散注意的刺激。现在我散步时不再戴着耳机听音乐。我试图觉察当下我所体验到的身体、听觉和视觉感受，并留意我的心理过程和反应。有时候我可以一次保持这个状态足足三十秒钟，直到我的心又匆匆神游太虚而去。我认为这就是进展。

第 28 章

四步加一步

———

本章概述了一种我认为有望用于克服行为成瘾（例如购物、赌博和强迫性进食）的具体方法。此方法也适用于所有想要摆脱自己功能不良的思维或行为习惯的人。它同时为成瘾大脑和心智的本质提供了进一步的线索。这些步骤不能构成对于成瘾的全面治疗，但是可以作为十二步戒瘾法或其他我在本书中推荐的疗法的辅助。这种方法要求我们以有意识的觉知进行定期的练习，如果只进行机械的练习则会毫无效果。

用有意识的关注来改变大脑的自动思维及其生理基底的方法，已经在 UCLA 成功运用在强迫症的治疗上了。我们之前也提到过，强迫症和成瘾行为在其动力层面是很相似的。二者都是冲动管理失调的表现。不仅如此，二者也都根植于焦虑。有强迫症的人认为如果他们不按照精确的次数、以某种特定的方式进行特定活动，就会有灾难发生。而成瘾者的行为或物质使用也是为了缓解焦虑——缓解对生活或对自身不足的不安。强迫症和成瘾都存在杰弗里·施瓦茨博士所形容的"脑锁"现象：由于大脑的传送机制无法回归"中立"状态，卡住的神经齿轮就促使当事人因念头而持续不断地行动。当强迫或成瘾的念头出现时，强迫或成瘾的行为就会紧随其后。此外，二者在生物化学水平上也有共通之处，例如，二者都存在血清素等神经递质系统的紊乱。

施瓦茨博士及其同事发展出的这个方法将有意识的关注系统地分成四个步骤。他们通过脑部扫描发现，强迫症患者在较短的、持续且有纪律性的练习之后，原先被强迫症锁住的大脑回路发生了变化。前述的"脑锁"开始打开，患者也就能从先前导致强迫行为的荒谬想法中解脱出来。同样的四步法可否用于成瘾干预呢？"我没有做太多有关成瘾的工作。"施瓦茨博士告诉我，"但是考虑到成瘾也涉及侵入性冲动和重复行为的问题，我们有理由相信这四个步骤对成瘾治疗或许会有帮助。"

经施瓦茨博士的善意许可，接下来我将展示针对成瘾的康复治疗略做调整后的四步法。$^{\ominus}$虽然还没有任何临床证据直接支持这个特定的应用方式，但是它所基于的杰出理论基础足以预测它的价值。这个方法和传统的十二步戒瘾法一致，但并非要替代后者。其他成瘾领域的医生也表示过，他们对把这个技术应用在自己的工作中感兴趣。如果有人对个人证据感兴趣，我会很乐意提供我的证词：这个方法给我带来了很大的变化。

UCLA 的医学院设计了这套针对强迫症的治疗方案，并将之正式命名为

⊖ 施瓦茨博士的第一本书《脑锁》详述了 UCLA 的四步法。这本小书面向有强迫症的普通读者，但它确实包含一些建议，可以用于处理具有成瘾特点的情况，包括暴食、性成瘾、病态赌博和物质滥用。

"四步自我干预法"（Four-Step Self-Treatment）。不用说，这个方法成功与否取决于当事人的动机。正如我之前所述，强迫症患者的动机普遍较高，他们的症状体验本质上是痛苦的，但成瘾并非如此。物质或行为成瘾者至少可以指望最初因大脑的激励 – 动机和依恋 – 奖赏回路的激活而流出的快活感，他们所感受到的痛苦是滞后的，而非即时感受。我们无论如何都不能绕过第 26 章末尾处提到的第一步，即我们在可以有效使用 UCLA 的四步法之前，必须要先迈出的第一步——承认成瘾的全部影响。我们必须下决心直面成瘾对我们内心的影响力。

四步法基于一个对理解强迫症和成瘾等问题很有效的观点：这些行为都根植于功能不良的大脑回路，以及脱离现实的内隐叙事和信念。如我们所见，这些是成瘾的核心问题，因为大脑和心智的发展受到了早年经历的负面影响。四步法的前两个步骤将适应不良的行为放在了大脑机能障碍这个背景中来理解。第三步则将大脑指向一个更积极的关注焦点。通过足够的时间和前三步所提供的精神空间，第四步提醒成瘾者其改变动机。为了更好地支持这个过程，我增加了个人觉得很有帮助的第五步。

对于四步法的练习需每日进行，至少一天一次。而任何你感受到成瘾冲动的强烈影响，想要屈服于它的时刻，也都适合进行这个练习。找一个地方坐下来，并写下你的感受，最好是一个安静的地方；但如果你产生成瘾冲动的地方是一个公交车站，那么在车站写也没问题。你需要对这个过程进行记录，所以最好能够随身携带一本记事本。

在此提醒各位一个可能出现的陷阱。我有一个倾向，这个倾向常见于 ADD 患者身上：我会在计划开始的前期有很大的热情和决心，但是没过多久可能就会因一些反复或失败而彻底放弃。"我已经尝试过了。"我会这么告诉自己，"但这个方法对我无效。"这种态度在成瘾的自我康复练习过程中也很常见，因为成瘾的一个特征就是反复发作。我必须理解没有有效或无效的"方法"：需要起效的是我自己，而不是"方法"。决心和承诺是什么？它是一种坚持，不是因为"有效"，也不是因为我享受这个过程，而是因为我有意愿超越那些短暂的感受或想法。四步法也一样。你无须感觉或相信它对你有效：你需要先去做，并且意识到即使复发，也不意味着你失败了。它只意味着一个重新开始的机会。

步骤一：重新标记（Re-label）

在步骤一中，你将成瘾想法或冲动按其本来面目标记出来，而不将之混淆为现实。例如，我可能会觉得我必须停下手头的事，立即去古典唱片店。这种感觉以一种需求的形式展现出来，一种迫在眉睫且必须得到满足的需求。另一个人可能会说他需要立刻来块巧克力，或者视他们成瘾的目标或对象，需要立刻做这样或那样的事。当重新标记时，我们可以放下需求的言语。我对自己说："我并不需要买任何东西或者吃任何东西，我只是有一个'我有这样的需求'的强迫想法。这是一个虚假信念，而非真实、客观的需求。我可能会有一种迫切的感受，但是事实上没有发生任何迫在眉睫的事情。"

在步骤一中以及其他所有步骤中，要点是有意识的觉察。唯有通过有意识的意愿和关注，而非生硬的重复，大脑模式、想法和行为才能产生积极的改变。我们需要充分感受那种冲动背后的迫切感，将之标记为成瘾的表现——而不是我们必须依从照办的客观需求。施瓦茨博士写道："通过重新标记，你将不偏不倚的观察者带入了这个过程。这个不偏不倚的观察者是亚当·斯密在《道德情操论》一书中的核心角色。他将不偏不倚的观察者定义为一种能够站在自己身外观察自身运转的能力。在本质上，它和古老佛教中正念觉察所指的精神活动是一样的。"[1]

重新标记的目的不在于让成瘾冲动消失殆尽——这种冲动在很长一段时间内都不会消失，因为它很久以前就已经被植入大脑了。它因你每一次的屈从或强行抑制而强化。重点是以有意识的关注去观察它，而不在它身上附加任何惯性含义。这不再是一种"需求"，而只是一个功能不良的想法。毋庸置疑的是，这种冲动必然会再回来，而你也会再次以决心和正念的觉察对它进行重新标记。杰弗里·施瓦茨强调："有意识的关注是关键所在。大脑的生理变化依赖于大脑心智形成的一种精神状态，一种叫作关注的状态。关注是至关重要的。"[2]

步骤二：重新归因（Re-attribute）

"通过重新归因，你可以学习直接将责任推给你的大脑——这是我的大脑传递的一个错误信息。"[3] 这个步骤的目的在于：把重新标记的成瘾冲动与其真正的源头相联结。在步骤一中你认识到有进行成瘾行为的冲动并不代表你真有这样的需要，也不代表你"必须"做什么，它只是一种信念而已。在步骤二中，你非常清晰地陈述这种冲动的来源：它源自久远的过去，源于在孩童时期被编码进大脑的神经回路。它代表了大脑某些部分多巴胺或内啡肽的"饥饿"，因为你的早年生活缺乏让这些部分充分发展的条件。它也代表了未得到满足的情感需求。

重新归因和对自身的慈悲好奇直接相关。不是去责怪自己的成瘾想法或欲望，而是冷静地问自己这些欲望为什么对自己有如此大的影响。"因为它们深植于我的大脑，它们在我压力大、疲劳、不开心或无聊的时候很容易被触发。"它不是一种道德沦陷或性格软弱的表现，它所体现的只是曾经失控的生活境遇的影响。你能控制的是如何回应当下的冲动，你可以控制对当下冲动的回应。那些塑造了你的大脑和世界观的压力境况并非你的责任，但是现在开始，你可以为自己承担起责任。

重新归因帮助你更全面地看待你的成瘾冲动，帮你认识到它的重要程度不会大于一次短暂的耳鸣。正如耳鸣并不是外界的钟声造成的，成瘾冲动也不来自真实的需求。它仅仅是一个想法、一种态度、一个信念、一种自动化大脑机制中产生的感觉。你可以以一种有意识的关注观察它，然后将它放下。世界上有很多更好地补充多巴胺或内啡肽的方式，也有更好地满足活力和亲密感需求的方式。

重申一下，不要因为你曾一度放下的东西再次归来而觉得沮丧受挫。它会回来，而且很可能很快就会回来。当它回来时，你会重新标记并归因："你好，古老的大脑回路，我看到你仍很活跃，不过我也一样。"如果你可以改变对这些古老回路的回应方式，你终有一日会削减它们的力量。它们会持续一段时间，甚至可能持续一辈子，但只能顾影自怜。它们的影响力不复存在，也无法再对你造成强大的压力或吸引力。你将不再是它们手中的傀儡。

步骤三：重新聚焦（Re-focus）

通过重新聚焦这一步，你可以为自己争取一些时间。虽然你可能会有强烈的冲动想要吃饼干、开电视，或驾车去商场或赌场，但是这些冲动都不是永久存在的。作为一种精神幻象，它会消失，而你需要给它时间让它消失。最重要的原则正如施瓦茨博士所言："最要紧的不是你的感受，而是你的行为。"

你可以通过找些别的事情做，来避免投入成瘾活动。最初的目标不大：你只需要为自己争取 15 分钟的时间。你可以选择一件自己喜欢并且可以积极投入的事情，最好是比较健康或有创造力的活动，不过任何可以让你开心而不会造成更大伤害的事情也都可以。当成瘾警报响起的时候，你可以不屈从于它，而去散个步。如果你"必须"驾车去赌场，就打开你的电视；如果你"必须"看电视，就放点音乐；如果你"必须"去买唱片，就去骑会儿车。任何可以帮你度过这个夜晚，或接下来的 15 分钟的事情都可以。杰弗里·施瓦茨建议："在治疗前期，体育运动尤其有效。但最重要的是，无论你选择什么活动，它必须是一件你自己喜欢且享受的事情。"[4]

重新聚焦的目的，是教会你的大脑它并不需要服从成瘾的召唤。它可以练习"自由地拒绝"。它可以做出别的选择。一开始你可能 15 分钟都无法坚持下来，没关系，那就坚持 5 分钟，并在你的日记上记录这个成就。下一次，你可以尝试 6 分钟，或 16 分钟。你要训练的不是百米冲刺，而是一次单人马拉松。成功会以逐步递增的方式到来。

当你从事替代活动的时候，对你所做之事保持觉察。你在做的事情是很艰难的，即使它在别人眼中十分简单——那仅仅是因为他们无须和你独特的大脑打交道。你知道即使只是坚持一小段时间，都是一种成就。你在教授自己陈旧的大脑一些新的把戏。虽然俗话说"老狗学不会新把戏"，但你不同，没有任何人可以告诉你你做不到。

步骤四：重新评价（Re-value）

这个步骤其实应该被称为贬低价值。它的目的在于钻入你厚厚的头骨，揭示成瘾冲动造成的真实冲击——灾难。你对此已了然于心，这也是你会开始这四个步骤的原因。正是因为那些负面的影响，你才提着自己的衣领，克制自己冲动行事：你重新标记，重新归因，并重新聚焦到一些更健康的活动上去。在这个重新评价的步骤中，你会提醒自己，你为什么要让自己遭这些罪。当你将事物的原貌看得越清晰时，你就越自由。

我们知道成瘾的大脑会赋予成瘾事物、药物或行为一种错误的高昂价值，这个过程被称为"显著归因"。成瘾的心被愚弄，误将成瘾对象当成自己的第一要务。成瘾占据了你的心智，掌管了你的依恋－奖赏和激励－动机回路。成瘾盘踞在原本属于爱和活力的地方，扭曲了大脑回路（包括眶额皮质在内），导致了一种错觉：你误以为只要通过成瘾就可以拥有的体验，其实唯有通过真诚的亲密关系、创造力和踏实的努力才能获得。通过这个重新评价的步骤，你贬低冒牌货的价值，赋予它们更合理的价值——一文不值。

这些成瘾冲动对我造成了怎样的影响呢？你或许会这么问。它使我挥霍无度，使我不饿的时候把肚子塞得浑圆，使我疏远我爱的人，使我把精力浪费在那些我事后追悔莫及的事情上；它浪费了我大把的时间；它滋养了谎言、欺瞒和伪装，一开始它欺骗的对象是我自己，之后则发展为所有我亲近的人；它使我感到羞耻和孤独。它承诺欢愉，却带来苦痛。这就是成瘾对我的真实价值，是我们放任失调的大脑回路，让它掌控生活所导致的影响。我的成瘾强迫的实际"价值"在于：它使我背弃了我真实的价值观和真正的目标。

将步骤四写出来，并用心体会。写出来是很必要的。如果有必要，你可以一天写好几次。你可以描述得具体一些：比如成瘾冲动在你和妻子、丈夫、伴侣、好友、子女、上司、员工、同事等的关系中有何价值？比如昨天，你允许成瘾冲动支配自己时发生了什么？上周发生了什么？今天又会发生什么？当你回忆这些事件，或当你设想自己持续被成瘾的强迫掌控的未来时，请密切关注你的感受，觉察你的感受。这样的觉察将会成为你的守护者。

请以一种不带评判的方式进行此步骤。你在收集信息，而不是在对自己进行刑事审判。基督有言："如果你可以展现内心的力量，那么你已然拥有的便足以拯救你。"[⊖]在很多方面看来事实都是如此。你内心熟知自己此前屈从的冲动，以及它的真实价值。借用施瓦茨博士的话："你越是可以有意识、积极地参与这个重新评价过程，评价成瘾冲动对你造成的致命影响，你就可以越快、越顺畅地进行重新标记、重新归因和重新聚焦等步骤，而你大脑的'自动传输机制'功能也能越稳定地恢复。重新评价可以帮助你改变行为方式！"[5]

施瓦茨博士介绍了他称为"双 A"的过程：预期（Anticipate）与接纳（Accept）。预期指的是知晓成瘾的强迫冲动会再次出现。这里面没有所谓的终极胜利，而对于欲望的每一次拒绝都是一次巨大的成就。可以肯定的是，如果

⊖　出自《圣经·多马福音》。

你可以持续运用四步法，遵循这几章的建议处理好内外部环境，成瘾冲动就会随时间逐渐丧失力量。如果在某个时间点它以全新的势力再次出现，你也不用觉得失望或震惊。你需要接纳的是成瘾不因你而存在，而是即便有你，它也会存在。生而如此并非你的错。这不是你独有的经历，上百万和你有相似经验的其他人也发展出了相似的机制。你所独有的是你在当下回应它的方式。你可以尽量贴近那个不偏不倚的观察者。

为了处理成瘾问题，我在这个四步自助疗法的基础上，擅自提出再加一个步骤。我将这个第五步称为重新创造。

步骤五：重新创造（Re-create）

目前为止，是生活塑造了你。在你有选择之前，根植于大脑回路中的自动机制操控了你的行动，并创造了你如今的生活。而现在是时候去重新创造了——去选择一种不同的生活。

你有你的价值观。你有热情、意愿、才能和能力。你的内心有爱，而你可以将这份爱与世界和宇宙中的爱相联结。在你重新标记、重新归因、重新聚焦和重新评价的过程中，你可以慢慢松开那些束缚你的、被你紧抓的模式。由于你对购买、自我抚慰、遗忘、无意义的活动的成瘾需求，你的生活已经被破坏，那么你希望用什么样的生活来替代它呢？你选择创造什么样的生活？

同时，你也可以想一想，你可以参与怎样的创造性活动，因为创造性的表达是人类的普遍需求。我们可以以正念的方式尊重自身的创造力，这可以帮助我们超越引发成瘾的内心空虚感。无法表达创造性需求本身也会给我们带来压力。在这里我引用自己关于疾病、压力和身心一体的书《当身体说不》（*When the Body Says No*）的最后一页：

在成为一名医生后的许多年里，我过于沉迷工作而忽视了内心深切的需求。在我极罕见的允许自己静止的时刻，我留意到腹部深处的一个微小颤动，它是一种几乎难以觉察的骚动。一个个轻微的低语在我脑中出现：写作。一开始我无法描述它是一种烧灼感，还是灵感。随着我进一步倾听，这个声音越来越响亮：我必须写作，通过写作来表达自己，不仅为了让别人听到我的声音，也为了让我听到自己的声音。

我们被教诲说神明是以自身形象为基础来创造人的。每个人都有创造的欲望。而这种创造性的表达可以借助各种渠道：写作、艺术、绘画、音乐，或其他我们特有的创造性工作或渠道，无论是烹饪、园艺，还是社交表达艺术。重要的是我们需要尊重这种欲望。这么做可以为自己和他人提供疗愈，而违背这种欲望则会使我们的肉体和精神消亡。未曾写作时，我在沉默中几近窒息。

"我们内心所积压的必须得到释放。"著名的加拿大压力研究学者汉斯·塞利博士写道，"否则我们很可能在不恰当的地方爆发，或者绝望地陷入沮丧之中。最伟大的艺术莫过于以特定的渠道，按照大自然赋予的特有节奏，来表达我们的生命力。"

请写下你的价值观和意图。在此我重申一下，请以有意识的觉察来做这件事。想象自己以正直诚实、充满创造力、接触当下的方式活着，想象你可以怀着慈悲直视另一人和你自己的双眼。好的意图不会通向地狱，缺乏意图才会。重新去创造吧。如果你害怕自己被绊倒，我想告诉你跌倒是不可避免的，人都会跌倒。但跌倒后你会再次开始这个四步法——再加上这第五步。

第 29 章

清醒与外界环境

———

重要的不是我们的个性特征、驱力或者本能，而是我们面对它们时的立场。

人类的核心，在于我们具有选择这种立场的能力。

——维克多·弗兰克尔（Victor Frankl）

《追求意义的意志》（*The Will to Meaning*）

最近，我开始能够体验并欣赏"节制"和"清醒"之间的不同。

我之前曾提到物质使用者难以想象离开物质的生活会是什么样。他们的成瘾成了爱、联结、活力和喜悦的化学替代品，而让他们戒掉这样的习惯，意味着让他们放弃这些令他们感到值得一活的情感体验。安妮是一名 43 岁的温哥华大学讲师，她在 1991 年 3 月 17 日喝了一杯酒，那是她喝的最后一杯酒。此后她一直在参加匿名戒酒协会。"我很清楚我必须停止喝酒。"她回忆道,"但同时,我一直在想:'这怎么可能呢?如果我不喝酒的话我去哪儿找性爱呢?我怎么社交呢?你说……我怎么能睡得着呢?我什么都做不了……'我无法想象没有酒精的生活。我以为它在帮我。其实我就是在否认。它让一个人以为成瘾在提高他的生命质量,改善生活,满足他的基本需求。"

像我一样的行为成瘾者也面临着相似的尴尬处境。不论是通过购买唱片还是无休止地工作,我的成瘾都是在填补一种空虚感。甚至"只是停下"的想法都会给我带来一种丧失感。我的冲动和行为源于我毫无耐心的情绪机制,在这样的机制面前,理性层面的认知显得苍白无力,即使它不断提醒我离开强迫的旋转木马。

有两种方法可以让我们戒绝某些物质或行为:一是用一种更积极甚至令人愉悦、对你更有价值的选择作为替代;二是强制自己远离渴望且深受吸引的事物。第二种形式的禁绝需要令人敬仰的勇气和耐心,却仍可能带来消极的体验,更何况它还蕴含一种潜在危险。人类对任何形式的强迫都有一种与生俱来的反抗。我的朋友戈登·诺伊费尔德博士将这种面对胁迫时产生的自动式抗拒称为"反意志"(counterwill)。无论何时,当一个人觉得被控制,或感到必须听命于他人的压力时,它都会被触发。即便施压者是我们自己,我们也会产生反意志来对抗这种压力。我们可以在各种人与人的互动中观察到反意志的影响。我们最容易在叛逆的孩子习惯性地说"不"时观察到这个现象,但在我们自己以及其他成人身上其实也很容易观察到这个现象。就像那首老歌《妈妈不让》(Mamma don't Allow)里唱的,没有什么比"被禁止"更能激发我们的抗拒的事了,即使这个禁令的颁布者是我们自己。常见的口头禅是:"我们才不管妈妈不让做什么,我们偏要继续……"

因某一方面的禁绝而引发的挫折感与抗拒感,往往会导致成瘾过程在另一个方面爆发。安妮说:"你必须停止物质使用。你只有这么做了,才能开始改变自己。在我刚戒酒那会儿，我开始暴饮暴食，然后体重剧增。戒酒后，我对孩子也变得更加暴躁。"只要一个人有自我安抚的需求，或者从生化角度说，有刺激大脑分泌多巴胺的需求，一种成瘾行为就会自动找到一个新的替代行为。比如，我们观察到很多人在戒烟后会开始暴饮暴食。"当然，暴饮暴食还是好过酗酒。"安妮补充道，"你甚至可以说，食物对我而言已经是一种减害的方式了。"

我所追求的从来与成瘾物质（药物、酒精等）无关，因此我可以从一种欲望轻易地转移到另一种上，且仍对驱动它们的潜在成瘾过程毫无觉察。然而，当我开始认识到清醒与简单的禁绝之间存在本质上的不同时，我发现自己拥有了更多力量。现在我可以去接近那些更积极、轻盈、没有负担、不需要刻意或外在的支持就能给我喜悦的事物了。对我个人而言，清醒意味着从内在冲动中解脱，并按照我所信仰的原则生活。与禁绝不同，我对清醒的体验不是约束，而是解放。我不是说我已经完全清醒了。我是说我可以辨别并珍惜"有意识的觉察"（清醒的另一种称谓）。比起我过去花了许多时间和精力去追逐的虚假的物质和虚荣心的满足，这样的清醒还更让我兴奋。

选择清醒不是回避那些对我们有害的行为，而是想象我们根据我们自身的价值观去筹划生活。清醒在不同人身上的表现不同，然而一致的是，清醒会让当事人本人，而非他的成瘾冲动，去引领他的生活。

究其根本，所有十二步戒瘾法项目的目标都不是禁绝，而是清醒。"在那些过往被酒精填补的需求背后，我真正的需求是什么？"安妮说，"是依恋、同调、社区归属感、被人喜爱、可以爱人、可以喜悦、可以做自己。而匿名戒酒协会，以及我在其中所学到的，帮我更成功地、以更恰当的方式满足了这些基本需求。"

我说过，创造一个外部环境，一个可以支持人们往有意识的觉察发展的环境，是康复过程中必不可少的。对许多人而言，不管是酒精等物质成瘾者，还是赌博或性等行为成瘾者，十二步戒瘾法项目都是康复环境的重要组成部分。

十二步戒瘾法中蕴含的洞见和方法深入成瘾过程的核心。以那个让成瘾者联系互助对象的方法为例，每当成瘾者感受到成瘾冲动的威胁，感觉冲动将占上风时，他可以随时联系他的互助对象，不管这是一种喝酒的冲动，还是去赌场打牌的冲动。当成瘾者拨打这个电话时，他会意识到自己面对欲望的无力感，或者说意识到自己的大脑皮质难以调节冲动。在这些脑回路发展出它们自身的力量以前，互助对象可以扮演监督者的角色。通过和成瘾者的交谈，互助对象可以帮助成瘾者抑制他们的冲动。当我们可以言语化这些冲动时，我们就可以避免付诸行动。

虽然十二步戒瘾法项目并不适用于所有人（也没有什么东西是适用于所有人的），但它为许多人提供了最可靠的康复环境。这些项目并非完美无瑕，它们自身甚至可能带有一些成瘾特质。作为一个由人组成的机构，它们偶尔可能还会成为大家八卦或获取利益的平台。然而，和医学治疗相比，这些项目无论在情感上还是生理上，都拯救了更多生命。我在此不会对它们进行进一步的阐述，更多是因为我没有亲身体验过。对十二步戒瘾法项目的叙述已然很全面，包括从历史、心理、应用、个人、宗教等不同角度。我也曾阅读过一些从基督教、佛教、道教等角度写的关于十二步戒瘾法的极具启发性的著作。

我终究没有为自己选择十二步戒瘾法项目。我很难给出一个原因——虽然我唯一参加过的那一次会议给了我很积极的体验，但它似乎与我不合。然而我也承认，要承诺参加任何一个长期项目对我来说都很困难。话虽如此，十二步戒瘾法的原则，以及我和项目成员的讨论，对我都是很有助益的。我鼓励任何有成瘾困扰的人去了解十二步戒瘾法，即使你对参加团体本身不感兴趣。

⌒

不久以前发生了一件事，它让我意识到我的成瘾态度已经彻底渗透了我的生活，并显著影响了我周围的人。我的这种体验和许多成瘾者的十分相似。

我的迟到行为可以说经年累月、臭名昭著——工作迟到、开会迟到、家庭聚会迟到。我一直都将这个习惯归咎于我的 ADD，因为缺乏时间观念是 ADD 的显著特征之一。2006 年 9 月中旬的一个周五下午，我坐在自己的车里，在科尔特斯岛上等待轮渡到来。科尔特斯是蜀葵中心的所在地，蜀葵是一个聚会和疗愈的海边圣地，许多人远道来此参加研讨会和各种身心疗愈项目。我在此刚刚结束为期五天的身心健康工作坊的带领工作。看着渡船从远处驶来，我仍沉浸在参与者表达的温暖感激之情中，他们中的许多人表示体验到了有重大转变意义的深切领悟，以及一种觉醒的生命力。我的脑海中充满了"看我是个多棒的家伙呀"这样的想法。然后，我在掌上电脑上打开了我的邮箱。第一封邮件来自苏珊·克雷吉，她是我在波特兰诊所的健康协调员。这封邮件是一场压抑已久的愤怒和挫败的大爆发。在我离开的这一周里，我的代班医生每天都准时到达。苏珊写道：医生的准时带来了巨大的不同。"金姆和我不用每天在候诊室听那些烦躁的病人的咒骂了——老迟到的人是你，可受折磨的却是我们。"她还提醒我，我曾经做出各种不再迟到的保证，但一次又一次食言了。"你这么做只是因为他们是瘾君子，你就觉得无所谓了。你推说自己忙着写成瘾的书，但你已经迟到好多年了，在你有写书的想法以前你就开始迟到了。"我在掌上电脑的小屏幕上读着这封邮件，被这些话中饱含的愤怒深深震撼。

我的第一反应是愤怒（这是成瘾的心抵抗羞愧的惯用方式），但是这种愤怒只存在了一瞬间。随即，我允许羞愧的感觉冲刷自己，既不抵抗也不任其摧毁我。之后，我开始觉得感恩。在罗马皇帝带着战利品和俘虏，凯旋游行于欢呼的人群中时，他身后的战车上有一个奴隶。这个奴隶的主要职责就是在皇帝耳旁定时低语："陛下，您终有一死。"生活总会在我们最需要的时候找到合适的方式，将这些信息传达给我们。苏珊帮了我一个大忙，她提醒我，我在现实中缺少清醒和正直。

如果不将我的习惯性迟到归咎于 ADD 的特征，那么它其实代表了三个有关成瘾过程的因素：①冲动控制匮乏，即我会继续做当下吸引自己的事，而无法确保自己按时抵达；②对将来的后果考虑不周，用心理学家、ADD 研究学者罗素·巴克利（Russell Barkley）的话来说就是"忘记考虑将来"；③对自己的行为对他人可能产生的影响考虑不周。我此时才清晰地意识到成瘾过程，以及与之相伴的世界观，已经严重污染了我的生活。

成瘾主要与自我有关，与那个无时无刻不在思考自己的即时欲望，并感到自己没有选择的无意识、不安全的自我有关。所有成瘾都源于无助孩子的需求无法获得满足时升起的持久自恋，而这最初只是一种求生手段。他的核心迷思是自己不能依赖于滋养性的环境。他早年的丧失印下了一个刻骨铭心的炙热信念：世上根本不存在这样的环境。

成瘾者的心受困于他无尽的担忧之中，而唯有成瘾物质或行为才能给他些许安抚。无论在何种情境之下，饥饿和迫切的欲望始终存在。我的家人曾说起，当我吃东西时，除非我格外留神，否则我的习惯是埋头狼吞虎咽，仿佛下一秒食物就会从我眼前消失一般。而我一生中对挨饿和食物匮乏的体验只有一段时间：那是我出生的第一年，也就是我住在被纳粹占领的布达佩斯犹太居住区的那段时间。那段短暂的时间已足以编写我的大脑程序，建构一个充满不确定性的、严苛冷漠的世界。一旦编码成功，成瘾的心就会创造一个空虚的世界，在那里，一个人必须随时搜刮攫取每一滴养分。他需要随时保持警觉，抓紧每一个机会以获取更多养分。成瘾者往往还未从婴儿发展阶段中的自恋期成长出来。在那个自恋期里，孩子觉得所有事情都是因为他、针对他或为了他而发生的。他自身的需求是他唯一的参照标准。我们在某一发展阶段的需求得到充分满足后，方能成长到下一阶段，这时大脑才能学会放下。然而，成瘾的心从未真正放下。

苏珊的邮件教育了我，它到来的时机正好，现在正是我的内心可以安全接纳的时候——我既不能否认它的真实性，又不会被它勾起的羞耻淹没。在此之前，我正在工作坊中教授和示范慈悲的好奇，谁想到我自己也能有所收获呢。当我将它应用到自身行为上时，我既不会把长年累月的迟到视为一种人格缺陷而自我谴责，也不会把它视作一个我可以轻率忽视的"琐事"。它是我成瘾的心企图维持自身自由和控制假象的又一次努力。当我想着"没有人可以命令我什么时间做什么"时，我就在展示自己对承担责任的顽固拒绝，而这是成瘾的又一个特征。当我这样审视自己的行为时，我终于可以放下它了。

我一到家，就开始回邮件：

> 谢谢你如此清晰明确的信息。我没有什么可辩驳的，因为你完全正确。我唯一无法承认的是，你说我总迟到是因为这些患者是瘾君子。关于这点，你只需给我之前的护士玛利亚打个电话就知道了，我之前私人执业时也是一样的情况。当然，这无法成为我的借口。

我上班迟到的原因多种多样，其中之一是我在清晨或午休时总要去逛一下西科拉唱片行。本应在治疗成瘾患者的我，却自己陷入了成瘾中。我继续给苏珊写道：

> 我已经做过太多承诺，再继续承诺也没什么意义了。因此，我们来试一个更实际的方式吧——周一上午我会在 9 点半到达。我会带上 10 张 100 加元的签名支票，支票会开给波特兰酒店协会。任何一天，只要我晚到一分钟，你就可以签上日期并兑现支票。一旦这 10 张支票用完，我就会再带 10 张来。
>
> 再次感谢。我对自己给你们造成的困扰和给来访者带来的不便深表歉意。

这次邮件互动发生在 2005 年 9 月底。截至 2007 年 5 月，苏珊已经兑现了 9 张支票。诊所的氛围有了巨大的转变。我可以摆脱羞耻，直面我的来访者了，而我的同事也无须再为我的迟到而进行补偿，并掩饰她们的怨恨。这种感觉很好，清醒的报酬芬芳而甜美。

这些支票不是一种自我惩罚，它们建立了一种有助于我清醒的机制。如果我有足够的自律能力，它们或许不必要，我只要按时到达就好。它们对我的作用如同互助对象对于十二步戒瘾法的新成员的作用：清晨，每当我的冲动再次升起，诱使我继续在电脑前写作或继续在健身车上运动时，那些损失的收入就会提醒我要承担责任。它们帮我约束功能不足的掌管冲动控制的前额叶大脑回路。这样的系统建构可以帮助我们创造一个有利的外部环境，支持心理觉察和负责行为的发展。所有的成瘾者都需要它。

另一个我承诺执行的心理建构是要坦诚以对。比如，在我完全停止购买唱片之前的几个月内，我对自己的行为毫无隐瞒。每当我带了一张新唱片回家，我就会如实告知蕾伊。慈悲的好奇使我发现，我没有什么好遮掩或隐瞒的。我并没杀人放火，我只是买了一张交响乐唱片。当成瘾冲动被暴露于日光之下时，它的力量就会停止增长。我疯狂的购买冲动减少了许多。即使我偶尔逛唱片行，也不会激发自己当天或次日再次回去的强烈冲动——这是我享受到的又一种自由。我还发觉自己毫无内疚地享受音乐了。我建议所有成瘾者都尝试去袒露真相。如果你尚未做好完全放弃成瘾行为的准备，那就堂堂正正地选择它。告诉你的伴侣或朋友你在做什么，让它显露在日光之下。至少，不要让谎言进一步加剧你内心的羞耻感。在别人眼中再"难堪"，也好过陷入更进一步的自我批判。

最近，我还做出了一个承诺，承诺在 2009 年 3 月之前都不买 CD。蕾伊有 3 张我签了名的、每张面额一千加元的支票作为担保。现在是 2007 年 10 月初，我正在修改这本书的手稿。目前为止，一切顺利。我并没有因欲望受阻而感到挫败，恰恰相反，当我不再让成瘾主导生活时，我反而感受到了一种更令人满足的自由。同时我发现了另一个我始料未及的好处：正如成瘾会渗透你存在的方方面面，清醒亦是如此。当你不再依恋成瘾时，你会变得更加冷静，也不再依恋其他你曾以为重要、实则不然的事物。你的回应变得不那么自动化、僵化。当你不再有理由对自己过分苛刻时，你也就不那么容易在他人身上找碴。即使事情不那么顺心如意，也无法阻止你享受生活。

我并不建议所有的成瘾者都给伴侣或同事写支票，我的这个办法不一定适用于所有人。但每一个行为成瘾者都可以以自己的方式为生活建立一些机制，具体机制取决于个人的条件、选择和创造性。当然，与我相比，许多行为成瘾者面临的挑战要艰巨许多，但是任何一个成功实现清醒的人都知道，没有任何一种转瞬即逝的欢愉可以和诚实正直的生活带来的安宁相提并论。许多人将承诺视为对可能性的限制，然而承诺并非限制，反倒是喜悦之源。当你可以信守承诺时，你就可以掌控生活。引领生活的是你的价值观和意图，而非某些源自过往的机械化冲动。这种彻底的解放，比起屈从于某一瞬间的冲动所带来的虚幻的自由，要真实而有意义得多。

这里我想给读者一个重要的提醒：如果想在承诺中寻找解放，你要么自由表达，要么保持沉默。千万不要因为某种义务而承诺，也不要为了安抚他人而承诺。如果你不知如何对他人的期待说"不"，那么不论你的"是"有多么认真或充满善意，它都是不真实的。这是我从自身经验中学习到的。

⁓

坦诚可以让你更好地觉察自己的行为对他人的影响，十二步戒瘾法称之为**盘点**（taking inventory）。AA 的十二步戒瘾法中的第四步写道："我们愿意进行一次彻底、无畏的自我道德盘点。"凯文·格里芬（Kevin Griffin）是一名冥想老师、音乐家和康复中的酗酒者。他在《一次一呼吸：佛与十二步法》（*One*

Breath at a Time: Buddhism and the Twelve Steps）中写道："对于成瘾及酗酒者而言，道德盘点无可替代。"书中有这样的描写：

> 对我而言，盘点很怪异的一点在于，它让我承认我在世上是有力量的，我有力量伤害他人，这是我过去从未承认的。我在否认自身责任的同时，也常常否认自身言行对他人有任何影响。所以，尽管这种披露令人痛苦且充满毁灭性，但是承认我曾伤害过他人本身，就带给我力量。事实上，盘点是一种对过往因果报应的回顾。当我们假装自己的存在对他人不构成影响时，我们就在否认因果，否认行动和随之而来的结果的关系，我们假装起因和结果并不总会相伴发生。对我们的过往进行细致剖析，迫使我们进一步意识到因果的作用。当我们看到我们的行动如何伤害了他人和我们自己时，我们对于当下自己的作为就会变得更谨慎。当我们看到自身充满毁灭性的思维、言语和行为模式时，我们就开始发生改变，开始瓦解这些旧习，开始以不需要更多盘点的方式去行动。[1]

温哥华的大学讲师安妮回忆道："在我的第一次 AA 会议上，发生了一件事情。他们读了第十步——每日，反复地对自己进行道德盘点。○我豁然开朗，感受到内心的巨大转变。我想，这简直太明智了！我感受到了一种可能性，一种希望……我喜欢这个方法的可操作性。通过对道德感日复一日的审视，甚至一日中反复数次的审视，我看到了自己的优缺点。这个过程很大程度上降低了我的负罪感。而当一个人可以拥有自我接纳和较轻的负罪感时，要远离止痛药或酒精就容易多了。"

第十步称："我们需要持续进行自我盘点，并在自己犯错时及时承认。"通过在日常生活习惯中建立这种负责、非评价性的自我检视机制，通过承认自己

○ 换句话说，第十步是承诺每天有规律地进行第四步。更多关于十二步戒瘾法的内容请见附录 D。

的行为对他人的影响，我们可以减少自己所背负的业力负担。我们变得更轻松自由，也就不那么需要再通过成瘾来逃避。

————

要构建一个支持康复的外部机制，我们需要回避那些诱发成瘾想法和感受的环境或刺激。这些刺激源和环境因人而异，因成瘾行为而异。对成瘾者而言，它们是诱发成瘾行为的有力因子。比如，有些人习惯在酒吧中与友人畅饮时吸烟，这些人想戒烟就需要远离酒吧。以我为例，一旦想购买唱片的成瘾冲动开始占据主导地位，抵制自己的购买欲望就会变得十分困难。然而，我可以选择不看网上乐评——这个选择对我而言要容易得多。我也可以选择少听古典音乐。在我遛狗的时候，我可以专注当下，觉察每一刻的感官体验。换句话说，我可以避免总把音乐放在脑海中。

要建立一个有疗愈性的环境，也需要我们移除有毒物质，移除那些加剧成瘾冲动和诱发成瘾欲望的压力。当然，我们要超越禁绝，从一个更有生态性、可持续性的角度看待事情。

伊莎贝拉是一名已婚并育有三个孩子的母亲，她向我寻求关于她性成瘾行为的建议。这是一个她既不能放弃，也不能公开选择的行为。她有强迫性出轨。她是一名充满活力、二十几岁的危地马拉女性。她因自己无力戒除一个让自己无比羞耻、对家庭充满毁灭性的"嗜好"而感觉几近瘫痪。她一直在拼命地表达自我厌恶。我说："有没有这样一种可能，你的性瘾行为其实在你的生活中发挥了一些作用，或许它帮你忍受了某个让你很不开心的状况。可能你的生活中有一些你尚未完全意识到的压力。或许你把性当成了一种止痛药，一种暂时性的减压工具。"

我的话开启了她自我暴露的闸门。伊莎贝拉在少女时期就开始了这段感情。虽然她对这个男人毫无热情，但最终因自己内心模糊的负罪感和责任感而与他成婚。她开始感觉自己在经济上受控于他，还觉得他限制了自己的艺术表达需求。第二个孩子出生后，她放弃了自己颇为成功的珠宝设计生意，而这让她更感到自己依赖丈夫，而愈加怨恨。她还怀疑他喜欢男人，虽然他俩从未坦诚地讨论过他的性取向。简而言之，她承受着巨大的情感负荷。我的建议是，只有她处理好了生活中的压力，才可能停止成瘾的驱使。否则，她或许能够做到禁绝，但随之而来的代价就是抑郁或其他成瘾行为。事实上，她已经开始担忧自己抽大麻的行为了：在过去的 6 个月中，她的大麻使用频率已经从偶尔剧增到每日。

在成瘾的生态学中，压力占据显著地位。让我们来快速回顾一下目前已知的信息，以便将它们应用于康复中：

- 压力源是触发生理性压力反应的各种外部诱因，会导致激素分泌和神经放电的风暴，并波及全身各个器官和系统；
- 最强有力的压力源来自在生活重要领域中感受到的失控感和不确定感，这些领域可能有关个人生活、职业发展，可能是经济上或心理上的；
- 压力与成瘾的生物机制会在大脑中产生强大的相互作用；
- 因情感疏离或受人压迫而感到的压力会改变我们的大脑，使我们需要更多外界的多巴胺来源——也就是说，压力会导致成瘾风险升高；
- 压力是物质滥用以及其他成瘾行为的主要诱因，也是成瘾复发的主要诱因；
- 压力激素自身就具有成瘾性。

成瘾往往是一种误入歧途的解压尝试，一种长期的误入歧途。当然，成瘾物质和行为确实可以在短期内帮人们释放压力。

因此，从生态学角度来看，康复必然涉及应对压力。我们如果不能减少慢性压力的影响，就无法冷却大脑的成瘾回路。

以伊莎贝拉为例，和大多数人一样，压力源并不仅仅来自客观境遇，也来自她不断涌现的态度和看法，而它们又进一步激发并放大了外部压力。例如，她压抑对丈夫的恐惧和怨恨情绪。她坚信他是"控制的"，却从未表达过自己对经济平等和婚姻中合作关系的渴望。她怀疑他的性取向，却因为害怕"挑起事端"而对此闭口不谈。她渴望追求艺术的自由，却因害怕他的不认可而让自己止步不前。

知名压力研究学者布鲁斯·麦克尤恩（Bruce McEwen）博士曾指出，触发压力反应的一个主要决定因素是一个人看待情境的方式。[2] 我们根据自己的个人经历、性格、身体状况以及经历事件时的心理状态等，为事件赋予意义。所以，我们的压力程度并不取决于外部情况，而更多取决于我们在身体和情绪上自我照顾的能力。一些根深蒂固的我们"应该"如何的信念可能也会导致慢性压力。比方说，有些人可能发现他们无法拒绝工作上的要求，有些人可能无法拒绝来自伴侣、成年子女或原生家庭的情感期待。我们总得付出点代价，这个代价不是我们的身体健康，就是我们的心情或是内心的安宁。而这种时候，成瘾往往就以"解药"的形式出现了。

如果我们将成瘾视作唯一的问题，这将会导致我们忽视诱发成瘾的重要背景信息。

对于人类而言，多数压力都蕴含着强烈的情感。如果想要掌控成瘾过程，就必须做好准备，通过心理咨询或是其他渠道，坦诚直面这些来自工作、婚姻或生活其他方面的情感压力。

在我们的文化中，压抑情绪已经成了压力的主要来源之一，因此它也是成瘾的主要成因。科学研究表明，即使在啮齿动物中，情绪和心智的联系也不可忽视。玛丽安·戴蒙德博士在她伯克利的实验室中发现，受到温柔的悉心照料的老鼠问题解决能力会提高，它们大脑皮质的网络连接也会进一步发展。戴蒙德博士写道："因此，对促进情绪表达的大脑区域进行刺激非常关键。满足一个人的情感需求，不论在任何年龄段都至关重要。"[3]

想要从成瘾的桎梏中释放，觉察必不可少：觉察我们如何令自己不顺利并充满压力，觉察我们何时忽略了自身情感，限制了对自我的表达，挫败了源自人类自身的对创造性和有意义活动的追求，否认了我们对联结和亲密的需求。园艺中的生态学不在于单纯去除杂草。如果希望花园中生长出美丽的植物，我们必须提供让这些植物生根发芽的条件。心的生态学亦是如此。

当我们可以真正做到清醒时，就可以慈悲地回看成瘾时的自己。就好像小男孩匹诺曹盯着瘫在椅子上、仍是木头玩具时的自己，我们摇头道："还是小木偶时的我真是太傻了。"

第 30 章

写给家人、好友和照顾者的话

————

清不清净全在自己，无人能清净他人。

——《法句经》(*The Dhammapada*)

与任何成瘾者一同生活都是一件很令人沮丧、痛苦甚至怒不可遏的事情。家人、朋友和伴侣甚至会觉得他们面对的是一个具有双重人格的人：一个人格明智且惹人喜爱，另一个人格则阴险而冷酷无情。他们相信第一人格才是真实的，并寄希望于第二人格消失或离开。而事实上，第二人格是第一人格的阴暗面，它如影随形。除非光可以从另一个角度射入，否则影子永远不会消失。

成瘾者的亲近之人希望他能改变，这虽然是个再正常不过的愿望，却不可能实现。因为反意志，人们会对任何形式的胁迫产生抗拒感，而这则会让所有试图改变他人的努力功亏一篑，不管这种努力多么充满善意。当然，其中还涉及许多其他因素，包括更深层的、引发成瘾的汹涌的情绪暗流和大脑生理机制。成瘾者在面对一个尝试将他与成瘾习惯分开的人时，就仿佛情人在面对践踏其爱人的敌人：他会充满敌意。任何羞辱的企图也会瞬间激发他的愤怒。除非他愿意承担起掌控自我的责任，任何人都无法诱使他做什么。"没有任何技巧可以给人动力或者让人变得自主。"心理学家爱德华·L. 德西（Edward L. Deci）曾写道，"动力必须来自内在，而非任何技巧。当人们下定决心，做好准备为自我管理负责时，动力才会产生。"[1]

与当下流行的错误观念不同，对抗式的"严厉的爱"的干预往往无效。1999 年有一项研究，对比了对抗式和滋养式的家庭互动。科学健康记者玛雅·沙拉威茨（Maia Szalawitz）在《纽约时报》上评论："采取更温和方式的家庭成功让家人进入治疗的比例是 64%，是采取严厉方式的家庭（30%）的两倍。但是没有任何真人秀节目会去推广这种缺乏戏剧性的温和方式，用这种方式的咨询师也很少见。"[2]

成瘾者的家人、朋友以及伴侣有时面临一个抉择：要么选择与成瘾者在一起，并接受他们就是这样，要么选择离开。没有任何人有义务忍受这种不可靠、不诚实和情感疏离，但这些都是成瘾者的常态。对一个人无条件接纳并不意味着无论发生什么都不离开，而不计这对我们自身造成了多大伤害——这种职责只存在于父母与幼儿之间。成人与成人关系中的接纳或许仅仅意味着承认另一人如其所是，既不批判，也不因期待他们有所不同而让怨恨腐蚀自己的灵魂。接纳不意味着圣人般的自我牺牲，也不意味着永无止境地忍受背弃的诺言，或令人神伤的挫败和愤怒的破坏性爆发。有时一个人因害怕会内疚，故而选择留在成瘾伴侣身边。一名治疗师曾对我说："如果要在心怀愧疚或怨恨之间做一个选择，请务必选择愧疚。"此后我曾多次将这句话里的智慧传递给他人。如果拒绝为另一人的行为承担责任会令你愧疚，而接受会让你为怨恨所吞噬，那么请你选择愧疚。因为怨恨是一种灵魂的自尽。

是选择离开成瘾者，还是选择停留在关系中，完全取决于当事人。然而，如果选择陪伴并带着怨恨，心理上拒绝而情感上惩罚，甚至只是选择巧妙地操控来让他们"回头是岸"，那么后果往往不尽如人意。觉得任何人"应该"有所不同——这样的信念不论是对自己、他人还是关系都是有害无益的。

我们可能会为自己的所作所为冠以爱的名义。但事实上，当我们对他人充满批判，全力试图改变他人时，往往是为了自己。安妮是一名 AA 的长期会员，她曾说："酗酒者的妻子往往让她的丈夫进一步体验到了羞耻。她在对成瘾的丈夫说，他是坏的，而她是好的。或许她自己也否认了自身对某些态度的成瘾，例如自以为是、牺牲或完美主义。相反，如果妻子对丈夫说'亲爱的，我今天感觉很好，我今天只念叨了你酗酒的事一次。我在自以为是的成瘾上有了很大进步。你感觉如何？'比起试图操控他人的成瘾，这难道不是一种更有爱的对待彼此的方式吗？究其根本，如果成瘾过程的发展源自依恋匮乏，那么康复会包含建立依恋。与好的教养方式一样，真正的依恋关系是基于事实的。而事实是，当一个妻子认为她自己不需要在精神或心理上做任何工作，而将自己的情感或精神问题全都归咎于伴侣的行为时，她已经脱离了现实。"

那么，这是否意味着朋友、爱人或同事要对成瘾者的选择完全保持沉默呢？绝非如此。只不过，你如果希望自己的干预有任何成功的可能，并希望它们不会引发情况的进一步恶化，就需要以爱为基础付诸行动。你需要以一种不掺杂评判、报复或拒绝的，一种纯粹的方式来做这件事。你需要澄清你的目的：你的目的是划清边界并表达自己的需求，还是在试图改变另一人？或许，你发现自己不得不告诉你的伴侣或成年子女，他们的行为给你造成的负面影响：这并不是为了控制或责备他们，而是为了表达你可以接受什么，以及不能接受或容忍什么。你完全有权以你觉得必要的方式采取行动，从而获得内心的平静。关键在于你如何进行这个沟通。

如果你希望将成瘾者引向更充实、有意义的生活，就请放下你的自以为是。当你提出想与他们谈一谈时，请不要以一种要求的方式，而以一种邀请的方式，以一种对方可以拒绝的、开放的方式与他们对话。请承认他们"选择"成瘾往往有自己的理由，并承认成瘾对他们的重要性。"这是你试图克服痛苦，或者帮助自己渡过难关的方式。我可以理解你为什么走上了那条路。"⊖

我并非在描述一种技术：影响最大的不在于我们做了什么，而在于我们如何做。我们如慈爱的父母一般，还是如公诉人一般在做这件事？我们把自己视为友人，还是审判者？如果你想要改变成瘾者的生活，就需要先对自己进行慈悲的自我探索。我们需要检视我们自身的焦虑、目的以及动机。"清不清净全在自己。"佛陀如此教导，"无人能清净他人。"我们在尝试干预他人的生活之前，需要先问问自己：我自己的生活过得如何？那些我试图从朋友、儿子或同事身上驱逐的成瘾行为或许在我身上并不存在，但是我与自身的强迫或冲动又相处得如何呢？当我试图解放另一个人时，我自己又有多自由呢？比方说，我是否固执地希望他有所改变？我希望他可以联结到他真正的潜能，但我这么做是为了满足自己的需求吗？这些问题可以让我们避免将自身无意识的焦虑和担忧投射到他人身上，而这种投射是一种成瘾者会下意识拒绝的负担。没有人愿意被当作别人拯救计划的一部分。

如果进行一次勇敢的道德盘点对成瘾者至关重要，那么对他们周围的人也一样。Al-Anon（匿名戒酒家庭互助会）是针对酗酒者家人的自助团体，它指出酗酒是一种家庭疾病——所有成瘾皆是如此，所以整个家庭都需要疗愈。成瘾往往代表了一种家庭问题，这不仅因为成瘾行为会对周围的人产生有害影响，

⊖　在学习如何不带评判、充满慈爱理解地与他人交谈方面，马歇尔·卢森堡对于非暴力沟通的工作具有极高价值。我强烈推荐他的 DVD、CD 和著作，尤其是《非暴力沟通》。

更深层的原因在于：某些家庭动力很可能促成了成瘾的产生，而这些动力可能还在持续。虽然成瘾行为应该由自己负责，但是如果成瘾者周围有更多人可以为自身的态度和行为负责，而不是一味地责备或羞辱成瘾者，大家才更有可能获得内心的自由。

当成瘾者的亲朋好友可以不再认为成瘾者的行为是在针对自己时，他们就向前迈了一大步，尽管这一步会很艰难。对人来说，这是最艰巨的挑战之一，也正因如此，它成了许多智慧传统的核心教诲。成瘾者身陷成瘾习惯之中不是为了背弃或伤害任何人，而是为了逃离自身的痛苦。这是一种糟糕而毫不负责的选择，但是它并不指向任何人，尽管它确实会伤害他人。爱人或朋友可以公开承认它给自己带来的伤痛，但是认为成瘾者在有意背叛或伤害他们的信念，只会加剧他们的痛苦。

也许这听来有些奇怪，但与我工作的许多硬核成瘾者仍会对其他成瘾伙伴完全可以预料的模式感到震惊和痛苦。海尔是我在第 2 章提到过的一名海洛因和冰毒使用者，他曾说："无论发生什么，我都一直陪在乔伊丝身边。但是每次我一没钱，她就跑去找别人了。她一直向我借钱，但是从不还钱。她说借钱是为了买食物，但最后她买的东西都注射进她的手臂了。她怎么能一而再地这样对我呢？"

"我明白你的抱怨。"我回应，"一个有成瘾问题的人在以成瘾者的方式行动。海尔，我知道这令人感觉糟透了。但这会令你惊讶吗？你真觉得她这么做是在针对你吗？"

"我想不是。"海尔承认道。但是他每次都为之感到惊讶，并认为那是在针对自己。在他心底，他仍然是个孩子，并期待世界会有所不同。他一直无法整合和接受父母曾给他造成的伤害，他们无法以他需要的方式爱他，因此他也从未学到如何接纳自己。只要这种状况继续，在他与乔伊丝的关系中，他就会不断在悲伤和快乐的旋转木马上轮转。

成瘾者幼稚的行为和不成熟的情绪模式几乎是在邀请周围的人扮演严厉父母的角色。这并不是一种真诚的邀请，并且一旦有人接受了邀请，不论他们抱着多大的善意，最后都会遭到反抗。只要伴侣中的一方发现自己处于被抵抗或怨恨的处境中，这段关系就无法以健康的形式存活下去。

当成瘾者尝试邀请亲朋好友做他行为的监护人时，拒绝是一个非常明智的决定。成瘾者有时候会这样转移责任。对那些接受这个邀请却注定失败的人而言，这是一个吃力不讨好的任务。我还在医学院期间，常常通过电视成瘾来逃避现实。我往往心不在焉地切换频道，却无法享受任何节目，我在浪费宝贵时间的同时，还常常因此熬到半夜。后来我想到了一个绝妙的办法，我在电视插头那儿上了个锁，使它无法插到插头上。我将锁托付给了蕾伊，并告诉她："无论如何都不要把钥匙给我，不论我如何抱怨、哄骗、承诺、纠缠或苦苦哀求。"不可避免的是，我接着就会不断抱怨、哄骗、承诺、纠缠并苦苦哀求，直到蕾伊最后缴械投降。如此反复数次之后，她把钥匙往我脚边一扔，说："这是你自己的问题。"

当我读到托马斯·德·昆西描述诗人塞缪尔·泰勒·柯尔律治（Samuel Taylor Coleridge，他的鸦片吸食伙伴）如何尝试以相似的方式控制自己的成瘾习惯时，我觉得更有趣了。

> 他在布里斯托尔臭名昭著，因为他甚至雇佣行李工、马车夫或其他人来制止自己进入任何药店。但是，因为那个试图阻止他的命令来自他自己，所以顺理成章地，那些可怜的受雇者发现他们处于一个形而上的困境之中……在这个折磨人的困境之中会出现以下情境：
>
> "先生，"行李工会如此哀求——半哀求半命令（因为无论他表现或不

表现自己的斗志，这个可怜人当天的 5 先令都十分危险），"您不能这样，先生，请考虑一下您的太太和……"

柯尔律治："太太！什么太太。我没有太太。"

行李工："但是您真的不能如此。您不是昨天才说的……"

柯尔律治："呸，呸！昨天已经太久远了。你知道吗，我的朋友，人会因为对鸦片的迫切需求而猝死的！"

行李工："是，但是您让我不要听从……"

柯尔律治："胡扯！现在的情况十万火急，这是谁也无法预料到的。不管我之前跟你说了什么，我现在告诉你，如果你不把你的手从这个药店的门上松开，我就有足够的证据告你侵害。"[3]

———

正念觉察和情绪的自我探索不仅对成瘾者的亲友有帮助，对在任何层面与成瘾打交道的人都有帮助。它可以对医疗专业人员的工作大有裨益，尤其当他们的工作涉及药物成瘾者时。

每当我想到可卡因和阿片制剂依赖者贝弗利坦承她如何看待我（她的医生）时，我仍会忍俊不禁。那是三年前的事了。

那是一个周一的早晨，我心情很好，贝弗利是我的第一个病人。我告诉她："我正在写一本关于成瘾的书，我可以采访你一下吗？"

贝弗利的眼中溢满了眼泪，泪水沿着她的脸颊淌了下来。她的脸上布满抓痕，使她看起来像一个天花幸存者。她说："荣幸之至。但是我很惊讶你问了我。我以为你会觉得我是个一无是处的瘾君子。"

"说实话，贝弗利，有些时候我确实那么觉得。那些时候我只想让你闭嘴，快速给你开一张处方，让你离开我的办公室，好让我继续见下一名成瘾者。但我很确定，当我持那个态度时，你一定觉得我是个混蛋。"

贝弗利破涕为笑，有些不好意思地回答："嗯，我能想到更糟的词。"

虽然这并不让人惊讶，但贝弗利的回应还是撼动了我，以一种有益的方式。许多与成瘾者工作的医生、护士及其他人员和我一样，往往会忽视自己的态度、心情、行为和肢体语言，忽视这些部分在我与那些"困难户病人"互动时所扮演的角色。我们只看见他们的行为，却觉察不到我们传递给他们的信息；我们看到他们的反应，却意识不到他们可能是在回应我们的表达——或许并非我们的言语，而是我们在这个过程中的表现。人类常犯的一个错误是，我们往往可以觉察到"是什么"，却会忽视"是谁"和"如何"。

在急诊室里，我见识过许多场面失控的情况，最后常常需要保安护送愤怒的成瘾者离开医院。然而，据我的观察，如果医护人员自己可以避免被激怒，那么冲突往往就可以避免升级。我曾在波特兰的楼梯上遇到过一次类似的情况：一名过于紧张激动的救护车医护人员，在面对一个浑身是血的病人时，将本来较为轻微的情况升级成了彻底的对峙。我费了一番力气劝说他和警察（当时警察已经到场）后退一步，允许我和这名愤怒的女士谈一谈，才终于让她稍微冷静了一些。我其实没做什么：只是用温和的语言和不具威胁性的肢体语言进行沟通。而有些时候，我自己也会触发消极的互动。我的存在究竟能抚慰人心还是会诱发压力，并不取决于情境本身，而取决于我自己的心态。我应该自己承担责任。

毋庸置疑，与硬核成瘾者的工作充满挑战。这个群体往往会激发我们的评判和焦虑，因为他们威胁到了我们努力建立并维持的冷静、称职、有影响力的个人专业形象。他们并不遵从中产阶级那些彬彬有礼、"友善礼貌"的人际互动规范。

如我们所见，成瘾者们缺乏个体分化，缺乏一种与他人保持情感分离的能力。他们吸收别人的情绪，并以为这些情绪是针对自己的。他们缺乏自我调节能力，因此很容易被自己的自动化情绪机制淹没。他们容易觉得自己是被权威人士和照顾者贬低和抛弃的，原因我们之前也提到过。当一名忙碌的医生或劳累过度的护士对他们表现出暴躁或没有耐心时，他们就会将之解读为对他们的拒绝。他们会本能地回应照顾者表现出的丝毫紧张或傲慢。同时，医疗工作者又尤其容易显得焦虑不安和不耐烦，因为他们时常处在爆满的急诊室之中，病房又往往人手不足，这导致他们的工作环境乱成一片。烦躁会引发防御性的敌意，而敌意又会进一步引发应激性的焦虑和愤怒。两个人，一个在求助而另一个承诺帮助，很快就开始针锋相对，并与他们各自的初衷背道而驰。

我确信，如果医护人员可以接受一些正念训练，如果我们可以练习以觉知和好奇去观察自己面对这群与众不同的人时的心态和反应，冲突就会减少，医疗服务也会更有效。我们如果可以为自己带入互动的部分负责，减少自身的紧张和压力，就可以保护我们的患者，使他们免受进一步的心理创伤。虽然在急诊室值班时，五分钟的正念冥想看起来是一种荒谬的奢侈享受，但它省下的时间、免去的碰撞和愤怒情绪，却是它给予的丰厚回报。我们或许并不为他人的成瘾行为或生平负责，但我们如果可以有意识地为自己参与互动的方式负责，就可以避免许多痛苦的情境。而这，简而言之，意味着我们需要处理自己的问题。

在正念觉察中，我们可能仍会体验到心中升起的评判，但会接纳这是我们自己的问题。当我们面对不配合的患者而感到受挫和愤怒时，我们会将这些情绪视为自己的，并理解如何去处理这些情形的责任在我们自己身上。如此，我们就无须为了避免自己遭受想象中的侮辱，而将愤怒和挫败感发泄在患者身上，也无须使用威权手段来维护自我形象。

如果我们想要为他人打开一片疗愈的空间，我们自己首先得找到它。

❧

教授"自我功课"的老师拜伦·凯蒂（Byron Katie）在她的《一念之转》

（*Loving What Is*）中说："在宇宙里，我只找到三种事——我的事、你的事，和上天的事。对我而言，'上天'代表现实。我将所有我、你或其他任何人都无法控制的事，统称为上天的事。"这本书值得每一位与成瘾者有亲密关系的人一读。

我们的压力大多来自没在心里管好自己的事。当我在想"你必须有份工作，我要你快乐，你应该快乐，你应该准时，你必须好好照顾自己"时，我就是在管你的事……我意识到每当我感到心痛或孤独，都是因为我在管别人的事。

如果你正在过你的生活，我的心却跑去管你的生活，那么谁在活我自己的人生呢？原来，我们两人都跑到你那里了。既然我心里忍不住跑去管你的事，我就不可能管我自己的事，我便和自己分裂了，无怪乎我在人生中处处碰壁。[4]

伴侣、朋友和家人们，如果你想要努力使成瘾者发生改变，不论心怀沮丧还是乐观，都可以想想棒球传奇人士尤吉·贝拉的那句至理名言："如果别人不想来看球赛，你什么办法也没有。"

In the Realm of
Hungry Ghosts

第 31 章

从未失去

————

所有问题都是心理的，但所有解决方案都是精神的。

——托马斯·霍拉博士（Thomas Hora，M.D.）

对许多人而言，十二步戒瘾法工作过程中的一大障碍，是其中的第二步，即召唤一种"更高的力量"：（我们）相信有一种比我们更伟大的力量可以使我们恢复理智。

如果我们将这种力量视为上帝，那么作为感觉被上帝背叛的孩子，会抵抗这种力量是很自然的。

还记得可卡因和海洛因依赖者塞丽娜在她祖母过世后的号啕大哭吗？"你知道我怎么看待上帝吗？什么样的上帝会在世间留下坏人，却带走好人？"我很熟悉她倾泻而出的愤怒。当我还是个孩子时，只要一看到或听到"上帝"这个词，我的胸中就会激荡着相同的愤怒。"什么样的上帝会让我的祖父母在奥斯维辛惨遭杀害？"我曾这么问，并鄙视任何一个接受至善全能的上帝童话的人。和塞丽娜一样，我以为是祖父母的死让我充满怨恨，但我现在可以看到一个更大的丧失，那是我心中对信仰的丧失。

孩子很难理解比喻。当他们听到"上帝，我们的天父"时，他们不知道这些词可以代表宇宙中的爱、联结和创造性的力量。他们想象一名高高在上、住在云朵中的老人。而对塞丽娜来说，他甚至可能看起来像曾经强暴过她的祖父。

"抑郁的人都是激进而阴沉的无神论者。"法国心理治疗师茱莉亚·克里斯蒂娃（Julia Kristeva）曾写道。[1] 在内心深处，成瘾者可能是最激进阴沉的无神论者，无论她或他曾经的宗教信仰为何。早年压力是成瘾的强力诱因，这不仅因为它损害了大脑的发展和情绪的成长，也因为它摧毁了一个孩子与他最本真的自我的接触，剥夺了他对于一个滋养的宇宙的信仰。在罗伯特·勃朗宁的戏剧《族徽上的污点》（*A Blot on the 'Scutcheon*）中，一名注定毁灭的 14 岁年轻女孩说："我没有母亲，上帝遗忘了我，于是我堕落了。"在严重的抑郁里，塞丽娜活在浩瀚的孤独之中。她的核心痛苦在于：她与自身以及外部的无尽力量的信任和联结，都被切断了。经历过她所经历的一切后，她已无法坚持去相信世人口中可以为她提供一切庇护的上帝。对任何年轻人而言，如果她所听闻的上帝无法在她周围人的行为中显现，那么上帝这个词就会变成一种伪善。如果她仍保有一个上帝的形象，那么这个形象很可能代表了一名会无情地审判她，并且怀恨在心的说教者；或者就是那个我儿时曾拒绝的无能的天上的幻影。

我们可以以其他方式看待这种力量。在习惯的驱使下，成瘾者认为他的自我不过是个弱小无能的存在，必须为每一丁点可怜的满足抓耳挠腮、备受折磨。接受·个更伟大力量的存在，可以仅仅意味着终于承认那个小小自我的无能——它完全无法维持一个人自身的安全、平静或幸福。"我不相信上帝。"一名匿名戒毒协会的成员告诉我，"但是至少通过第二步，我可以接纳自己并非全能。"

"当你们认识你们自己，他们就会认出你们。"耶稣告诉他的追随者们，"而你们将会了解到，你们就是天父的儿子。然而如果你们不认识你们自己，你们就处在贫困里，而且你们就是贫困。"⊖

即便在讨论永恒时，大师们也会使用他们所处特定时空和文化下的语言。真正的智慧不在于字面上的意思，而在于言语中流露的精神。所以我们也可以将"天父"看成宗教对生命之源的一种表述，一种超越了言语表达能力的实相。我相信我们所有的人类，无论是否知晓，都在寻找自身神圣的天性。"神圣"在这个语境中并不含任何超自然或宗教意味，它仅仅指我们与万物合一的体验，一种与万事万物、宇宙中任何微小的物质和能量的难以言喻的联结。当我们忘记这种爱的联结，当我们和自己内心对它的深切渴望失联时，我们就备受苦难。这正是耶稣所说的贫困，也正是当代心灵大师埃克哈特·托利认为的人类焦虑的本源：

> 基本上，所有情绪都是一种原始、未分化的情绪的变型，源自我们对自己超越名相的本来面目的丧失。因为它无差别的性质，我们很难找到一个精确的名称来描述它。它很接近"恐惧"，不过除了持续性的威胁感之外，它还包含了深切的被遗弃感和不完整感。也许我们应该找一个和"基本情绪"一样模糊的词，比如单纯把它称为"痛苦"。[2]

哪里缺乏自我认识和神圣知识，成瘾就从哪里冲进来。为了填补这令人无

⊖　出自《圣经·多马福音》。

法忍受的空洞，我们开始依恋一些世间的事物，而这些事物完全不可能弥补我们失去的自我。

　　耶路撒冷啊，我若忘记你，情愿我的右手忘记技巧。

　　我若不纪念你，若不看耶路撒冷过于我所最喜乐的，情愿我的舌头贴于上颚。

　　圣经诗篇在这里表达的神圣宣言只是在宣誓效忠于一个地理位置，一座人造的礼拜建筑吗？我看到了另一种更普适的解释：当我忽视了我内心的永恒时，我就脱离了我的力量本源，并失去了自己的声音。而我发现生活正是如此。

　　在精神贫困的状态下，我们会被任何能让我们免于感知恐惧的东西诱惑。这正是成瘾过程的根本来源，因为这个过程的本质就是那个不断想从外界得到满足的驱力，但这种满足本应来自我们内部。如果我们喜欢没有"耶路撒冷"（我们内心的"和平之城"）超越于世俗快乐之上，我们就会执着于那些外在的欢愉、力量或意义来源；我们能享受的源于生命的内在喜悦越少，我们就会越发疯狂地试图寻找喜悦的苍白的替代品：及时行乐；我们内心的力量越弱，就越会不顾一切地试图在外界寻找确定性；恐惧越强，成瘾过程就越具有蓬勃的吸引力。

　　任何事物都可能成为成瘾过程的目标对象，包括那些承诺救赎和自由的宗教。包括耶路撒冷这个物理实体，也被许多不同信仰的人奉若神明，但结果却是流血和仇恨。在所有主要宗教中，那些最严格的宗教激进主义群体往往对成瘾者采取最强硬、最具惩罚性的态度，这或许并非偶然。这是否有可能是因为他们看到了成瘾者手中的黑暗之镜，而这面镜中映出了他们自身的弱点、恐惧和错误的执着呢？

　　不只有成瘾者会错误地执着于无法满足心灵需求的事物，事实上，这是人群中的普遍现象。正是这样普遍的心智状态导致了痛苦，并召唤了先知和灵性大师们的到来。我们所谓的"成瘾者"在游行队伍的前端，而我们中的许多人与他们仅几步之遥。

⌒

对许多人而言，更高的力量并不一定意味着上帝或任何灵性表达。它可以仅仅意味着超越利己主义的自我，致力于更有意义的事业，而不仅是满足自己眼前的欲望。我记得一个演讲者在我参加过的一个 AA 会议中曾说："当你开始学习圣经，开始服务他人和社区时，你的心就开始变得柔软。这是一个无与伦比的礼物——一颗柔软的心，我以前完全无法想象的存在。"

我们的物质文化尝试将任何无私都解释为源自自私的动机。有些愤世嫉俗的观点断言，那些不为利己行善的人的善举，不过是为了让他们自我感觉良好。然而，神经科学并不支持这个观点：当一个人做出利他举动时，所激活的大脑区域与预期愉悦或是奖励时激活的大脑回路不同。一项近期的研究显示：人道行为的主要贡献者是大脑的后颞上皮质（pSTC），它处于大脑后部，功能包括对他人情绪状态的觉察。[3] 我们似乎生来就能同步感知他人的需求，而这正是共情的根基。斯科特·胡特尔（Scott Huettel）是一名心理学副教授，他在位于北卡罗来纳州达勒姆市的杜克大学医学中心工作。他说："或许无私的举动并不源于行善带来的温暖感受，而源于一种对他人意图和目标的简单认知。并且因此，我可能会想以自己希望被对待的方式对待他们。"或许黄金法则已经刻在了我们的大脑回路中，不是以戒条的形式，而是作为我们存在的一部分。

人类具有一种与生俱来的素质或驱力，即奥地利精神科医生维克多·弗兰克尔指的"追寻生命的意义"的驱力。意义在超越自身的追求中获得。我们中的许多人在内心深处都知晓，我们体验到的最大满足感，并不来自获取某些事物，而来自我们为他人或社会做出的真正贡献，以及我们创造的美好事物或者爱。在那些优先大规模生产和财富累积，而忽视集体目标、历史传统以及个体创造力的文化中，成瘾现象是最显著的，这点并非偶然。成瘾是一种"存在性虚无"（existential vacuum）。当我们把个人所得放在最重要的位置上时，空虚感就会产生。弗兰克尔写道："毒品场景是一种更普遍的现象的体现，即由于存在主义需求受挫而带来的无意义感，而这已经成为工业社会中的一种普遍现象。"[4] 而"毒品场景"也可以被替换为"赌博场景""进食场景""过劳场景"，以及其他众多成瘾性追求的场景。

换言之，人类不只靠面包生存。如果我们不想将更高的力量看作任何与宗教相关的事物，那全然无妨。或许，我们可以超越自己，在自我中心的需求之外，在我们与世界建立的有意义的关系之中，发现一种更高的力量。记得第 8 章里的受访者朱迪吗？她仍住在市区东部。她在接受戒除海洛因的美沙酮治疗，但已经不再注射或吸食可卡因。她为仍在使用成瘾药物的性工作者提供帮助，并从服务他人中获得了新的意义。她帮助她们保护自身安全，为她们提供温暖和支持性的陪伴。

成瘾往往源自一种错位。而我们人类作为一种有精神生活的生物，最无法忍受的错位之一，就是意义的缺失。只有我们自己能够定义并寻找自己的意义。阿尔弗雷德·朗勒（Alfried Längle）博士是弗兰克尔博士在维也纳的同事。他在近期温哥华的一次演讲中说："只有通过与世界对话，才能获得意义。"通过每日的善举，朱迪让自己一直处于对话之中，并借此超越了她的成瘾。

⸺

人们对于更高力量的抗拒往往被表达为对传统宗教信仰的理性拒绝。然而，它实际上是自我对良知和精神觉知的抗拒，是自我在抗拒自己了解并希望遵从真相的部分。那个一味攫取的自我惧怕自己的湮灭，惧怕自己一旦垂首于一个更伟大的事物，不论是"上帝"或他人的需求，甚至他自己的更高需求，湮灭就会降临。

我的一名患者，一名自己所在的原住民族群的前领袖（他很可能也是将来的领袖），在监狱中进行一次斋戒时体验到了这种伟大的力量，并体验到自己是这种力量的一部分。"那是我第二次进入联邦监狱，被判五年徒刑。"他回忆道，"物质成瘾把我带了回去。我在接待处感到十分痛苦，因为我不得不去面对那一切我曾扬言再也不要见到的东西。我去了埃德蒙特监狱，也正是在那儿，我在斋戒中有了顿悟。

"那是我在那里的第三天，当我点燃鼠尾草[⊖]……我用手和羽毛扇着风。烟和能量……我开始在我的毛孔中感受到生命的力量。那一瞬间我悟到了。万物皆有生命。酒精，所有的一切……所有来自大地母亲的一切。羽毛……我们的衣物……我们从大地中获取的饮食……万物皆有生命。万物皆有灵。酒精和药物也有灵。当你不了解这点时，它们拥有无上的力量。它们会将你彻底打败。这力量很强大。在你来到这个世界之前就存在了。世间万物都在你来之前就存在了。我还意识到的一点是……这里所有的一切……都在你到来之前便已存在。我离开后它们也仍会继续存在下去。我不会带来任何新的东西。我唯一能带来的新事物就是我自己。事实上我是那个学生。我排在队伍后面学习，学习如何生活，如何与万物共存，如何适应更伟大的事物，如何适应我生命的篇章。"

约瑟夫·坎贝尔（Joseph Campbell）写道："一切在自己心中，故此，唯有向内探索和发现。"据这名开创性的美国作家和讲师所言，所有英雄神话都是人类最伟大的旅途的雏形：一场对内心深处精神真相的探寻之旅的雏形。坎贝尔表示，世间只存在一种故事，一种探寻，一种冒险，他将之称为"单一神

⊖ 用于仪式中的烟熏净化。——译者注

话"。世间只存在一个英雄，尽管他可能在不同时空、不同文化中，以千万种面目出现。英雄是那个勇于深入无意识最黑暗之处的人，他勇于深入人类创造力的本源，并与那些由惊慌失措的原始心智不断抛出的怪兽对峙。随着英雄继续他的旅程，那些幽灵和恶龙或消失不见，或失去力量，或成了英雄的盟友。

成瘾者的心智中充斥着更多更可怕的恶魔。然而，他如果可以开启自己的探寻之旅，就会发现这些恶魔既不真实，也无力量。在旅途结束时，英雄可以获得他一心寻求的至宝：人类的本质天性。坎贝尔肯定地表示："目标是认识自己，即认识本质，这样人便能以本质的形式存在，自由地遨游于天地之间。而世界的本质亦是如此。我们与世界的本质是相同的。"[5]

严格来说，对于一个年轻的人来说，并不是一定要经历创伤才会丧失自己的本质，即丧失与万物合一的感受。婴儿来到世界时充满活力，并对一切可能性全然开放。然后，他们很快开始关闭自身的一些部分，那些他们在所处的环境中觉察不到或难以悦纳的部分。心理学家和灵性大师 A.H. 阿玛斯（A.H. Almaas）认为，这种防御性的关闭，导致了爱、喜悦、力量、勇气、自信等人类核心本质受到压抑。而我们体验到的，是取而代之的空洞感和匮乏感。"人们不了解，那个空洞、那种匮乏感其实是我们丧失了某些更深的事物，失去了本质的表征，而这种本质是可以失而复得的。他们以为这个空洞、匮乏就是他们内心深处的实相，除此之外，他们一无所有。他们以为自己的内心出问题了，从根本上出了问题。"[6]人们未必意识到自己的这些想法，它们也可能表现为无意识的信念。但不论它们以何种形式存在，它们都促使我们发展出一系列行为模式和情绪应对机制以掩盖内心的空虚，并误以为那些随之产生的行为特征就代表了我们真正的"人格"。诚然，我们所谓的人格许多时候是一系列真实特征和应对方式的结合，但它们并不能完全反映我们的真实自我。它们反映出的，只是真实自我的丧失。

有些人或许不是严格意义上的成瘾者，但这仅仅是因为他们小心构造出的"人格"运转良好，使他们可以避免感知到内心空虚所带来的痛苦。在这种情况下，他们的成瘾对象则"只"会是虚假或不完整的自我形象。这个形象也许是他们的地位、他们极力维持的角色，或是一些赋予他们意义的想法。而当"人格"不足以掩盖内心的空虚时，我们则会成为不加掩饰的瘾君子，并开始强迫性地追求那些给自己和周围人带来负面影响的行为。其中的差别只在于成瘾的程度，或者说，只在于对于自身匮乏的坦诚程度。

心理工作和精神修行都是恢复真实本性的必要条件。如果缺乏心理力量，精神修行很容易变成另一种逃避现实的成瘾。反之，精神层面的匮乏则会让我们因受限于贪婪的自我而停滞。即使那个自我还算相对健康平衡，我们灵魂所需的意义和联结也仍没有得到满足。心理治疗通过揭露人的情绪痛苦，释放那些为了抵御痛苦而建立起的僵化的防御模式，让匮乏的自我变得坚强。精神层面的探索与心理治疗有相似之处，但它不那么关注"修复"或改善，而更关注重新发现那些原本完整、从未消失，而只是有些模糊了的部分。正如埃德蒙·斯宾塞（Edmund Spencer）所言："从未失去，只要寻找，便可发现。"[7]

一个人会选择什么形式的精神探索取决于地域、文化、信念和个人倾向。世间并不存在针对这个问题的处方，我也无法提供这样的处方。回想起来，幼小的我因对于上帝的愤怒而浑身颤抖，而那正是我走向觉悟的开始。虽然我可能离达成目标还有很长的距离，可能还要翻越好几座珠穆朗玛峰，但是也可能我只需伸出手指，就能撕开我的灵魂和最神圣的真相之间的幻象面纱。我无从知晓，猜测也毫无意义。首先上路，这是最重要的，无论在我们之前已经有多少人走过这些路，每个人都需要自己走出属于自己的路。佛陀教诲他的追随者"做自己的明灯"，正如耶稣教诲他的信徒向内探索上帝之国。我已经发现了适合自己的方式，我也对任何我能识别的教诲开放。这世上从不缺乏伟大的精神向导、教法和练习，缺乏的是愿意学习的人。

~

自我不幸的弱点在于：它常常错将形式认作实质，将表面的幻象认作现实。只要我们仍处于自我的支配下，我们就如同希伯来人一般，作为"倔强的人"，徘徊在沙漠中试图寻找应许之地。我们不断拒绝真相。我们向金牛犊颔首鞠躬，却对那些可以拯救我们的真理嗤之以鼻。正如地球的现状所示：我们人类无法快速学习。每一代人都必须一遍又一遍地吸取同样的教训，一遍又一遍地在饿鬼道中盲目摸索。真理在我们心中，因此当我们与真理失联时，通过向外探求来填补空虚的方式，无法使我们接近内心向往的宁静。四世纪末，奥古斯丁在如今的阿尔及利亚的希波城担任主教，并在他的《忏悔录》中写出如下段落，它适合在今天的任何十二步戒瘾法聚会中宣读：

> 因对自己的饥渴没有意识，我也抵制所有可以减少饥渴感的事物……然而匮乏并不使我感到饥饿，因为我的系统拒绝精神滋养——我从未获得过它，而我越匮乏，营养反而让我越反胃。我的灵魂满目疮痍、病入膏肓，被疯狂的欲望驱使着渴求物质刺激。[8]

精神觉醒即是人类重获其完整人性的过程，不多不少，不增不减。当我们可以找到自己时，就无须再求助于成瘾。当我们心怀慈悲时，就会意识到成瘾只不过是我们在脱离了与真实自我和万物的联结时，在我们感受到强烈的孤独时，我们所能找到的最好的解决问题的方式而已。与此同时，它却让我们持续地陷入忧郁、伤心和愤怒之中。困住我们的不是我们所处的世界，不是任何外在的事物，而是我们的内心。我们或许并不为那个创造了我们的心的世界负责，但是我们可以为我们自己的心创造出的世界负责。成瘾的心只能投射出一个贪婪而疏离的宇宙。朱迪是一名刚开始尝试戒断可卡因的成瘾者，她说："我只知道自己的小世界，而我的全部欲求都以它为中心。"我们中的许多人都是这样生活的。然而，我们是可以有意识地选择我们希望生活的世界，以及我们希望的未来的。

一旦我们睁开了求真的眼睛，就会发现教导无处不在，万物皆可为师。我们最痛苦的感受恰恰暗示了我们无限的潜能，指向了我们真实本性的藏身之处。我们批判的人成为我们自身的镜子，批判我们的人让我们找到维护真实自我的勇气；我们对自己的慈悲让我们可以更慈悲地对待他人。当我们可以开放地面对内心的真相时，我们也就能为他人的疗愈提供安全空间。他们也可能为我们做同样的事。

疗愈发生于我们内心的神圣之处："当你认识了自己，你就会被认出。"

结　语

回忆与奇迹

————

从隐藏的资源中，生存的奇迹以惊人的力量再现，就像从地下涌出的间歇泉，穿透裸露的土地、页岩和冰层。

一天上午，霍华德站在我桌边，拄着拐杖支撑着自己的左腿。他是一名40岁的魁梧男性，在一段又一段长期监禁中度过了他22年的成年生活。他的童年生活有着我们再熟悉不过的主题。

霍华德的母亲是个海洛因成瘾者，她在嫁给一个白人后被迫离开了他们的原住民聚集地，并在霍华德三岁生日前不久就彻底消失了。霍华德在之后的四年里都与祖母同住。他说："她（祖母）给了我最美好的家。我一直把她放在心里。她是我活着的唯一理由。"霍华德的祖母很早就过世了，他在世间唯一无条件的爱与保护的来源也随之一同消亡。从七岁到他首次入狱期间，霍华德在一个又一个寄养家庭和机构中度过了他的少年生涯，所到之处皆伴随着殴打或性虐待。

　　霍华德在一次美沙酮治疗中讲述了自己的故事。他近期因膝盖骨折而短暂住院，又因为错过假释访谈而入狱了一个周末，所以这是他出院以及出狱后的第一次治疗。提及祖母时，他擦掉了眼泪，语气突然从沮丧转为坚决，说了一句"够了"。"我希望对这个世界有所回馈。我需要戒毒。我不应该白白经历了这么多。我可能在一年后就死去，却没有人知道我曾来过。我必须有所给予。我在监狱中学到了很多，如果我能够帮助一个孩子，帮助一个孩子不重蹈我的覆辙……"

　　"你需要先自救。"我建议道。

　　"是的，我需要先自救。我总告诉自己必须独自处理这一切，但是我做不到。"

　　我们的视角决定了我们将他的个人经历视为失败还是成功。他已经从绝望的深渊中走了出来，这种绝望是排斥他的社会中的大多数人无法想象的。他的内心仍然有一种精神，他希望有所贡献，希望创造并证明生命的意义。我不知道他未来能否将这种精神付诸实践，但这种精神的存在本身就是一个奇迹。

　　那天早上晚些时候，瘦小的佩妮跑进我的办公室，后面跟着她健壮的朋友贝弗利。自从佩妮的同居丈夫布莱恩去世后，她和贝弗利变得形影不离。我经常在黑斯廷斯看到她们在一起：佩妮弓着背，俯身在助行器上小步快走，而贝弗利则迈着沉重的步伐在她身边缓行。那天，一场不合时宜的十一月飞雪从铅灰色的天空飘落下来，铺满了整个街道，这两个女人几乎无法抑制自己的兴奋，迫不及待地要与我分享一些喜讯。

<hr />

　　布莱恩在 2005 年初夏确诊，因丙肝而患上晚期肝癌。就在同一天，佩妮被我收进圣保罗医院进行脊椎感染治疗，在治疗中，她接受了整整六个月的静脉注射抗生素。我不会忘记那一天。他们俩同在急救室里，仅隔了几张病床，当我与布莱恩谈话时，整个病房都能听到佩妮痛苦而疯狂的尖叫声。

布莱恩说："我已经做了 CAT 扫描。你说得对。他们告诉我我只剩下几个月的生命。他们想送我去做姑息治疗。我什么时候可以出院？"

布莱恩的头顶布满汗珠，打湿了他凌乱的红色头发，他的脸憔悴而布满胡须，凹陷的眼里闪着光。他因与癌症的无声斗争而十分消瘦。他从不曾向我抱怨疼痛，直到他肿大的肝脏使腹部肿到硬得像鼓。因为他这么问了，我只好告诉他，所谓"几个月"其实也只是个乐观的估计。

"你希望一旦疼痛得到控制就出院吗？"

"是的，我有些事情要做。我想重新联系家人。"

"他们在哪儿？"

"他们在不同的地方。我有六个孩子，四个活着，两个死了……我从未和你说过他们的事儿？一个孩子死于车祸，另一个被谋杀了，被一个混蛋为了1500 加元就开枪射杀了。我本可以给他这个钱的……"

"是因为嗑药吗？"

"是的，他沾上了成瘾药物。我想他希望像他的老父亲一样。事情发生时我在监狱里。他那时 21 岁。"

"那你知道其他几个孩子在哪儿吗？"

"应该不会太难找到吧。不过我确实有 20 年没和他们联系了……医生，佩妮呢，她怎么样了？"

"我刚看过她。正如你听到的，她现在非常痛苦。"

"但她会平安渡过的，是吗？"

"是的，她脊椎的脓肿现在可能会影响她的大脑，但她会没事儿的。我会照顾好她的……布莱恩，你看起来很冷静，你是真的冷静还是只是在试图装作冷静？"

"不过又往前迈了一步而已。我有好几次都离死亡很近。我被枪击中过，被刀刺伤过，也曾经用药过量过。我不知道……我可以告诉你，我并不期待死亡的来临，但是我也并不惧怕它。如果死后有另一个世界，那便有；如果没有，那便没有。唯有它真的发生时，我们才会知晓。我自己更愿意相信有这样一个地方存在。"

几周后，布莱恩就去世了，他成了我诊所里四个月内首位死于肝癌的病人。此后又有两个病人接连因此去世。他当时 50 岁出头，是三个患者中最年长的。史蒂维是第二个，在她生命的最后几天，她用家庭护士为了给她减轻疼痛而插入的皮下输液管，给自己注射了海洛因。她说："我还不如出去唱歌呢。"我默许了她的行为，因为海洛因和吗啡有相似的止痛功能。史蒂维离开了，她的皮肤和眼球亮黄，微笑着离开了。她的床头柜上有只机械音乐熊，一天好几次，她会拉着音乐熊的绳子，看着熊蹦蹦跳跳，听着《嘿！玛卡雷娜》(*Hey! Macarena*) 的音乐全身扭动。

在市区东部的旅馆中，我看到很多女人都收藏了又大又软的泰迪熊宝宝。一个性工作者收藏了几百只熊宝宝，堆满了她那阴暗狭小房间的每个角落，最大的一只有一个孩子那么大。而有着独特活力的史蒂维，是唯一一名拥有跳舞熊的人。

独居而安静的科里是第三个因肝癌去世的人，就在史蒂维离世后几日，他也过世了。当他得知自己身患绝症时，他简短地说："我过分纵欲，现在报应来了。"科里在诊断后一周左右就离世了。他让我在旁边陪着他，然后打电话给在爱尔兰的妹妹，告诉她他无法回家迎接死亡了。我们用的是我办公室的免提电话。他妹妹用悦耳柔和的爱尔兰口音提问，而科里则用沙哑而低沉的声音回答。

"你最近如何，宝贝？你还好吗，亲爱的？你没事吧，宝贝？"

"我有个坏消息，谢妮，一个坏消息。"

"坏消息？科里。你什么时候回家？亲爱的？跟我说实话。"

"我回不了家了，谢妮。太痛苦了。我昨天刚刚做了决定。我很痛苦，但在这边我可以得到很好的照顾。"

"你一个人可以吗？"

"我还好。"

"科里，我想过去拥抱你，亲吻你，宝贝。我想拥抱你。"

"我也一样，亲爱的。"

"我会尽快赶来的。我们非常非常爱你，科里。我们为你祈祷，科里。我会尽力记住那些美好的时光，我会记住你如何享受了人生。我们都必须记住那些美好的事情。"

"是的，你可以把我带回家，带回家安葬。"

"哦，当然，我们会带你回来安葬的。我们一定会的。我们一定会带你回家，亲爱的。你完全不用担心。"

"我不担心。"

"我会放上美好的音乐，科里。我会放上最好的音乐，科里。我们在德里有最棒的音乐家和歌手。"

"嗯，放《苍白的浅影》(*A Whiter Shade of Pale*) 吧。"

"你说什么？"

我偶尔插话，只是为了澄清一些临床问题。当时科里累了，示意我接过电话。我对着电话说："他想让你放《苍白的浅影》这首歌。"

"《苍白的浅影》，我会为他放这首歌的。"

"普洛可哈伦乐团（Procol Harum）的版本。"科里用沙哑的声音说道。

"我会遵照你的心愿来的，科里。我们还有一些很棒的爱尔兰音乐，乐器也很棒。在周日教堂的弥撒上会聚集很多很棒的歌手，我们会把他们都叫来。"

说到这里，科里已经很不舒服了，或许因为身体疼痛，或许因为情绪紧张，他无法继续这次对话了。他跟妹妹道别后就离开了我的办公室。我和谢妮简单说了他的病史和预后情况。那时她仍希望可以来探望她哥哥。

临别前，我对谢妮说："说实话，当你谈到德里的歌手时，我都想被葬在你们的大教堂了。可惜我是犹太人。"

"我们可以为你办一个犹太葬礼……刚才他说他想放什么歌来着？"

"普洛可哈伦乐团的《苍白的浅影》。"我拼出了乐团的名字。

"我得把它记下来，因为现在我的大脑无法运转……我一定会为他做到的。天哪，我们都快崩溃了。这真是太让人难受了。但是我很高兴能与你交谈。我能听出你的善意。我想他在你那儿能得到很好的照顾。"

"我也能看出来你们都很爱他。"

"是的，你不知道他多受喜爱。他是个多么可爱的男孩……但后来他染上了药瘾。"

那次谈话发生在一个周五。周日晚上，科里死在了波特兰酒店的房间里。很多朋友来为他守夜，包括他的前妻、儿子和女儿。他们分享了许多美好的故事。他温柔的灵魂被人怀念。同样地，也没人可以填补因为史蒂维的离世而在人们心中留下的空白。她的生命也是一个奇迹。如果说，她在经历了那么多折磨之后，需要依赖药物才能重新欢笑和歌唱，又有谁能因此而评判她呢？

在布莱恩去世近两年后，佩妮持续哀悼他。我告诉她："这种哀悼可能会一直持续。"对佩妮而言，与贝弗利的友谊是一场及时雨。今天，当我看到贝弗利笑容满面的样子时，我惊讶地注意到，那些让她面容有些变形的抠痕也淡化了——与佩妮的友谊也照亮了她。

贝弗利气喘吁吁地说："我儿子给我打电话了。他打电话了。他要从阿尔伯塔开车来，带我回家过圣诞。佩妮会和我一起去。他说我可以带她一起。"

贝弗利已经三年没和她的儿子说话了。他儿子今年24岁，和妻子以及两个孩子住在一个草原小镇上。她七年没见他了。"他想让他妈妈回家过圣诞，你能相信吗？我可以见到我的孙女了。"

在听到我保证会为他们安排好这趟旅行所需的药物，包括贝弗利的艾滋病药物和她们都在服用的美沙酮后，佩妮到外面抽烟去了。

贝弗利说："我只担心一件事。我前夫住在我儿子家。当他听说我要去时，给我打了个电话，问我是否可以与他复合。我说：'你疯了吗？为什么？让我可以再对你逆来顺受，继续当你的受气包、拳击袋吗？不用了，谢谢。'佩妮会和我一起去。有别人在时，他不敢做什么……我和儿子说她是我的护士。"

"别那么做。"我建议道，"不要撒谎。这会毁了你的旅程。你希望与儿子亲近吗？那就不要以谎言开始你们的关系。"

"你说得对。"贝弗利笑着说，"但我太兴奋了。我儿子想让他妈妈回家过圣诞。他一路开车来接我……我知道我在哭。那是因为我太开心了。我没想到自己还能这么开心。"

贝弗利含泪微笑，有些期待地看着我。她想要些什么。我注意到自己的胸口有些阻力，但很快就放下了。我把听诊器从脖子上取下来，然后站了起来。贝弗利也从椅子上站了起来。她抽泣着。我们无言地拥抱了彼此。

⟿

在我从波特兰楼下的大厅里出来的路上，我被叫到边上的一个小房间里。杰里躺在这个房间墙边的长凳上喘着气，右手握拳，放在心脏上。杰里54岁，患有冠心病，已经做过四次搭桥。他经常吸食可卡因，而可卡因对他的心脏病可不是什么良药。当下，他感到胸口沉重，疼痛感从胸口一直蔓延到左臂。他昨晚刚从急诊室出院，入院也是因为一样的症状，即心绞痛发作。我给他做了检查，然后叫人去附近的药店买硝化甘油喷雾。在我们等待的期间，怀孕的克拉丽莎冲了进来，瘫倒在杰里脚下的长凳上。她哭哭啼啼，有些语无伦次。她吸食了可卡因，并且刚刚与她男友兼孩子的父亲，在街头发生了剧烈争执。她的情绪十分激动。我在用听诊器听杰里的心肺功能时，都听到了他们的争吵。

我们为克拉丽莎安排了几次产检，但她都没有出现。超声显示她已经怀孕

17周了，超过了早期流产的期限。虽然延期终止妊娠仍是可能的，但克拉丽莎在超声检查时听到了胎儿心跳后，似乎不太愿意做出这个选择。更准确地说，她一直处于吸毒后的恍惚状态中，所以也无法做出任何决定。该来的总会来。我对自己说，我们可能会再次面临西莉亚当时的情况，我需要让大家做好这样的准备。我简单地安慰了一下克拉丽莎，后来另一名房客把她带走了，并向她保证会给她一些"让她感觉好点儿"的东西。她和这个伙伴一起走向电梯，摇摇晃晃地穿着高跟鞋，牛仔裙下的大腿几乎全部暴露在外。今早，在11月的寒风中，她就如此单薄地站在街角来着。

喷了硝化甘油后，杰里的不适有所减轻，我再次准备离开。酒店的老员工萨姆坐在他的办公桌前，指了指酒店外门和内门之间的入口。肯扬站在那儿，拄着拐杖，身子弯得像个问号。血从他头上滴下来，在地板上形成了一片星星点点的图案——这是个好征兆，他应该没有受重伤。"四年内被袭击300次！"他哀号着，拖长了元音，尖厉的声音因愤怒和痛苦而变得更加尖锐。"这家伙把我推倒在地，因为他想抢劫，却发现我身上没有10加元或20加元，只有1加元50分的零钱，于是他把我的脑袋撞向水泥地……300次袭击。你是我的证人。"

我记得就在上周，肯扬要求增加他服用的抗抑郁药丙咪嗪（imipramine）的剂量。他说："因为我总做一些让我哭的梦。"

"你做噩梦了？"

"不，那是美梦。我梦见我回到了大草原，有了家，有了妻儿。然后我醒过来，发现自己仍在这里，在市区东部。于是我就开始哭泣。我想要更多的药物，这样我就不用总是哭了。"

我用戴着手套的手拨开肯扬灰白的头发，发现一个小小的、渗血的头皮裂伤。"没关系。"我告诉他，"你不需要缝针。你会没事儿的。"我简单嘱咐了萨姆，然后走出门，踏入了被风吹得灰蒙蒙的午后。

在黑斯廷斯街的人行道上，在路人的践踏下，刚刚落下的雪已经被踩成了冰泥。

In the Realm of
Hungry Ghosts

后　记

佩妮于 2007 年 4 月 23 日在圣保罗医院去世，她因食管破裂无法手术，最后大出血而死，享年 52 岁。"如果我能挺过这一关，我会戒掉可卡因。"她临死前几天告诉我——但她从未真正戒除。在她生命几乎最后的时刻，她仍在央求别人偷带可卡因进她的病房。

她的葬礼公告上写道："在她最好的朋友贝弗利的建议下，我们将在仪式后吃纸杯蛋糕，喝葡萄汽水。"

附录 A

收养与双胞胎研究悖论

———

医学文献十分强调精神障碍与成瘾的遗传原因，这令人惊讶，因为它们往往基于一些逻辑并不可靠的研究。正如一篇评论所言：

> 对收养和双胞胎研究假设的批判性分析，以及遗传连锁研究遭到的连续撤回，都表明了有关精神疾病遗传基础的实证并不充分。[1]

成瘾医学中对基因决定论的支持依赖于两个假设，而如果我们深入研究，就会发现这两个假设并不牢靠。这两个假设是：

1. 对收养儿童的研究可以区分遗传和环境的影响。

2. 我们可以通过观察同卵双胞胎和异卵双胞胎之间的异同，来区分基因和环境的影响。

一名精神疾病领域（包括成瘾）的杰出研究者归纳了其中的逻辑线：

> 双胞胎与收养研究为大部分主要精神疾病的显著遗传效应提供了令人信服的证据。因此，增加这些疾病风险的基因必然存在于人类基因组的某一处。[2]

问题在于一个隐蔽的循环：一个人检视了这些研究，并且认为其中包含基因上因果关系的可信证据，说明他早已接受基因决定论的概念了。

为什么遗传学家们选择了收养研究作为遗传效应的测试依据呢？为了帮助读者理解这一点，我们可以想象一个普通的（非收养的）家庭情况，一个孩子在他亲生父母的陪伴下成长。如果父母的一方和孩子患有同样的疾病，那么这种疾病当然有可能是通过基因遗传的。目前这个推理还算合理，但是由于很明显，孩子会在方方面面受到父母的影响，一种疾病"在家庭中的延续"并不一定指向遗传原因。例如，如果我的一个孩子上了医学院，并不意味着想当医生是一种遗传病。正如一名十分有威望的行为遗传学家所指出的："由于父母与子女共享家庭环境和遗传因素，所以父母与子女的相似性并不能证明遗传的影响。"[3]

而有关收养的研究就可以支持遗传的影响。如果一个孩子被收养了，他所携带的是从自己的生父母那里获得的基因，但如今他在一个完全与生父母无关的环境中成长。如果他仍然患上了和自己的生父或生母同样的疾病，那么这种疾病就应该是有遗传性的。如果我们接受这一逻辑，然后再看看收养研究的结果，那么如酗酒一类的成瘾问题看起来很大程度上是由基因遗传导致的。然而，当我们进一步审视时，就会发现这个结果基于一个巨大的"如果"。

在第 19 章中，我们看到了产前压力如何影响大脑的发育。如果简单地从收养研究中得出结论说酗酒有家族遗传性，一定与基因有关，这一推论其实忽视了出生前环境因素的影响。

此外，并非所有孩子都在一出生时就被收养了。在一项规模最大、被引用最多、最有影响力的"证明"酗酒遗传原因的研究中，甚至有收养儿童在被领养前与生父母一起居住了长达三年的时间；而该研究中的平均收养年龄为八个月。该项研究对比了那些生父母为酗酒者的收养儿童和那些生父母非酗酒者的儿童后，得出结论称生父的酗酒对男性后代的酗酒影响最大。[4] 但即便如此，也不能证明酗酒必然是由遗传所导致的。

考虑到产前压力会造成的长期影响，以及出生后所处环境对大脑发育的显著影响，那些生父为酗酒者的婴儿未来更容易发展出酗酒问题，真的令人惊讶吗？我们从童年逆境体验研究中得知，酗酒与许多创伤性境况有关。例如，父母中的任何一方酗酒，都会让母亲遭受殴打的概率增加 13 倍。[5] 我们可以考虑一下一个女性和酗酒的男性伴侣共同生活的体验，我们可以设想她在孕期和产后会经历的不安全感，以及可能遭受到的虐待——不论是在孩子出生前还是出生后，这些女性可能承受的压力都比其他多数孕妇要大得多。此外，如果一个孩子在他生命的最初几个月，甚至最初三年，都在这样的环境下度过的话，那么他的依恋－奖赏、激励－动机、自我调节系统，以及压力反应机制，在被收养前就已经受到了严重损害。因此，这些研究并不能证明遗传基因的效应。而对其他的收养类研究，我们也都可以以此类推，甚至提出更广泛的反对意见。[6]

双胞胎研究被公认为人类遗传研究调查的黄金标准。许多基因研究者认为，通过比较同卵双胞胎和异卵双胞胎，我们可以将基因的影响与环境的影响区分开。其中潜在的假设是：同卵双胞胎和异卵双胞胎是在完全相同的环境下成长的。正如一名做过许多双胞胎研究的遗传学家所言："我们的双胞胎模型假设，同卵和异卵双胞胎⊖都暴露在相似的环境因素中。"[7] 正如我们所见，这是一个毫无根据的假设。

同卵双胞胎拥有完全相同的基因；而异卵双胞胎拥有部分相同的基因，其

⊖ 同卵：精子和卵子相同，会生出同卵双胞胎。异卵：精子和卵子都不同，会生出异卵双胞胎。

比例并不比其他的兄弟姐妹多——约 50%。很多人认为，一对同卵双胞胎不仅共享基因，而且除非被不同的家庭收养，否则他们也共享完全相同的环境。而异卵双胞胎由同一父母所生，也共享完全相同的环境，只是拥有不完全相同的基因。故而按此逻辑，异卵双胞胎的不同一定是基因遗传导致的。确实，在对成瘾的双胞胎研究中发现，同卵双胞胎之间的相似性或一致性，总是比异卵双胞胎高。也就是说，同卵双胞胎共有成瘾问题的概率比异卵双胞胎高。例如，在酒精成瘾中，同卵双胞胎的一致性大约是异卵双胞胎的两倍。这个结果被一篇评论文章指出"与成瘾的遗传理论一致"。[8]

但这一发现至少也与环境因素一致。显而易见，异卵双胞胎和同卵双胞胎的成员享有的环境相似度不可能一样。实际上，它们差别很大。

首先，异卵双胞胎们在生理上的差异，与普通兄弟姐妹并无差别。无论他们经历什么，他们对这些经历的主观体验都会不同。例如，如果其中一人天生高度敏感，从子宫早期到整个童年，他都会比他"更为坚强"的兄弟姐妹更敏锐地感知和吸收同一事件的影响。当然，同卵双胞胎之间也可能存在性格差异，但程度不及异卵双胞胎。

其次，我们可以回想一下，抚育环境中最重要的方面是与父母的情感互动。即使有着再多的爱和善意，和异卵双胞胎比起来，家长也更可能对同卵双胞胎做出相似的回应。例如，父母真的会以同样的方式，看待具有不同性别和性格的非同卵双胞胎吗？面对一个身材娇小的女婴和一个身材更大、更强壮的男婴时，家长会用同样的语调，或同样的方式与他们玩耍吗？更深入地说，父母会对孩子们有同样的恐惧、希望和期待吗？显然并非如此：每一个孩子对家长都代表了一些不同的东西，这也意味着孩子们并不会在相同的条件下成长。他们成长环境的差异不仅限于家庭中，在操场上或学校里，异卵双胞胎也比同卵双胞胎更可能拥有完全不同的朋友和经历。因此，通过比较同卵与异卵双胞胎就可以区分遗传和环境效应的假设自然也就崩塌了。与异卵双胞胎相比，同

卵双胞胎的成长环境更为相似。[⊖]

对于那些坚持基因效应的人而言，还有最后一道防线：在一些双胞胎研究中，同卵双胞胎在出生时离开生父母的家庭，并被分开在不同家庭中成长。这下所有的相似之处一定源于基因遗传，而不同之处则源于环境了吧？毕竟这对双胞胎暴露在不同的环境（家庭）中，而显然他们有着同样的基因——因此，任何相似之处都必然是基因所造成的，而任何不同之处都必然是成长环境导致的。这样一来，基因研究的白金标准就在表面上由被不同家庭收养长大的双胞胎研究满足了。于是我们又回到了收养研究上，但即使在这里，基因假说仍存在漏洞。

被不同的养父母抚养长大的同卵双胞胎并非没有过相同的成长环境。他们在同一个子宫里待了九个月，暴露在同样的饮食、激素和"信使"化学物质下。他们在出生时就与生母分离，背离了哺乳动物婴孩想要立即依恋母亲乳房的自然反应。婴儿在出生时就对母亲的生物节律、声音、心跳和能量十分敏感。从子宫中被排出的体验是一个巨大的冲击，其本身就已是一种创伤，而被迫离开熟悉的环境会进一步增加创伤体验。[⊖]从动物研究中，我们了解到早期断奶可能会对后续的药物摄取产生影响：在两周时从母亲处断奶的幼鼠，比晚一周，即三周时断奶的幼鼠，在成年后更容易饮酒。⁹难怪被领养的孩子更容易患上如 ADHD 一类的发展障碍，而这些发展障碍会增加成瘾的风险；难怪许多在婴儿期被收养的人终生都会感受到强烈的被抛弃感，被收养的青少年的自杀风险也比非收养者足足高出一倍。¹⁰

最后，我们也已讨论过一个始终在场的、充满关怀的照料者对大脑正常发育起到的关键性作用。在一些研究中，婴儿出生后并不会立刻被领养，他们可

⊖　事实上，即使同卵双胞胎也未必有完全相同的成长环境。我曾见过一对同卵双胞胎接受到相
　　当微妙却非常不同的养育。

⊖　通过分享子宫，双胞胎也会在彼此间建立一种纽带。离开彼此也会给他们带来严重打击，即
　　使他们对此并无意识。

能会被放在医院里由护士照看。一个护士最多轮班 12 小时，因此婴儿会被持续暴露在来来去去的不同照看者构成的不稳定的环境之中。部分婴儿得到了寄养父母的照料，但他们在被收养时又会再次离开自己熟悉的面孔。考虑到以上这些因素，我们很难假设被收养的同卵双胞胎的成长环境截然不同。在被收养之前，这些同卵双胞胎已经共同受到许多重要环境因素的影响了。

还有一个十分重要的环境因素在起作用。异卵双胞胎在性别、相貌和反应模式上可能都十分不同，与他们相比，世人更可能对同卵双胞胎做出相似的回应，因为他们的性别、遗传倾向和身体特征都相同。换言之，同卵双胞胎即使在被领养到不同的家庭之后，他们所面临的环境因素仍然很可能是十分相似的。

因此，同卵双胞胎的收养研究所能提供的关于基因遗传效应的信息其实十分有限。

在另一项颇有影响力的双胞胎酗酒研究中，作者们虽然对基因遗传解释有强烈的倾向性，但仍然写道："目前，我们还无法确定基因的任何遗传效应。"[11]

附录 B

紧密关联：ADD 与成瘾

———

读者可能已经注意到，我在本书里描述或引用过的许多患者，都患有终生的注意缺陷（多动）障碍，也被称为 ADHD（如果不存在多动特征，则被称为 ADD）——人们常常互换使用这两个缩略词，但这么做容易让人困惑。简明起见，我在这里就统称为 ADHD，但请记住多动症状可能存在，也可能不存在。不过在成瘾男性身上，往往存在多动症状。

为可卡因和安非他明成瘾者做多动症诊断是一件棘手的事情，因为这些药物本身也会导致身心的高度活跃和紊乱。在可卡因或冰毒的影响下，一个镇定的常人也可能会表现得像患有严重 ADHD 一样。另一个复杂的因素是，从青春期开始，ADHD 患者对可卡因和其他兴奋剂上瘾的风险就更大。所以区分究竟是先有成瘾还是先有 ADHD，成了一件很困难的事。我自己也患有 ADD，因此我可以直觉地识别出他人身上的症状，但是诊断的关键在于自童年时期开始的 ADHD 症状史，而这往往是早于他们的药物使用的。

　　ADHD 是成瘾的一个重要诱因，但它常常被医生忽略。我的许多成瘾患者有显而易见的 ADHD 特征，但他们在整个童年和成年期都没有得到诊断，这种情况频繁得令我吃惊。也有一部分人在儿时被诊断，但是似乎从未接受过持续的治疗。而成人接受治疗的情况就更少见了。耶鲁大学的一项研究显示，在吸食可卡因的 ADHD 患者中，那些只接受成瘾治疗而未接受 ADHD 治疗的人，预后效果并不好。在这项耶鲁大学的研究里，有多达 35% 接受成瘾治疗的可卡因使用者，达到了儿童 ADHD 的诊断标准。[1]在另一项研究中，多达 40% 的成年酗酒者被发现有潜在的注意缺陷（多动）障碍。[2]患有 ADHD 的人出现物质滥用的可能性是常人的两倍，而他们从使用酒精转移到其他精神活性药物的可能性是常人的四倍。[3]ADHD 患者也更容易吸烟、赌博，以及进行其他成瘾行为。在冰毒成瘾者中，有相当多的一部分人（30% 或更多）终生患有 ADHD。[4]

　　ADHD 和成瘾倾向之间的联系是显而易见的，甚至可以说是不可避免的。这种联系与遗传学没什么关系。尽管很多专家普遍认为 ADHD 是"所有精神障碍中遗传性最强的"，但其实 ADHD 的遗传性并不比成瘾高。那些无法证实成瘾遗传性的双胞胎和收养研究，也使 ADHD 的遗传理论失信。在此我就不做赘述了。基本上，ADHD 和成瘾倾向都是由压力性的童年早期经历导致的。虽然 ADHD 很可能存在一定的遗传倾向，但是倾向和注定是完全不同的两个概念。有相似倾向性的两个孩子并不会自动以相同的方式发展，环境会起到决定性作用。

　　我在《散乱的大脑：注意障碍起源和治疗的新视角》（*Scattered Minds: A New Look at the Origins and Healing of Attention Deficit Disorder*）[⊖]一书中介绍

　　⊖　在美国出版的书名是《散乱：注意障碍的起源和应对》（*Scattered: How Attention Deficit Disorder Originates and What You Can Do About It*）。虽然书中内容完全相同，但我认为美版的书名过于简化，落入了流行自助书的窠臼。

了有关 ADHD 大脑发育的相关信息。此后的科学研究证实了产前和产后压力是 ADHD 的重要决定因素。例如，一项最近的研究表明，22% 的八岁和九岁儿童的 ADHD 症状与孕期母亲的焦虑直接相关。[5] 受虐儿童比其他儿童更容易被诊断为 ADHD，在 ADHD 儿童的大脑扫描中，有一部分大脑结构往往存在异常，而这个部分与因童年创伤而受影响的大脑结构相一致。[6]

我并不是说虐待是 ADHD 的病因，虽然它确实会增加 ADHD 的风险，我想表达的是早期童年压力是 ADHD 的一大影响因素，而虐待只是早年压力的一种极端形式。早年压力（例如母亲抑郁）会对大脑产生影响，增加一个人在 ADHD 和成瘾方面的易感性。母婴关系中的压力或干扰，会给中脑和前额皮质中的多巴胺系统带来永久性改变，而这种紊乱与 ADHD、物质滥用以及其他成瘾都有相关性。[7] 如果说 ADHD 和其他儿童发展性问题在我们的社会中正变得愈加普遍，那么该现象背后的原因不是"不良的教养方式"，而是一代代的家长所处的教养环境压力在日益增长。父母，尤其是母亲，在孩子早年获得的支持在逐渐减少。问题不在于个别父母的失败，而在于社会和文化的灾难性崩塌。

ADHD 和成瘾在其特征和神经生物学上都有很多共同点。它们都属于自我调节功能方面的障碍，也都涉及异常的多巴胺活动。事实上，用来治疗 ADHD 的药物是兴奋剂，如哌甲酯，即利他林和专注达（Concerta），或安非他明类混合盐，即右苯丙胺（Dexedrine）和阿得拉（Adderall），其作用方式是增加重要脑回路中的多巴胺活动。[8]ADHD 和成瘾患者的人格特征通常相同：自我调节能力差，冲动控制能力不足，分化不足，需要不断寻找可以帮助自己从痛苦的内心状态中转移注意力的事物。这些转移注意力的方式可以是内在的，比如走神，也可以是外在的，比如通过活动、事物、人或药物获得刺激。

所以，ADHD 患者有自我药物治疗的倾向。

这些结果有两重含义：首先，在儿童时期及时识别 ADHD，并进行恰当的治疗是很重要的。正如我在《散乱的大脑》中所写，并非所有人都必须接受药物治疗，何况药物在任何情况下都不应该是唯一的治疗方法。ADHD 不是一种疾病，不论它是否由遗传所引起；它更多是一个发展性问题。关键不在于如何控制症状，而在于如何帮助孩子健康地发展。这是我在《散乱的大脑》中的一个主要论点，在这里我就不做赘述了。然而，大部分被诊断为 ADHD 的孩子都只接受了药物治疗，这十分令人痛心。药物治疗确实在治疗成人和儿童方面有其作用，但对于后者我们应谨慎用药，尽量不将药物作为一线治疗方案。尽管如此，研究表明，比起那些接受兴奋剂治疗的儿童，未接受任何治疗的 ADHD 儿童更容易在之后发展出成瘾问题。[9] 这点是说得通的，因为在某种层面上，所有物质成瘾都是一种自我治疗的尝试。一项研究显示，32% 的 10 ~ 15 岁青少年之所以开始使用甲基安非他明（冰毒），是为了达到镇静效果。[10] 在小鼠实验中，那些最多动的小鼠们也往往最容易自行使用兴奋剂。[11]

其次，在治疗有任何成瘾问题的成年人时，留意他们是否同时患有未经治疗的 ADHD 也十分重要。根据我个人的经验，结合我此前和数百名 ADHD 成人工作的经验，我知道解决 ADHD 问题对成瘾者有很大帮助。相应地，在治疗成人或青少年 ADHD 时，我们也需要留意成瘾行为。如果忽视了可能加剧潜在问题的成瘾行为，我们就很难成功治疗 ADHD。无论让这个人沉迷其中的是成瘾药物，还是在我们文化中随处可见，甚至被置于迷人聚光灯下的其他成瘾行为。

附录 C

预防成瘾

————

　　我来简单说说预防。预防常常与减害、治疗和执法共同出现，是戒瘾社会政策的四大支柱之一。在实践中，在这些所谓的四大支柱中，只有第四个支柱得到了政府毫无疑问的慷慨资助。

　　物质滥用的预防也需要从襁褓开始。在此之前，我们要先建立一个社会共识，即儿童的发展对我们文化的未来十分关键。我们需要为孕妇提供更多支持。早期产检不应只包含血液检查、身体检查和营养建议，也应包含对女性生活压力事件的探讨。我们应动用一切资源，尽可能让她体验一个在情感、身体和经济上都毫无压力的孕期。雇主和政府都需要认识到，妊娠期和出生后的头几个月、头几年，对婴儿的健康发育有至关重要的作用。从心理、文化和经济中任一角度来看，这都是最具成本效益的方法。受到良好的情感滋养，在稳定的社区里成长的孩子，不会有成瘾的需求。

　　我做家庭医生期间，发现自己常常处于一个可笑的境地：我常常不得不写信解释为什么一个女人在婴儿出生后，最好在家里多待几个月以便进行母乳喂养。我们的社会已经如此脱离这种与生俱来的生理和情感层面的育儿活动，以至于我们需要以医学为依据来说服人们。我们不应该迫使这些新父亲或母亲迅速返回工作岗位，而应腾出资源帮助他们在孩子最关键的早期发展时期尽可能长时间地陪伴子女（如果他们愿意的话）。这对于社会财政的节约是巨大的，更别提它所带来的人道利益了。另外，如果早期的日托不可避免，或是家长希望的，我们则需要确保这些设施中有训练有素的工作人员和足够的资源，能在为孩子提供身体上的护理的同时，也提供情感上的滋养。不仅托儿所如此，在儿童的整个教育过程中，我们都应做到这些。

　　目前已有充分证据显示，作为一种早期干预，支持性的护理家访对高危家庭大有裨益。鉴于我们的社会中存在的问题家庭数量之大，我们应该更广泛地开展这类项目。

　　当我们谈及教育，大多数政府似乎认为预防主要在于告知人们，尤其年轻人，成瘾药物的危害。当然，这个目标有其价值，但是这种形式的预防和所有行为导向的项目一样，很难产生显著影响。这是因为，那些最高危的孩子很难接收到这些信息，即使听到了也很难照做。认知上的了解固然重要，但是与深层的情绪和心理驱力相比，则显得苍白无力。许多成人都是如此，儿童就更是如此。

　　那些曾经遭到成年人虐待或疏远的儿童，不会视成人为榜样，也不会向成人寻求建议或信息。然而，正如我们所见，这些儿童最容易发生物质使用问题。我们在预防霸凌的工作中也看到了同样的问题：欺凌或受害的动力深植于受害儿童心中。这就是为什么道德说教和多数的反霸凌项目对日益增长的青少年霸凌问题收效甚微。如果不处理导致这些问题行为背后的心理动力，那么任何试图改变或预防这些行为的计划最终都会失败。

　　如果学校和其他育儿机构希望通过教育来进行预防工作，他们首先需要在师生间建立一种情感支持性的关系，让学生们感到被理解、接纳和尊重。只有在这样的氛围中，我们才能有效地传递信息，也只有在这样的氛围中，青少年才能对成年人产生足够的信任，愿意在遇到问题或困扰时及时求助。

　　所有关心儿童和青少年的成人都要记住，只有与成人建立健康而滋养的关系，才能防止孩子们迷失在同龄人的世界中——这是一种会迅速导致成瘾药物使用的迷失。[1]

In the Realm of
Hungry Ghosts

附录 D

十二步戒瘾法

————

虽然我自己没有积极参与过十二步戒瘾法项目，但是我认为这个项目列举的方法很有价值，并且有效地帮助了许多人以清醒或禁绝的方式生活。正如我在第 29 章中解释的，禁绝是对成瘾物质和行为的严格回避；而清醒则是一种精神状态，它所聚焦的不是远离坏事，而是以一种积极的价值观和意愿去引导生活。它意味着活在当下，既不被过去的幽灵驱使，也不被未来的幻想和恐惧折磨。

下面列出的步骤是匿名戒酒协会的《大书》中建议的经典步骤，它们构成了所有十二步戒瘾法项目的基础。楷体部分是我的评论。

1. 我们承认我们对酒精（麻醉剂、可卡因、食物或赌博等）无能为力，我们的生活已经变得无法驾驭。

在第一步中，我们接受成瘾过程对生活的全部负面影响。这是我们面对人

类否认本能所取得的巨大胜利。我们认识到，自己的决心和策略，不论有多善意，都不能将我们从成瘾过程中解放出来。成瘾机制深植于我们的大脑、情感和行为之中。

2. 我们相信有一个比我们自身更高的力量，这个力量能够使我们恢复健全的精神。

我在第 31 章中解释了我对于这个更高的力量的理解。它可以意味着对神明的信仰，但并不必然如此。它意味着关注更高的真理，而不是自我的即时欲望和恐惧。

3. 我们决定把意志和生活托付给我们所认识的"上帝"。

"上帝"这个词对很多人来说都有宗教意义。但对于其他许多人而言，这个词则意味着信任人类精神核心中存在的一些普遍真理和更高的价值，而它们正是贪婪、焦虑、受过往条件支配的自我惧怕和抵抗的。

4. 我们愿意进行一次彻底、无畏的自我道德盘点。

此处的目的不在于自我谴责，而是给清醒的生活准备一个全新的开始。我们探索自身的良知，以确定自己在哪里、如何背叛了自己或他人。这不是为了让我们沉溺于愧疚之中，而是为了把我们从当前的负担中解脱出来，帮我们扫清通往未来的道路。

5. 我们向"上帝"、自己和他人承认自己过错的本质。

怀着对自己的慈爱，我们充分承认自己在第四步中发现的一切。我们可以把这些信息以日记的形式传达给自己或他人。这样，我们就可以把这种道德自我探索变成一种具体的现实。我们不再为自己的行为感到羞耻，取而代之的是责任感。我们从无力走向力量。

6. 我们要完全准备让"上帝"去除自己人格上的一切瑕疵。

我们承认，我们的错误和缺乏诚信并不能代表真正的自我；我们承诺，在未来这些倾向继续出现时（它们一定会再次出现），尝试放手。在这个过程中，我们向自身所理解的更高的力量寻求启迪和支持。

7. 我们谦卑地恳求"上帝"除去我们的缺点。

我们的缺点使我们无法发挥自己真正的潜力，甚至忽视了这些潜力。因此，在放弃成瘾行为所带来的短暂奖赏的同时，我们选择了一个更丰富多彩的自我。谦卑取代了骄傲，取代了极度膨胀的自我。

8. 列出一份所有我们伤害过的人的名单，并甘愿弥补他们。

我们做好了准备，为我们曾经对他人犯下的每一个作为或不作为的罪行承担责任。我们这么做不是出于羞愧，而是出于我们对于自身成长和他人心灵安宁的承诺。

9. 我们需要尽可能直接弥补他们，除非这样做会伤害他们或其他人。

这一步的关键在于第八步中的"甘愿"。这一步无关我们自己，而关乎他人。它不是为了让我们自身感觉良好，也不是为了做给别人看；它的目的在于提供适当的补偿。对于一些我们曾经伤害过的人，这一步将引导我们向他们表达全部的责任和悔恨。而对于另一些人，视当下的情境和他们独特的感受，我们可能需要恭敬地离开，即使这意味着我们需要接受自己将继续被他们厌恶下去的事实。我们对于他人对我们看法的恐惧，不应驱使或阻碍这一步骤。

10. 我们应经常持续进行道德盘点，若有错失，就立即承认。

很明显，这一步是将第四步付诸行动。作为人类，我们大多数人的言行与完美的圣洁都相差甚远，除非这样的盘点会让我们低到尘埃之中，否则我们不能停止这个道德自我反省的过程。我们必须持续进行盘点。

11. 通过冥想，增进我们与所认识的"上帝"的有意识的接触。

这不是要求屈从，而是为通往自由之路提供的建议。我相信，人类生命是由四大支柱的平衡构成的：身体健康、情感整合、理智觉察和精神实践。世间并无关于精神实践的处方。佛陀有云，"做自己的明灯"。对我自己而言，我发现灵性阅读、沉思和正念冥想打开了通往心灵的大门。祷词无法启发我，虽然最近我也留意到自己越发自然地被它吸引。如果我们进行祷告，也不是为了自我的奖赏或利益，而是为了获得坚定的意志，去追随更高力量的引导。

12. 实行这些步骤会带来我们精神上的觉醒，我们也会努力把这个讯息传递给其他人，并自身在生活中反复实践。

向他人传递讯息，意味着我们在实践正直、诚实、清醒和慈悲的原则。这可能意味着在恰当且对方欢迎的时候提供支持和指导，而非代表任何项目、团体或信仰进行传教。尤其在对方并未邀请的情况下，我们不应过分唠叨或自以为是地给予建议。"有耳可听的，就让他听。"

致　　谢

　　我首先要感谢那些信任我，允许我作为作家和他们的医生，在书中讲述他们人生故事的男男女女。正如我在前言中所述，他们选择这么做是为了帮助他人了解成瘾，以及成瘾者的体验。我将能与他们一起在市区东部工作视为一种特权。我也要感谢那些不是我的患者的人，比如史蒂芬·瑞德，以及其他一些我在书中没有提及姓名的人。他们都向我和我的读者们分享了他们在成瘾上的困扰和挣扎。

　　我也要由衷感谢加拿大协会（Canada Council）为本书的研究和筹备提供的资助。

　　以下杰出研究者和临床工作者都曾拨冗分享自己的知识和观点，并大幅提升了我对成瘾和成瘾过程的理解：雅克·潘克塞普博士、阿维埃尔·古德曼博士、布鲁斯·佩里博士、杰弗里·施瓦茨博士，以及布鲁斯·亚历山大博士。

　　我也要感谢四位编辑。加拿大克诺夫出版社（Knopf Canada）的戴安娜·马丁（Diane Martin）对温哥华市区东部的成瘾者充满深刻的同情。就像我们之前的每次合作一样，她从本书的构思阶段就一直鼓励我；她缜密的编辑也很大程度上提高了本书的成品质量。我的儿子丹尼尔曾担任我的一线编辑，在我撰写初稿期间，他对初稿逐章进行了审阅和修改。他的语言天赋和润色能力为许多段落增色不少，例如，要感谢丹尼尔为我们带来了诗歌——费尔医生的"OFC的糟糕日子"。由于他与作者本人和波特兰酒店的住户都很熟识，他用自己对父亲的机敏觉察保证了本书的真实性，避免它落入过度戏剧化或学术化的陷阱。我也感谢丹尼尔对个人经验坦诚而充满洞察力的分享。我的妻子蕾伊·马泰也对写作有很大贡献：她友善细致又不失敏锐的批评贯穿并影响了整个成书过程。另一位要感谢的是安大略省洛克伍德市的文字编辑凯瑟琳·迪恩（Kathryn Dean）。她顶着逼近的截稿日，充满同情和技巧地润色了整部手稿，并耐心地接受和改进了我最后一秒塞进去的各种变动。

我很感谢艾德·麦卡迪（Ed McCurdy）提供的书名建议，感谢本书中化名安妮的朋友提供的对十二步戒瘾法过程的细致理解，以及对本书第一部分的精辟意见。

还有其他很多人曾在本书出版前阅读过本书，或提供指导意见。尽管一开始我无法欣然接受，但他们的洞见与直言不讳都极有帮助。另外，我也要感谢：玛格丽特·冈宁（Margaret Gunning）、梅丽·坎贝尔（Mairi Campbell）、丹·斯摩（Dan Small）、克斯廷·施图尔贝彻（Kerstin Stuerzbecher）和莉兹·埃文斯（Liz Evans）。

在作者说明中，我已经感谢了杰出摄影师罗德·普雷斯顿对本书的贡献。相信所有本书的读者也会跟我一样，感谢他为本书做的工作。

最后，千言万语也不足以表达我对蕾伊的感谢，她对我的工作始终充满信任，并给予了稳定和无私的支持。

注　释

第 1 章　他有过的唯一的家

1. Elliot Leyton, "Death on the Pig Farm: Take one," review of *The Pickton File*, by Stevie Cameron, *The Globe and Mail*, 16 June 2007, D3.

2. Anne Applebaum, *Gulag: A History* (New York: Anchor Books, 2004), 291.

第 2 章　成瘾药物的致命支配

1. Lorna Crozier and Patrick Lane, eds., *Addicted: Notes from the Belly of the Beast* (Vancouver: Greystone Books, 2001), 166.

第 3 章　天堂之钥：逃离痛苦的成瘾

1. V.J. Felitti, "Adverse Childhood Experiences and Their Relationship to Adult Health, Well-being, and Social Functioning" (lecture at the Building Blocks for a Healthy Future Conference, Red Deer, Alberta, 24 May 2007).

2. J. Panksepp, "Social Support and Pain: How Does the Brain Feel the Ache of a Broken Heart?" *Journal of Cancer Pain and Symptom Palliation* 1(1) (2005): 29–65.

3. N.I. Eisenberger, "Does Rejection Hurt? An FMRI Study of Social Exclusion," *Science*, 10 October 2003, 290–92.

4. R. Shanta et al., "Childhood Abuse, Neglect and Household Dysfunction and the Risk of Illicit Drug Use: The Adverse Childhood Experiences Study," *Pediatrics* 111 (2003): 564–72.

5. Primo Levi, *The Drowned and the Saved*, trans. Raymond Rosenthal (NewYork: Vintage International, 1989), 158.

6. Ibid, 25.

7. Saul Bellow, *The Adventures of Augie March* (New York: Penguin Books, 1996), 1.

8. Peter Gay, *Freud: A Life for Our Time* (New York: W.W. Norton, 1998), 44.

第 8 章　总会有一些光亮

1. Carl Rogers, *On Becoming a Person: A Therapist's View of Psychotherapy* (New York: Houghton Mifflin, 1995), 283.

第 9 章　将心比心

1. Sakyong Mipham, *Turning the Mind into an Ally* (New York: Riverhead Books, 2003), 14.

2. Daniel Barenboim, *A Life in Music* (New York: Scribner's, 1991), 58.

3. Everett Fox, trans., *The Five Books of Moses* (New York: Shocken Books, 1995).

第 11 章　什么是成瘾

1. D.K. Hall-Flavin and V.E. Hofmann, "Stimulants, Sedatives and Opiates," in *Neurological Therapeutics*, vol. 2, ed. J.H. Noseworthy (London and New York: Martin Dunitz, 2003), 1510–18.

2. N.S. Miller and M.S. Gold, "A Hypothesis for a Common Neurochemical Basis for Alcohol and Drug Disorders," *Psychiatric Clinics of North America* 16(1) (1993): 105–17.

3. F. Noble and B.P. Roques, "Inhibitors of Enkephalin Catabolism," chap. 5 in *Molecular Biology of Drug Addiction* (Totowa, NJ: Human Press, 2003), 61.

4. M.A. Bozarth and R.A. Wise, "Anatomically Distinct Opiate Receptor Fields Mediate Reward and Physical Dependence," *Science,* 4 May 1984, 516–17.

5. "Recovering Church: The 2005 Greenfield Lectures," St John the Baptist Episcopal Church, Portland, Oregon; http://www.st-john-the- baptist.org/ Greenfield_lectures.htm.

第 12 章　从越战到"老鼠公园"：药物导致成瘾吗

1. G.M. Aronoff, "Opioids in Chronic Pain Management: Is There a Significant Risk of Addiction?" *Current Review of Pain* 4(2) (2000): 112–21.

2. A.D. Furlan, "Opioids for Chronic Noncancer Pain: A Meta-analysis of Effectiveness and Side Effects," *CMAJ* 174(11) (23 May 2006): 1589–94.

3. S.R. Ytterberg et al., "Codeine and Oxycodone Use in Patients with Chronic Rheumatic Disease Pain," *Arthritis and Rheumatism* 14(9) (September 1998): 1603–12.

4. L. Dodes, *The Heart of Addiction* (New York: HarperCollins, 2002), 73.

5. L. Robins et al., "Narcotic Use in Southeast Asia and Afterward," *Archives of General Psychiatry* 23 (1975): 955–61.

6. A.J.C. Warner and B.C. Kessler, "Comparative Epidemiology of Dependence on Tobacco, Alcohol, Controlled Substances, and Inhalants: Basic Findings from the National Comorbidity Survey," *Experimental and Clinical Psychopharmacology* 2 (1994): 244–68.

7. B. Alexander, "The Myth of Drug-Induced Addiction: Report to the Canadian

Senate," January 2001; http://www.parl.gc.ca/37/1/parlbus/commbus/senate/com-e/ille-e/presentation-e/alexender-e.htm.

8. Robins et al., "Narcotic Use in Southeast Asia," 955–61.

9. Peter McKnight, "The Meth Myth: Hooked on Hysteria, the Media Are Big on Anecdote and Short on Science in Dealing with the Latest 'Most Dangerous Drug,'" *The Vancouver Sun*, 25 September 2005, C5.

10. D. Morgan et al., "Social Dominance in Monkeys: Dopamine D2 Receptors and Cocaine Self-administration," *Neuroscience* 5(2) (2005): 169–74.

11. Alexander, "The Myth of Drug-Induced Addiction."

12. B. Alexander et al., "Effects of Early and Later Colony Housing on Oral Ingestion of Morphine in Rats," *Psychopharmacology Biochemistry and Behavior* 58 (1981): 175–79.

13. J. Panksepp et al., "Endogenous Opioids and Social Behavior," *Neuroscience and Biobehavioral Reviews* 4 (1980): 473–87.

14. L.N. Robins, "The Vietnam Drug User Returns," in *Special Action Office Monograph Series A (No. 2)* (Washington, DC: U.S. Government Printing Office).

第 13 章　成瘾的大脑状态

1. Robert L. Dupont, *The Selfish Brain: Learning from Addiction* (Center City, MN: Hazelden, 2000), xxii.

2. C.P. O'Brien, "Research Advances in the Understanding and Treatment of Addiction," *The American Journal on Addiction* 12(836–847) (2003).

3. G. Bartzokis et al., "Brain Maturation May Be Arrested in Chronic Cocaine Addicts," *Biological Psychiatry* 5(8) (April 2002): 605–11

4. R.Z. Goldstein and N.D. Volkow, "Drug Addiction and Its Underlying Neurobiological Basis: Neuroimaging Evidence for the Involvement of the Frontal Cortex," *American Journal of Psychiatry* 159 (2002): 1642–52.

5. Charles A. Dackis, "Recent Advances in the Pharmacotherapy of Cocaine Dependence," *Current Psychiatry Reports* 6 (2004): 323–31.

6. T.E. Robinson and B. Kolb, "Structural Plasticity Associated with Exposure to Drugs of Abuse," *Neuropharmacology* 27 (2004): 33–56.

7. M.A. Nader et al., "PET Imaging of Dopamine D2 Receptors during Chronic Cocaine Self-administration in Monkeys," *Nature Neuroscience* 8 (9 August 2006).

8. N.D. Volkow et al., "Relationship between Subjective Effects of Cocaine and Dopamine Transporter Occupancy," *Nature* 386(6627) (April 1997): 827–30.

9. G.F. Koob, "Drugs of Abuse: Anatomy, Pharmacology and Function of Reward Pathways," *Trends in Pharmacological Science* 13(5) (May 1992): 177–84.

10. Dr. Richard Rawson, Associate Director of the Integrated Substance Abuse

Program, University of California at Los Angeles, Teleconference, 26 April 2006. Available from U.S. Consulate, Vancouver, BC.

11. P.W. Kalivas, "Recent Understanding in the Mechanisms of Addiction," *Current Psychiatry Reports* 6 (2004): 347–51.

第 14 章　透过针管的温暖拥抱

1. J. Panksepp et al., "The Role of Brain Emotional Systems in Addictions: A Neuro-evolutionary Perspective and New 'Self-Report' Animal Model," *Addiction* 97 (2002): 459–69.

2. B. Kieffer and F. Simonin, "Molecular Mechanisms of Opioid Dependence by Using Knockout Mice," in *Molecular Biology of Drug Addiction,* ed. R. Moldano (Totowa, NJ: Human Press, 2003), 12.

3. Thomas De Quincey, *Confessions of an English Opium Eater* (Ware, Hertfordshire: Wordsworth Classics, 1994), 143 and 146.

4. A. Moles, "Deficit in Attachment Behavior in Mice Lacking the Mu-opioid Receptor Gene," *Science,* 25 June 2004, 1983–86.

5. Panksepp et al., "The Role of Brain Emotional Systems," 459–69.

6. J.-K. Zubieta, "Regulation of Human Affective Responses by Anterior Cingulate and Limbic μ-Opioid Neurotransmission," *Archives of General Psychiatry* 60 (2003): 1145–53.

7. J.K. Zubieta et al., "Placebo Effects Mediated by Endogenous Opioid Activity on Mu-opioid Receptors," *Journal of Neuroscience* 25(34) (24 August 2005): 7754–62.

8. J. Panksepp, *Affective Neuroscience: The Foundations of Human and Animal Emotions* (New York: Oxford University Press, 1998), 250.

9. Ibid, 256.

10. A.N. Schore, *Affect Regulation and the Origin of the Self* (Hillsdale, NJ: Lawrence Erlbaum Associates, 1994), 142–43.

11. N.I. Eisenberger, "Does Rejection Hurt? An FMRI Study of Social Exclusion," *Science,* 10 October 2003, 290–92.

12. Schore, *Affect Regulation,* 378.

13. J. Hennig et al., "Biopsychological Changes after Bungee Jumping: Beta-Endorphin Immunoreactivity as a Mediator of Euphoria?" *Neuropsychobiology* 29(1) (1994): 28–32.

14. B. Bencherif et al., "Mu-opioid Receptor Binding Measured by [11C]carfen-tanil Positron Emission Tomography Is Related to Craving and Mood in Alcohol Dependence," *Biological Psychiatry* 55(3) (1 February 2004): 255–62.

15. D.A. Gorelick et al., "Imaging Brain Mu-opioid Receptors in Abstinent Cocaine Users: Time Course and Relation to Cocaine Craving," *Biological Psychiatry* 57(12) (15 June 2005): 1573–82.

16. N.S. Miller and M.S. Gold, "A Hypothesis for a Common Neurochemical Basis for Alcohol and Drug Disorders," *Psychiatric Clinics of North America* 169(1) (1993): 105–17.

第 15 章　可卡因、多巴胺和糖果棒：成瘾的激励机制

1. C.E. Moan and R.G. Heath, "Septal Stimulation for the Initiation of Heterosexual Activity in a Homosexual Male," *Journal of Behavior Therapy and Experimental Psychiatry* 3 (1972): 23–30.

2. N.D. Volkow et al., "Role of Dopamine in Drug Reinforcement and Addiction in Humans: Results from Imaging Studies," *Behavioral Pharmacology* 13 (2002): 355–66.

3. N.D. Volkow et al., "Low Level of Brain Dopamine D2 Receptors in Methamphetamine Abusers: Association with Metabolism in the Orbitofrontal Cortex," *American Journal of Psychiatry* 158(12) (December 2001): 2015–21.

4. Eliot L. Gardner, "Brain-Reward Mechanisms," chap. 5, section II in *Substance Abuse: A Comprehensive Textbook,* by Joyce H. Lowinson et al. (Philadelphia: Lippincott, Williams & Wilkins, 2005), 71.

5. D.W. Self, "Regulation of Drug-Taking and -Seeking Behaviors by Neuroadaptations in the Mesolimbic Dopamine System," *Neuropharmacology* 47 (2005): 252–55.

6. J. Panksepp et al., "The Role of Brain Emotional Systems in Addictions: A Neuro-Evolutionary Perspective and New 'Self-Report' Animal Model," *Addiction* 97 (2002): 459–69.

第 16 章　恰如被困在童年的孩子

1. N.D. Volkow and T.-K. Li, "Drug Addiction: The Neurobiology of Behaviour Gone Awry," *Neuroscience* 5 (December 2004): 963–70.

2. Joseph LeDoux, *The Emotional Brain: The Mysterious Underpinnings of Emotional Life* (New York: Simon & Schuster, 1996), 165.

3. Jeffrey M. Schwartz with Sharon Begley, *The Mind and the Brain: Neuroplasticity and the Power of Mental Force* (New York: HarperCollins, 2002), 312.

4. S. Pellis et al., "The Role of the Cortex in Play Fighting by Rats: Developmental and Evolutionary Implications," *Brain, Behavior and Evolution* 39 (1992): 270–84, quoted in Gordon M. Burghardt, "Play: Attributes and Neural Substrates," in

Handbook of Behavioral Neurobiology, vol, 13, ed. E. Blass (New York: Plenum Publishers, 2001), 388.

5. E.D. London et al., "Orbitofrontal Cortex and Human Drug Abuse: Functional Imaging," *Cerebral Cortex* 10(3) (March 2000): 334–42; *see also* R.Z. Goldstein and N.D. Volkow, "Drug Addiction and Its Underlying Neurobiological Basis: Neuroimaging Evidence for the Involvement of the Frontal Cortex," *American Journal of Psychiatry* 159 (2002): 1642–52.

6. A.N. Schore, "Structure-Function Relationships of the Orbitofrontal Cortex," chap. 4 in *Affect Regulation and the Origin of the Self* (Hillsdale, NJ: Lawrence Erlbaum Associates, 1994), 34–61.

7. Goldstein and Volkow, "Drug Addiction and Its Underlying Neurobiological Basis."

8. London et al., "Orbitofrontal Cortex."

9. G. Dom et al., "Substance Use Disorders and the Orbitofrontal Cortex: Systematic Review of Behavioural Decision-Making and Neuroimaging Studies," *The British Journal of Psychiatry* 187 (2005): 209–20.

10. London et al., "Orbitofrontal Cortex."

11. Ibid.

12. Goldstein and Volkow, "Drug Addiction and Its Underlying Neurobiological Basis."

13. N.D. Volkow et al., "Low Level of Brain Dopamine D2 Receptors in Methamphetamine Abusers: Association with Metabolism in the Orbitofrontal Cortex," *American Journal of Psychiatry* 158(12) (December 2001): 2015–21.

14. Goldstein and Volkow, "Drug Addiction and Its Underlying Neurobiological Basis."

15. G. Bartzokis et al., *"Brain Maturation May Be Arrested in Chronic Cocaine Addicts,"* *Biological Psychiatry* 51(8) (April 2002): 605–11; Goldstein and Volkow, "Drug Addiction and Its Underlying Neurobiological Basis."

第 17 章　他们的大脑从未有过机会

1.To name four seminal works: *Affect Regulation and the Origin of the Self: The Neurobiology of Emotional Development*, by Allan Schore; *Affective Neuroscience: The Foundations of Human and Animal Emotions*, by Jaak Panksepp; *The Developing Mind: Toward a Neurobiology of Interpersonal Experience*, by Daniel Siegel, and *Human Behavior and the Developing Brain*, edited by Kurt W. Dawson and Geraldine Fischer.

2. Antonio Damasio, *Descartes' Error: Emotion, Reason, and the Human Brain* (New York: G.P. Putnam & Sons, 1994), 255.

3. V.J. Felitti, "Ursprünge des Suchtverhaltens—Evidenzen aus einer Studie zu belaststenden Kindheitserfahrungen" ("The Origins of Addiction: Evidence from the Adverse Childhood Experiences Study"), *Praxis der Kinderpsychologie under Kinderpsychiatrie* 52 (2003): 547–59.

4. B. Perry and R. Pollard, "Homeostasis, Stress, Trauma and Adaptation: A Neurodevelopmental View of Childhood Trauma," *Child and Adolescent Clinics of North America* 7(1) (January 1998): 33–51. Citing data from R. Shore, *Rethinking the Brain: New Insights into Early Development* (New York: Families and Work Institute, 1997).

5. Kurt W. Dawson and Geraldine Fischer, eds., *Human Behavior and the Developing Brain* (New York: The Guildford Press, 1994), 9.

6. B.D. Perry et al., "Childhood Trauma, the Neurobiology of Adaptation, and 'Use-dependent' Development of the Brain: How 'States' Become 'Traits,'" *Infant Mental Health Journal* 16(4) (1995): 271–91.

7. R. Kotulak, *Inside the Brain: Revolutionary Discoveries of How the Mind Works* (Kansas City: Andrews and McMeel, 1996).

8. D. Siegel, *The Developing Mind: Toward a Neurobiology of Interpersonal Experience* (New York: The Guildford Press, 1999), 85.

9. Ibid, 67 and 85.

10. Dawson and Fischer, *Human Behavior,* 367.

11. M.R. Gunnar and B. Donzella, "Social Regulation of the Cortisol Levels in Early Human Development," *Psychoneuroendocrinology* 27(1–2) (January-February 2002): 199–220.

12. R. Joseph, "Environmental Influences on Neural Plasticity, the Limbic System, Emotional Development and Attachment: A Review," *Child Psychiatry and Human Development* 29(3) (Spring 1999): 189–208.

第 18 章　创伤、压力和成瘾的生物学

1. A.N. Schore, *Affect Regulation and the Origin of the Self* (Hillsdale, NJ: Lawrence Erlbaum Associates, 1994), 142.

2. S.L. Dubovsky, *Mind Body Deceptions: The Psychosomatics of Everyday Life* (New York: W.W. Norton, 1997), 193.

3. G. Blanc et al., "Response to Stress of Mesocortico-Frontal Dopaminergic Neurons in Rats after Long-Term Isolation," *Nature* 284 (20 March 1980): 265–67.

4. M.J. Meaney et al., "Environmental Regulation of the Development of Mesolimbic Dopamine Systems: A Neurobiological Mechanism for Vulnerability to Drug Abuse?" *Psychoneuroendocrinology* 27 (2002): 127–38.

5. Harold H. Gordon, "Early Environmental Stress and Biological Vulnerability to Drug Abuse," *Psychoneuroendocrinology* 27 (2002): 115–26.

6. C. Caldji et al., "Maternal Care During Infancy Regulates the Development of Neural Systems Mediating the Expression of Fearfulness in the Rat," *Neurobiology* 95(9) (28 April 1998): 5335–40.

7. J.D. Higley and M. Linnoila, "Low Central Nervous System Serotonergic Activity Is Traitlike and Correlates with Impulsive Behavior," *Annals of the New York Academy of Science* 836 (29 December 1997): 39.

8. A.S. Clarke et al., "Rearing Experience and Biogenic Amine Activity in Infant Rhesus Monkeys," *Biological Psychiatry* 40(5) (1 September 1996): 338–52; *see also* J.D. Higley et al., "Nonhuman Primate Model of Alcohol Abuse: Effects of Early Experience, Personality, and Stress on Alcohol Consumption," *Proceedings of the National Academy of Sciences* USA 88 (August 1991): 7261–65.

9. M.H. Teicher, "Wounds That Time Won't Heal: The Neurobiology of Child Abuse," *Cerebrum: The Dana Forum on Brain Science* 2(4) (fall 2000).

10. A. de Mello A et al., "Update on Stress and Depression: The Role of the Hypothalamic-Pituitary-Adrenal (HPA) Axis," *Revista Brasileiva de Psiquiatria* 25(4) (October 2003); *see also* G.W. Kraemer et al., "A Longitudinal Study of the Effect of Different Social Rearing Conditions on Cerebrospinal Fluid Norepinephrine and Biogenic Amine Metabolites in Rhesus Monkeys," *Neuropsychopharmacology* 2(3) (September 1989): 175–89.

11. Teicher, "Wounds That Time Won't Heal."

12. B. Perry and R. Pollard, "Homeostasis, Stress, Trauma and Adaptation: A Neurodevelopmental View of Childhood Trauma," *Child and Adolescent Clinics of North America* 7(1) (January 1998): 33–51.

13. G.W. Kraemer et al., "Strangers in a Strange Land: A Psychobiological Study of Infant Monkeys Before and After Separation from Real or Inanimate Mothers," *Child Development* 62(3) (June 1991): 548–66.

14. L.A. Pohorecky, "Interaction of Ethanol and Stress: Research with Experimental Animals:—An Update," *Alcohol & Alcoholism* 25(2/3) (1990): 263–76.

15. S.R. Dube et al., "Childhood Abuse, Neglect, and Household Dysfunction and the Risk of Illicit Drug Use: The Adverse Childhood Experiences Study," *Pediatrics* 111 (2003): 564–72.

16. Harold W. Gordon, "Early Environmental Stress and Biological Vulnerability to Drug Abuse," *Psychoneuroendocrinology* 271(2) (January-February 2002): 115–26. Special Issue: Stress and Drug Abuse.

17. S.R. Dube et al., "Adverse Childhood Experiences and the Association with Ever Using Alchohol and Initiating Alcohol Use During Adolescence," *Journal of Adolescent Health* 38 (2006).

18. C.M. Anderson et al., "Abnormal T2 Relaxation Time in the Cerebellar Vermis of Adults Sexually Abused in Childhood: Potential Role of the Vermis in Stress-Enhanced Risk for Drug Abuse," *Psychoneuroendocrinology* 27 (2002): 231–44.

19. Teicher, "Wounds That Time Won't Heal."

20. M.D. De Bellis et al., "Developmental Traumatology Part I: Biological Stress Systems," *Biological Psychiatry* 45 (1999): 1271–84.

21. M. Vythilingam et al., "Childhood Trauma Associated with Smaller Hippocampal Volume in Women with Major Depression," *American Journal of Psychiatry* 159: 2072–80.

22. Teicher, "Wounds That Time Won't Heal."

23. E.M. Sternberg, moderator, "The Stress Response and the Regulation of Inflammatory Disease," *Annals of Internal Medicine* 17(10) (15 November 1992), 855.

24. A. Kusnecov and B.S. Rabin, "Stressor-Induced Alterations of Immune Function: Mechanisms and Issues," *International Archives of Allergy and Immunology* 105 (1994), 108.

25. Hans Selye, *The Stress of Life,* rev. ed. (New York: MacGraw-Hill, 1978), 4.

26. Dr. Bruce Perry, interview by author.

27. M.D. De Bellis et al., "Hypothalamic-Pituitary-Adrenal Axis Dysregulation in Sexually Abused Girls," *Journal of Clinical Endocrinology and Metabolism* 78 (1994): 249–55.

28. M.J. Essex et al., "Maternal Stress Beginning in Infancy May Sensitize Children to Later Stress Exposure: Effects on Cortisol and Behavior," *Biological Psychiatry* 52(8) (15 October 2002): 773.

29. C. Heim et al., "Pituitary-Adrenal and Autonomic Responses to Stress in Women after Sexual and Physical Abuse in Childhood," *JAMA* 284(5) (2 August 2000): 592–97.

30. C.A. Pedersen, "Biological Aspects of Social Bonding and the Roots of Human Violence," *Ann N Y Acad Sci* 1036 (December 2004): 106–27.

31. Eliot L. Gardner, "Brain-Reward Mechanisms," chap. 5, section II in *Substance Abuse,* by Lowinson et al., 72.

32. K.T. Brady and S.C. Sonne, "The Role of Stress in Alcohol Use, Alcoholism Treatment, and Relapse," *Alcohol Research and Health* 23(4) (1999): 263–71.

33. P.V. Piazza and M. Le Moal, "Pathophysiological Basis of Vulnerability to Drug Abuse: Role of an Interaction Between Stress, Glucocorticoids, and Dopaminergic Neurons," *Annual Review of Pharmacology and Toxocology* 36 (1996): 359–78.

34. M. Papp et al., "Parallel Changes in Dopamine D2 Receptor Binding in Limbic Forebrain Associated with Chronic Mild Stress-Induced Anhedonia and Its Reversal by Imipramine," *Psychopharmacology* 115 (1994): 441–46.

35. S. Levine and H. Ursin, "What Is Stress?" in *Stress, Neurobiology and Neuroendocrinology*, ed. M.R. Brown, G.F. Koob, and C. Rivier (New York: Marcel Dekker 1991), 3–21.

36. Harold H. Gordon, "Early Environmental Stress and Biological Vulnerability to Drug Abuse," *Psychoneuroendocrinology* 27 (2002): 115–26.

37. Blanc, "Response to Stress of Mesocortico-Frontal Dopaminergic Neurons in Rats," 265–67.

38. S. Schenk et al., "Cocaine Self-Administration in Rats Influenced by Environmental Conditions: Implications for the Etiology of Drug Abuse," *Neuroscience Letters* 81 (1987): 227–31.

39. A. Jacobson, "Physical and Sexual Assault Histories Among Psychiatric Outpatients," *American Journal of Psychiatry* 146 (1989): 755–58.

40. L.M. Williams, "Recall of Childhood Trauma: A Prospective Study of Women's Memories of Child Sexual Abuse," *Journal of Consulting and Clinical Psychology* 62: 1167–76.

第 19 章　不在基因之中

1. *Time,* 30 April 1990; http://www.time.com/time/magazine/article/0,9171,969965,00.html.

2. K. Blum et al., "Reward Deficiency Syndrome," *American Scientist,* 1 March 1996, 132–46.

3. K. Blum, "Allelic Association of Human Dopamine D2 Receptor Gene in Alcoholism," *JAMA* 263(15) (18 April 1990): 2055–60.

4. J. Gelernter and H. Kranzler, "D2 Dopamine Receptor Gene (DRD2) Allele and Haplotype Frequencies and Control Subjects: No Association with Phenotype or Severity of Phenotype," *Neurospsychopharmacology* 20(6) (1999): 642–49.

5. L. Dodes, *The Heart of Addiction* (New York: HarperCollins, 2002), 81.

6. R.E. Tarter and M. Vanyukov, "Alcoholism, a Developmental Disorder," *Journal of Consulting and Clinical Psychology,* Vol. 62, No. 6 (1994): 1096–1107.

7. M.A. Enoch and D. Goldman, "The Genetics of Alcoholism and Alcohol Abuse," *Current Psychiatry Reports* 3 (2002): 144–51.

8. K.S. Kendler and C.A. Prescott, "Cannabis Use, Abuse and Dependence in a Population-Based Sample of Female Twins," *American Journal of Psychiatry* 155 (1998): 1016–22.

9. S.W. Lin and R.M. Anthenelli: "Genetic Factors in the Risk for Substance Use Disorders," chap. 4 in *Substance Abuse: A Comprehensive Textbook,* by Joyce H. Lowinson et al. (Philadelphia: Lippincott Williams & Wilkins, 2005), 39.

10. K.S. Kendler and C.A. Prescott, "Cocaine Use, Abuse and Dependence in a Population Sample of Female Twins," *British Journal of Psychiatry* 173 (1998): 345–50.

11. J.S. Alper and J. Beckwith, "Genetic Fatalism and Social Policy: The Implications of Behavior Genetics Research," *Yale Journal of Biology and Medicine* 66(6) (November-December 1993): 511–24.

12. "人类大脑皮质中突触连接的数量多得惊人。"芝加哥大学的神经科学家彼得·胡滕洛赫尔（Peter Huttenlocher）写道，"显然，如此大的数量不可能是由一个指定了每个突触具体位置的基因程序决定的。更可能的情况是，基因只决定了基本的神经连接的大致蓝图。" (In Kurt W. Dawson and Geraldine Fischer, eds., *Human Behavior and the Developing Brain* [New York: The Guildford Press, 1994], 138.)

13. Jeffrey M. Schwartz and Sharon Begley, *The Mind and the Brain: Neuroplasticity and the Power of Mental Force* (New York: ReganBooks, 2002), 112.

14. B. Lipton, *The Biology of Belief* (Santa Rosa, CA: Elite Books, 2005), 86.

15. M.J. Meaney, "Maternal Care, Gene Expression, and the Transmission of Individual Differences in Stress Reactivity Across Generations," *Annual Review of Neuroscience* 24 (2001): 1161–92.

16. C.M. Colvis et al., "Epigenetic Mechanisms and Gene Networks in the Nervous System," *The Journal of Neuroscience* 25(45) (9 November 2005), 10379–89.

17. C.S. Barr, "Serotonin Transporter Gene Variation Is Associated with Alcohol Sensitivity in Rhesus Macaques Exposed to Early-Life Stress," *Alcoholism: Clinical and Experimental Research* 27(5) (May 2003): 812–17.

18. M. Weinstock et al., "Prenatal Stress Effects on Functional Development of the Offspring," chap. 21 in *Progress in Brain Research,* vol. 73, *Biochemical Basis of Functional Neuroteratology,* ed. G.J. Boer (New York: Elsevier, 1988): 319–30.

19. P. Zelkowitz and A. Papageorgiou, "Maternal Anxiety: An Emerging Prognostic Factor in Neonatology," *Acta Paediatr* 94(12) (December 2005): 1771–76; C. Sondergaard et al., "Psychosocial Distress During Pregnancy and the Risk of Infantile Colic: A Follow-Up Study," *Acta Paediatr* 92(7) (July 2003): 811–16. 这只是两个例子。要列出关于此话题的动物和人类研究清单，很容易就能列出上百项。

20. http://news.bbc.co.uk/2/hi/health/6298909.stm.

21. J.R. Seckl, "Prenatal Glucocorticoids and Long-Term Programming," *European Journal of Endocrinology* 151(Suppl 3) (2004): U49–U62, quoted in R. Yehuda et al., "Transgenerational Effects of Posttraumatic Stress Disorder in Babies of Mothers Exposed to the World Trade Center Attacks During Pregnancy," *The Journal of Clinical Endocrinology & Metabolism* 90(7): 4115–18.

22. R. Yehuda et al., "Transgenerational Effects of Posttraumatic Stress Disorder in Babies of Mothers Exposed to the World Trade Center Attacks During Pregnancy," *The Journal of Clinical Endocrinology & Metabolism* 90(7): 4115–18.

23. K H. DeTurck and L.A. Pohorecky, "Ethanol Sensitivity in Rats: Effect of Prenatal Stress," *Physiological Behavior* 40 (1987): 407–10; L.A. Pohorecky, "Interaction of Ethanol and Stress: Research with Experimental Animals—An Update," *Alcohol & Alcoholism* 25(2/3) (1990): 263–76.

24. *The New Yorker*, 26 June 2006, 76.

第 20 章　"我不顾一切逃离的空洞"

1.Maurice Walsh, trans., *The Long Discourses of the Buddha: A Translation of the Digha Nikaya* (Boston: Wisdom Publications, 1995), 70.

2. A. Goodman, "Sexual Addiction: Nosology, Diagnosis, Etiology and Treatment," chap. 30 in *Substance Abuse: A Comprehensive Textbook,* by Joyce H. Lowinson et al. (Philadelphia: Lippincott Williams & Wilkins, 2005), 516.

3. M.A. Enoch and D. Goldman, "The Genetics of Alcoholism and Alcohol Abuse," *Current Psychiatry Reports* 3 (2002): 144–51.

4. M.S. Gold and N.S. Miller, "A Hypothesis for a Common Neurochemical Basis for Alcohol and Drug Disorders," *Psychiatric Clinics of North America* 16(1) (1993): 105–17.

5. M.N. Potenza, "The Neurobiology of Pathological Gambling," *Seminars in Clinical Neuropsychiatry* 6(3) (July 2001): 217–26.

6. G. Meyer et al., "Neuroendocrine Response to Casino Gambling in Problem Gamblers," *Psychoneuroendocrinology* 29(10) (29 November 2004): 1272–80.

7. *The Vancouver Sun*, 11 July 2006, 1.

8. H.C. Breiter, "Functional Imaging of Neural Responses to Expectancy and Experience of Monetary Gains and Losses," *Neuron* 30(2) (2001): 619–39.

9. M.J. Koepp et al., "Evidence for Striatal Dopamine Release During a Video Game," *Nature* 393(6682) (21 May 1998): 266–68.

10. G. J. Wang, "The Role of Dopamine in Motivation for Food in Humans: Implications for Obesity," *Expert Opinion on Therapeutic Targets* 6(5) (October 2002): 601–9.

11. C. Colantuoni et al., Excessive Sugar Intake Alters Binding to Dopamine and Mu-opioid Receptors in the Brain," *NeuroReport* 12 (2001): 3549–52; "Evidence That Intermittent, Excessive Sugar Intake Causes Endogenous Opioid Dependence," *Obesity Research* 20 (2002): 478–88.

12. A. Drenowski et al., "Nalaxone, an Opiate Blocker, Reduces the Consumption of Sweet High-Fat Foods in Obese and Lean Female Binge-eaters," *American Journal of Clinical Nutrition* 61 (1995): 1206–12.

13. Ibid.

14. M.S. Gold and J. Star, *Eating Disorders*, chap. 27 in *Substance Abuse*, by Lowinson et al., 470.

15. M. Alonso-Alonso and A. Pascual-Leone, "The Right Brain Hypothesis for Obesity," *JAMA* 297(16) (25 April 2007): 1819–22.

16. M. Deppe et. al. "Nonlinear responses within the medial prefrontal cortex reveal when specific implicit information influences economic decision making." *Journal of Neuroimaging*, 15(2) (April 2005):171–82.

17. "Study Finds Shopping Bypasses Rational Thought," *The Vancouver Sun*, November 8, 2003.

18. Goodman, "Sexual Addiction," 507.

19. M.N. Potenza, "The Neurobiology of Pathological Gambling."

第 21 章　过度关注外界：易成瘾人格

1. Lorna Crozier and Patrick Lane, eds., *Addicted: Notes from the Belly of the Beast* (Vancouver: Graystone Books, 2001), 166.

2. Crozier and Lane, *Notes from the Belly of the Beast*, 166.

3. 这些关于分化的段落从我之前的两本书中化用而来：chap. 14 of *When the Body Says No: The Cost of Hidden Stress* (Toronto: Vintage Canada, 2004) and chap. 9 of *Hold On to Your Kids: Why Parents Need to Matter More Than Peers* (Toronto: Vintage Canada, 2005)。

4. M.E. Kerr and M. Bowen, *Family Evaluation: An Approach Based on Bowen Theory* (New York: W.W. Norton, 1988), chap. 4, 89–111, provides a full discussion of differentiation.

第 22 章　爱的不良替代品：行为成瘾及其根源

1. A. Goodman, "Sexual Addiction: Nosology, Diagnosis, Etiology and Treatment," chap. 30 in *Substance Abuse: A Comprehensive Textbook*, ed. Joyce H. Lowinson et al. (Philadelphia: Lippincott Williams & Wilkins, 2005), 511.

2. Monique Giard, interview by author.

3. F. Champagne and M.J. Meaney, "Like Mother, Like Daughter: Evidence for Non-genomic Transmission of Parental Behavior and Stress Responsivity," *Prog Brain Res* 133 (2001): 287–302.

4. Daniel J. Siegel, *"Cognitive Neuroscience Encounters Psychotherapy"* (notes for a plenary address to the annual meeting of the American Association of Directors of Psychiatric Residency Training, 1996).

5. J.D. Coplan et al., "Persistent Elevations of Cerebrospinal Fluid Concentrations of Corticotrophin-Releasing Factor in Adult Nonhuman Primates Exposed to Early-Life Stressors: Implications for the Pathophysiology of Mood and Anxiety Disorders," *Proceedings of the National Academy of Sciences* 93 (February 1996): 1619–23.

6. K.T. Brady and S.C. Sonne, "The Role of Stress in Alcohol Use, Alcoholism Treatment, and Relapse," *Alcohol Research and Health* 23(4): 263–71.

7. Allan Schore, *Affect Regulation and the Origin of the Self: The Neurobiology of Emotional Development* (Hillsdale, NJ: Lawrence Erlbaum Associates, 1994), 378.

8. I. Lissau and T. Sørensen, "Parental Neglect During Childhood and Increased Obesity in Young Adulthood," *Lancet* 343 (1994): 324–27.

9. D.F. Willliamson et al., "Body Weight and Obesity in Adults and Self-Reported Abuse in Childhood," *International Journal of Obesity* 26 (2002): 1075–82.

10. T. Wills, "Multiple Networks and Substance Use," *Journal of Social and Clinical Psychology*, 9 (1990): 78–90.

11. 本部分关于康拉德·布莱克的讨论中涉及的统计数据和引用的文字来自以下书：Conrad Black, *A Life in Progress* (Toronto: Key Porter Books, 1992); James Fitzgerald, *Old Boys: The Powerful Legacy of Upper Canada College* (Toronto: Macfarlane, Walter & Ross, 1994); Jacquie McNeish and Sinclair Stewart, *Wrong Way: The Fall of Conrad Black* (Woodstock and New York: The Overlook Press, 2004); Peter C. Newman, *The Establishment Man: A Portrait of Power* (Toronto: McClelland & Stewart, 1982); Richard Siklos, *Shades of Black: Conrad Black—His Rise and Fall* (Toronto: McClelland & Stewart, 2004); George Tombs, *Lord Black: The Biography* (Toronto: BT Publishing, 2004)。

12. Tombs, *Lord Black,* 38.

13. Robert Musil, *The Man Without Qualities* (New York: Vintage International, 1996), 416.

14. Primo Levi, *The Drowned and the Saved,* trans. Raymond Rosenthal (New York: Vintage International, 1989), 67.

第 23 章　错位与成瘾的社会根源

1. Eckhart Tolle, *The Power of Now* (Novato, CA: New World Library, 1997), 18.

2. Joanna Walters, "$15 Billion Spent on Beauty," *The Guardian Weekly*, 3–9 November 2006, 7.

3. Paul Taylor, "Shop-till-You-Drop Disorder Taxes Both Sexes," *The Globe and Mail*, 6 October 2006, A13.

4. Joe Drape, "Setting Restaurant Records by Selling the Sizzle," *The New York Times*, 22 July 2007, 1 and 21.

5. "Big Tobacco Lied to Public," *The Washington Post*, 18 August 2006.

6. "Ending Our Tobacco Addiction," editorial, *The New York Times*, 30 May 2007.

7. "Narcotic Maker Guilty of Deceit over Marketing," *The New York Times*, 11 May 2007, A-1.

8. Lewis Lapham, "Time Travel," *Harper's Magazine*, May 2007, 11.

9. "Work-Life Balance? Not for One in Three," *The Globe and Mail*, 16 May 2007, C-1.

10. Tolle, *The Power of Now*, 23.

11. "Facts about Prisons and Prisoners," The Sentencing Project, October 2003, quoted in Amy Goodman, *The Exception to the Rulers* (New York: Hyperion, 2004), 129.

12. U.S. Department of Justice, Bureau of Justice Statistics homepage; www.ojp.usdoj.gov/bjs/crimoff.htm.

13. Robert L. Dupont, *The Selfish Brain: Learning from Addiction* (Center City, MN: Hazelden, 2000), 31.

14. B. Alexander, "The Roots of Addiction in Free Market Society," Canadian Centre for Policy Alternatives, Toronto, April 2001, 12; www.policyalternatives.ca/bc/rootsofaddiction.html

15. Dupont, *The Selfish Brain*, 31.

16. 1996年的一项加拿大联邦研究报告显示，25～44岁的土著女性死于暴力的可能性比同龄非土著女性高四倍，"这使她们沦为我们的社会中最容易受到伤害的目标"。(quoted in Stevie Cameron, *The Pickton File* [Toronto: Knopf Canada, 2007], 163). 在美国，司法部门指出，"超过1/3的印第安和阿拉斯加土著女性在一生中被强奸过，比全美国的均值18%高出了近一倍"。在大多数强奸案中，施暴者不是土著。("For Indian Victims of Sexual Assault, a Tangled Legal Path," *The New York Times*, 25 April 2007, A15.)

17. Harold H. Gordon, "Early Environmental Stress and Biological Vulnerability to Drug Abuse," *Psychoneuroendocrinology* 27 (2002): 115–26.

18. Michael A. Dawes et al., "Developmental Sources of Variation in Liability to Adolescent Substance Use Disorders," *Drug and Alcohol Dependence* 61 (2000): 3–14.

第 24 章　重新审视我们的敌人

1. Julian Sher, "Canada's Top Child-Porn Cop Is Turning In His Badge," *The Globe and Mail,* 10 June 2006, 1.

第 25 章　自由选择与选择自由

1. Jeffrey M. Schwartz and Sharon Begley, *The Mind and the Brain: Neuroplasticity and the Power of Mental Force* (New York: ReganBooks, 2002); Jeffrey M. Schwartz, *Brain Lock: Free Yourself from Obsessive-Compulsive Behavior* (New York: ReganBooks, 1996).

2. Schwartz and Begley, *The Mind and the Brain,* 367.

3. Eckhart Tolle, *The Power of Now: A Guide to Spiritual Enlightenment* (Vancouver: Namaste Publishing, 1997), 191.

4. M.H. Teicher, "Wounds That Time Won't Heal: The Neurobiology of Child Abuse," *Cerebrum: The Dana Forum on Brain Science* 2(4) (fall 2000).

5. B. Perry and R. Pollard, "Homeostasis, Stress, Trauma and Adaptation: A Neurodevelopmental View of Childhood Trauma," *Child and Adolescent Clinics of North America* 7(1) (January 1998): 33–51.

6. The research on brain impulse and activation is cited and discussed in detail in Schwartz and Begley, "The Mind and the Brain," chap. 9, 302–7.

7. A. Hirsh, "Discharge Against Medical Advice: Perspectives of Intravenous Drug Users" (University of British Columbia Family Practice Research Day Presentation, 2 July 2002).

8. N.D. Volkow and T. K. Li, "Drug Addiction: The Neurobiology of Behaviour Gone Awry," *Neuroscience* 5 (December 2004): 963–70.

第 26 章　慈悲与好奇的力量

1. Gabor Maté, *Scattered Minds: A New Look at the Origins and Healing of Attention Deficit Disorder* (Toronto: Vintage Canada, 2000), 4.

2. Anthony Storr, *Solitude* (London: HarperCollins, 1997), 22.

第 27 章　内心的气候

1. E.A. Maguire et al., "Navigation Expertise and the Human Hippocampus:

A Structural Brain Imaging Analysis," *Hippocampus* 13(2) (2003): 250–59.

2. Antonio Damasio, *Descartes' Error: Emotion, Reason, and the Human Brain* (New York: G.P. Putnam & Sons, 1994), 112.

3. Marian Cleeves Diamond, *Enriching Heredity* (New York: The Free Press, 1988), 150.

4. Ibid., 157.

5. Ibid., 164.

6. B. Kolb and I. Q. Whishaw, "Brain Plasticity and Behavior," *Annual Review of Psychology* 49 (1998): 43–64.

7. G. Kempermann and Fred H. Gage, "New Nerve Cells for the Adult Brain," *Scientific American* (May 1999): 48–53.

8. Jeffrey M. Schwartz and Sharon Begley, *The Mind and the Brain: Neuroplasticity and the Power of Mental Force* (New York: ReganBooks, 2002), 252–53.

9. Schwartz and Begley, *The Mind and the Brain*, 289.

10. J.M. Schwartz, H.P. Stapp and M. Beauregard, "Quantum Physics in Neuroscience and Psychology: A Neurophysical Model of Mind-Brain Interaction," *Philosophical Transactions of the Royal Society B* (2005): 1309–27.

11. Walter Kaufmann, trans., *Basic Writings of Nietzsche* (New York: Modern Library, 1992), 685–86.

12. Daniel L. Schacter, *Searching for Memory: The Brain, the Mind and the Past* (New York: Basic Books, 1996), 190.

13. Wilder Penfield, *The Mystery of the Mind* (Princeton, NJ: Princeton University Press, 1975), 55, 62, 114.

14. Schwartz, Stapp and Beauregard, "Quantum Physics in Neuroscience and Psychology," 1309–27.

15. Mark Epstein, *Thoughts without a Thinker: Psychotherapy from a Buddhist Perspective* (New York: BasicBooks, 1995), 111.

16. Daniel Siegel, *The Mindful Brain: Reflection and Attunement in the Cultivation of Well-Being* (New York: W.W. Norton, 2007), 25.

第 28 章　四步加一步

1. Jeffrey M. Schwartz, *Brain Lock: Free Yourself from Obsessive-Compulsive Behavior* (New York: ReganBooks, 1996), 11.

2. M. Schwartz and Sharon Begley, *The Mind and the Brain: Neuroplasticity and the Power of Mental Force* (New York: ReganBooks, 2002), 224.

3. Schwartz, *Brain Lock*, 41.

4. Ibid., 71.

5. Ibid., 97.

第 29 章　清醒与外界环境

1. Kevin Griffin, *One Breath at a Time: Buddhism and the Twelve Steps* (Emmaus, PA: Rodale Inc., 2004), 92.

2. B. McEwen, "Protective and Damaging Effects of Stress Mediators," *New England Journal of Medicine* 338(3) (15 January 1998)

3. Marian Cleeves Diamond, *Enriching Heredity* (New York: The Free Press, 1988), 163.

第 30 章　写给家人、好友和照顾者的话

1. Edward L. Deci, *Why We Do What We Do: Understanding Self-Motivation* (New York: Penguin Books, 1995), 30.

2. Maia Szalawitz, "When the Cure Is Not Worth the Cost," *The New York Times,* 11 April 2007, A21.

3. Thomas De Quincey, *Confessions of an English Opium Eater* (Ware, Hertfordshire: Wordsworth Classics, 1995), 18–19.

4. Byron Katie, *Loving What Is: Four Questions That Can Change Your Life* (New York: Three Rivers Press, 2002), 4–5.

第 31 章　从未失去

1. Julia Kristeva, *Black Sun: Depression and Melancholia,* trans. L.S. Roudiez (New York: Columbia University Press, 1989), 5.

2. Eckhart Tolle, *The Power of Now: A Guide to Spiritual Enlightenment* (Vancouver: Namaste Publishing, 1997), 23.

3. D. Tankersley et al., "Altruism Is Associated with an Increased Neural Response to Agency," *Nature Neuroscience* 10 (2007): 150–51.

4. Victor Frankl, *Man's Search for Meaning* (New York: Washington Square Press, 1985), 164.

5. Joseph Campbell, *The Hero with a Thousand Faces* (Princeton, NJ: Princeton University Press, 1972), 285, 286.

6. A.H. Almaas, *Diamond Heart, Book One: Elements of the Real in Man* (Berkeley, CA: Diamond Books, 1987), 21.

7. Edmund Spenser, *The Faerie Queene* (New York: Penguin Books, 1987) canto v,

book 2, line 39.

8. St. Augustine, *Confessions,* trans. Garry Wills (New York: Penguin Books, 2006), 41.

附录 A　收养与双胞胎研究悖论

1. J.S. Alper and M.R. Natowicz, "On Establishing the Genetic Basis of Mental Disease," *Trends in Neuroscience* 16(10) (October 1993): 387–89.

2. K. Kendler, "A Gene for . . .": The Nature of Gene Action in Psychiatric Disorders," *American Journal of Psychiatry* 162 (July 2005):1243–52.

3. Robert Plomin, *Development, Genetics, and Psychology* (Hilllsdale, NJ: Lawrence Erlbaum Associates, 1986), 9.

4. C.R. Cloninger et al., "Inheritance of Alcohol Abuse," *Archives of General Psychiatry* 38 (1981): 861–68.

5. S.R. Dube et al., "Growing Up with Parental Alcohol Abuse: Exposure to Childhood Abuse, Neglect and Household Dysfunction," *Child Abuse & Neglect* 25 (2001): 1627–40.

6. J.S. Alper and M.R. Natowicz, "On Establishing the Genetic Basis of Mental Disease," *Trends in Neuroscience* 16(10) (October 1993): 387–89.

7. K.S. Kendler et al., "A Multidimensional Twin Study of Mental Health in Women," *American Journal of Psychiatry* 157 (April 2000): 506–13.

8. M.A. Enoch and D. Goldman, "The Genetics of Alcoholism and Alcohol Abuse," *Current Psychiatry Reports* 3 (2002): 144–51.

9. L.A. Pohorecky, "Interaction of Ethanol and Stress: Research with Experimental Animals—An Update," *Alcohol & Alcoholism* 25(2/3) (1990): 263–76.

10. G. Slap et al., "Adoption as a Risk Factor for Attempted Suicide During Adolescence," *Pediatrics* 108(2) (August 2001): E30.

11. D.W. Goodwin, "Alcoholism and Heredity: A Review and Hypothesis," *Archives of General Psychiatry* 38 (1979): 57–61.

附录 B　紧密关联：ADD 与成瘾

1. K.M. Carroll and B.J. Rousnaville, "History and Significance of Childhood Attention Deficit Disorder in Treatment-Seeking Cocaine Abusers," *Comprehensive Psychiatry* 34(2) (March-April 1993): 75–82.

2. D. Wood et al., "The Prevalence of Attention Deficit Disorder, Residual Type,

in a Population of Male Alcoholic Patients," *American Journal of Psychiatry* 140 (1983): 15–98.

3. J. Biederman et al., "Does Attention-Deficit Hyperactivity Disorder Impact the Developmental Course of Drug and Alcohol Abuse and Dependence?" *Biological Psychiatry* 44(4) (15 August 1998): 269–73.

4. Dr. Richard Rawson, Associate Director of the Integrated Substance Abuse Program, University of California at Los Angeles, Teleconference, 26 April 2006. Available from U.S. Consulate, Vancouver, BC.

5. B.R. Van den Bergh and A. Marcoen, "High Antenatal Maternal Anxiety Is Related to ADHD Symptoms, Externalizing Problems, and Anxiety in 8- and 9-year-olds," *Child Dev* 75(4) (July-August 2004): 1085–97.

6. M.H. Teicher, "Wounds That Time Won't Heal: The Neurobiology of Child Abuse," *Cerebrum: The Dana Forum on Brain Science* 2(4) (fall 2000).

7. M.J. Meaney et al., "Environmental Regulation of the Development of Mesolimbic Dopamine Systems: A Neurobiological Mechanism for Vulnerability to Drug Abuse?" *Psychoneuroendocrinology* 27 (2002): 127–38.

8. Nora D. Volkow et al., "Depressed Dopamine Activity in Caudate and Preliminary Evidence of Limbic Involvement in Adults With Attention-Deficit/Hyperactivity Disorder." *Archives of General Psychiatry.* 64 (2007): 932–940.

9. T.E. Wilens et al., "Does Stimulant Therapy of Attention-Deficit/Hyperactivity Disorder Beget Later Substance Abuse? A Meta-Analytic Review of the Literature," *Pediatrics* 111(1) (January 2003): 179–85.

10. T. Sim et al., "Cognitive Deficits Among Methamphetamine Users with Attention Deficit Hyperactivity Disorder Symptomatology," *Journal of Addictive Diseases* 21(1) (2002): 75–89.

11. Meaney et al., "Environmental Regulation."

附录 C　预防成瘾

1. 对于所有家长和以家庭或儿童为工作对象的专业人士而言，一个不应错过的资源是我的朋友、同事兼导师戈登·诺伊费尔德博士关于儿童健康发展的著作。没有任何其他专家像他那样清晰地呈现出当下越发明显的趋势——儿童们只与同伴建立联结，而不与关爱他们的成年人建立联结——所带来的巨大负面影响，以及如何预防和应对这种现象。See Gordon Neufeld and Gabor Maté, *Hold On to Your Kids: Why Parents Need to Matter More Than Peers.*